2017年殯葬改革與創新論壇暨學術研討會論文集

Proceedings of the 2017 Conference on Funeral Reform and Innovation

王慧芬◎主編

尉遲淦、陳伯瑋、曾煥棠、蘇何誠、陳繼成、
李慧仁、邱達能、王清華、王智宏、郭璋成、
黃勇融、馮月忠、梁慧美、廖瑞榮、熊品華、
鍾建興、鄧明宇、賴誠斌、王慧芬◎著

2017年殯葬改革與創新論壇暨學術研討會的舉行，與研討會論文集的出版，感謝福壽文創學院及馮月忠建築師事務所的支持贊助，特此致謝！

主編序

　　殯葬改革一直是社會關心的課題，隨著家庭結構的轉變、環保潮流的興起、個人自主意識的覺醒，殯葬改革更需創新的輔助。因應此一需求，作為台灣第一所殯葬專業科系的仁德醫護管理專科學校生命關懷事業科，在教育部區域產學合作中心雲林科技大學的指導下，特於二〇一七年六月六日舉辦了「2017殯葬改革與創新論壇暨學術研討會」。會中邀集了殯葬產業、學術界，以及各領域之專家學者，共同針對現今殯葬產業變革、文化傳承、創新發展等議題，進行專業或跨領域的思考與分析。論文集中所收錄的論文大致可以分為四個大主軸：一、當前殯葬變革與發展；二、殯葬實務與創新；三、生死教育；四、殯葬文化與宗教關懷。

　　第一大主軸是當前殯葬重要變革與發展，研究者們分就綠色殯葬、環保自然葬發展下所將面對的問題，提出自我的觀察與新論點、建言，抑或分析當前醫殯分流後，帶給產業的變異與未來發展的趨勢。

　　第二主軸是殯葬實務與創新，研究者分別針對遺體處理、殯葬設施一元化等議題，提出實務面新觀察與新作法，遺體處理議題的探究讓人重新思索殯葬服務的意義所在；更有研究者從建築學跨領域觀點，對殯葬設施進行新詮釋與新構築。

　　第三主軸則是立基於生命教育與職涯視角來端看殯葬業，研究者深入訪談與探究殯葬從業人員的生命經歷獨特性，為殯葬工作重新建構意義與價值。

　　第四主軸為殯葬文化與宗教關懷，眾多研究者針對殯葬文化、儒家與道家生死觀、宗教關懷、悲傷輔導等議題進行分析與研究。研究者直探各家思想與中華殯葬文化源頭，進行跨越古今時空對話，重新詮釋與賦予中華殯葬文化新時代意義；或從宗教關懷視角詮釋中華殯葬文化中最重要

的孝道傳承，更有從現代心理學的專業角度，對傳統殯葬文化禮儀服務中所特有的文化療癒性進行詮釋，給予最傳統的殯葬禮儀服務新的理論架構與現代意義。

　　各篇論文從不同的領域與視角切入，提供了殯葬教育與學術界新的啟發與思考，更融入新時代變革與創新元素，賦予殯葬新詮釋與新建構。然而論及這場論壇與學術研討會的最終的目的，無非還是希望讓大眾瞭解當前殯葬改革創新與殯葬教育的努力成果，同時也希望能為政府未來推動殯葬改革提出參考，同時藉此跨領域與開放場域的討論，激發更多的火花與關注，將此中華殯葬文化的深刻底蘊與孝道精神傳承下去，同時期許社會與大眾給予殯葬業或殯葬從業人員更多的認同與尊重。

仁德醫護管理專科學校生命關懷事業科主任

王慧芬 謹識

目　錄

主編序　　　　　　　　　　　　　　　　　　　　　　　　　i

1 殯葬創新的過去、現在與未來／尉遲淦　　　　　1

壹、前言　　　　　　　　　　　　　　　　　　　　2
貳、殯葬創新的過去　　　　　　　　　　　　　　　3
參、殯葬創新的現在　　　　　　　　　　　　　　　6
肆、殯葬創新的未來　　　　　　　　　　　　　　　11
伍、結論　　　　　　　　　　　　　　　　　　　　15

2 如何落實環保自然葬面對的問題與做法／陳伯瑋、

曾煥棠　　19

壹、前言　　　　　　　　　　　　　　　　　　　　20
貳、文獻探討　　　　　　　　　　　　　　　　　　21
參、環保自然葬研究調查及結果　　　　　　　　　　25
肆、具體策略　　　　　　　　　　　　　　　　　　30
伍、結論　　　　　　　　　　　　　　　　　　　　33

3 紀錄片《臺北殯儀館的囧告別式》的影像觀點研究
　　——以殯葬空間的改革與創新為例／蘇何誠、陳繼成 37

　　壹、前言 38

　　貳、拍攝緣起 40

　　參、對於殯儀空間改善的建議 42

　　肆、結論 49

4 試論先秦儒家喪禮中的生命關懷／李慧仁 55

　　壹、前言 57

　　貳、臨終與初終 59

　　參、殮與殯 68

　　肆、葬與祭 77

　　伍、結論 87

5 省思綠色殯葬政策背後的依據／邱達能 91

　　壹、前言 92

　　貳、綠色殯葬政策的依據 95

　　參、對上述政策依據的反省 100

　　肆、可能的解決建議 104

　　伍、結論 106

6 太平間退出醫院之困境與改革建議／王清華、王智宏109

壹、前言 110

貳、現況說明分析 111

參、殯葬設施供需分析 113

肆、法理分析 118

伍、事理分析 121

陸、情理分析 122

柒、結論 123

捌、建議：對現存於醫院的殯葬設施應考慮其必要性 127

7 從喪禮文化觀點探討遺體處理意涵／郭璋成 131

壹、前言 132

貳、喪禮文化 133

參、相關議題 135

肆、喪禮文化要義 138

伍、遺體處理要義 146

陸、魂與魄的探討 149

柒、結論 152

8 產業變革趨勢——以「遺體修復產業」為例／黃勇融 163

壹、前言 164

貳、文獻探討 165

參、研究方法 165

肆、趨勢分析 165

9 殯葬設施一元化之策略研究——宜蘭福園及壽園
兩種模式之分析／馮月忠 179

壹、前言 180

貳、四種殯葬設施一元化的發展情形 181

參、台灣地區縣市個案分析 188

肆、宜蘭員山福園殯葬設施一元化之策略及特色 191

伍、宜蘭羅東壽園殯葬一元化之策略及特色 198

陸、兩種模式的比較分析 203

柒、結論 204

10 《佛說十王經》對民間信仰中地獄觀的影響
／梁慧美 207

壹、前言 208

貳、《佛說十王經》與〈地獄名號品第五〉的特色 210

參、敦煌本《佛說十王經》的圖與讚 212

肆、結論 226

🦋 *11* 未來環保自然葬——樹葬計畫／廖瑞榮　　229

壹、前言　　230

貳、台灣及其他國家推行「環保自然葬」的成效　　230

參、樹葬流程　　232

肆、環保自然葬（單一層次樹葬）規劃案例參考　　233

伍、「北歐樹葬計畫」參考實例　　234

陸、「台南新營福園環保多元葬（樹葬、灑葬）計畫」實例參考　　238

🦋 *12* 《莊子》生死觀與當代的自然葬／熊品華　　251

壹、前言　　252

貳、《莊子》著作的梳理　　252

參、《莊子》的生死觀　　254

肆、《莊子》的殯葬觀　　259

伍、我國歷年來的葬法分析　　265

陸、當代自然葬與環保葬的辯證　　267

柒、結論：莊子思想對當代自然葬的啟迪　　269

🦋 *13* 孔子仁學思想對當代品德教育的意義／鍾建興　　273

壹、當代品德教育推動概況　　274

貳、孔子的仁學思想　　284

參、當代品德教育改革方針　　295

肆、結論　　300

14 華人殯葬禮儀中具有的文化療癒作用／鄧明宇、

賴誠斌　301

壹、後續關懷在喪禮服務的內涵　302

貳、西方悲傷輔導理論的限制　304

參、殯葬儀式具有悲傷療癒的作用　306

肆、傳統喪葬儀式產生的文化療癒作用　308

伍、結論　311

15 如歌如詩的生命行板——台馬客家送行者生命
訪談紀實之意義探究／王慧芬、鄧明宇　313

壹、前言——計畫概述與論文探究核心　314

貳、美麗與哀愁——從客家送行者職場經驗訪談紀實看殯葬
工作的意義與價值　318

參、幽微與光亮——從台馬客家送行者特殊生命經驗看生命的
成長與轉化　336

肆、結論——台馬客家送行者生命紀實在教學運用上的展望　346

1

殯葬創新的過去、
現在與未來

尉遲淦

仁德醫護管理專科學校生命關懷事業科副教授
中華殯葬教育學會監事長
展雲事業股份有限公司顧問

壹、前言

通常，對一個沒有經驗的事物我們如果要去討論它，其實是很困難的。可是，如果我們對這個事物已經有了經驗，那麼要去討論它就會變得比較容易。之所以如此，是因為如果我們都沒有經驗，那麼對於所要討論的問題就沒有探討的著力點。在沒有著力點的情況下，我們要怎麼探討呢？可是，一但有了著力點，那麼我們就能從這個著力點出發，對所要探討的問題作進一步的探討。因此，有經驗在問題的討論上是很重要的。

同樣地，在殯葬創新的問題上亦是如此。當我們對殯葬創新還沒有經驗時，對殯葬創新的問題就很難探討。因為，在沒有經驗的情況下，實在不知該從何探討起？可是，在有經驗之後，我們就可以根據這樣的經驗對殯葬創新的問題加以省思，看這樣的經驗到底成就了什麼？再根據這樣的成就進行反省，看這樣的成就是否符合殯葬創新的要求？如果符合，那就表示這樣的創新是沒有問題的。如果不合，那就表示這樣的創新是有問題的。經過這樣的過程，我們對於殯葬創新的問題就會有更深入的了解。

那麼，這樣做的目的到底何在？表面看來，這樣做似乎不是很有必要。因為，創新就是創新，除非不是創新，否則沒有檢討的必要。既然上述的作為已經被認為是創新，那麼對於這樣的作為只要承認就好，沒有必要再做進一步的省思。不過，這樣的想法其實是有問題的。其中，最大的問題就是把不一樣當成是創新的唯一要素。當然，對創新而言，一定要有不一樣的成分。可是，只有不一樣不見得就能滿足創新的所有要求。既然如此，那麼我們就必須進一步反省殯葬創新的問題，看在不一樣之外是否還需要其他的要素？

問題是，要做到這一點就不能只是空想必須有經驗的基礎。那麼，這個基礎要到哪裡找？就我們所知，就只能從現有的經驗中去找。因為，只有透過現有的經驗我們才能知道目前有關殯葬創新的發展。在這個

發展的基礎上，我們就可以進一步檢視這樣的發展，看這樣的發展成就了什麼？再從這樣的成就中進一步省思這樣的成就是否能夠滿足創新的要求？如果可以，那就表示這樣的發展是正確的。如果不可以，那就表示這樣的發展是有問題的。透過這樣的反省過程，我們就可以確實了解殯葬創新應該如何創新才不會有問題。這麼一來，在殯葬創新的作為上我們就不是只是處於盲目的創新，而是有意識地自覺創新，讓殯葬創新成為具有知識意義的專業創新。

貳、殯葬創新的過去

基於上述的要求，我們的探討就從殯葬創新的過去開始。那麼，我們要如何理解殯葬創新的過去？如果把過去追溯到早期的禁忌年代，那麼這樣的追溯到底有沒有意義？因為，在一般的理解中，禁忌年代的殯葬似乎沒有創新的可能。對一般人而言，在禁忌的影響下沒有人敢去碰觸禁忌，認為碰觸禁忌的結果會讓人遭遇不幸。既然如此，在沒有人膽敢觸犯禁忌的情況下殯葬當然就沒有創新的可能。如果真是這樣，那麼我們把殯葬創新的過去追溯到早期的禁忌年代就沒有太大的意義。

可是，這是事情的真相嗎？如果只從禁忌的角度來看，那麼在禁忌的威脅下的確沒有人膽敢碰觸殯葬進行創新。然而，殯葬行業不只是禁忌的存在，還是行業的存在。既然是行業的存在，那麼它當然就存在著商業的性格。對商業的存在而言，創造商機一向是它存在的使命。只要有機會，它一定會想方設法地創造商機。不過，要創造商機也必須有社會條件的配合。當社會條件不能配合的時候，那麼創造商機的作為就不會出現。可是，一旦社會條件俱足了，那麼創造商機的作為就會出現。對台灣的殯葬而言，早期的禁忌並沒有讓創新的作為完全消失，而是必須等到經濟起飛的年代，人們可以擁有較多的財富享受，這時創新的作為就開始出

現。

　　雖然這時開始出現創新的作為，但是這樣的作為並不能獲得公平的對待。相反地，社會認為這樣的作為只是一種離經叛道或標新立異的作為❶。那麼，社會為什麼會出現這種負面的評價？這是因為它認為殯葬是一種不能任意改變的存在。如果任意改變，那麼這種改變就會對社會產生負面的影響，甚至為社會帶來意想不到的災難。因此，為了維護社會的穩定和安全，最好的做法就是不要任意改變殯葬的現狀。

　　問題是，這樣的顧慮雖然有道理，但是基於商業的要求，殯葬的改變也有不得已的苦衷。對一般人而言，社會生活已經和過去大不相同，人人不只能夠溫飽，也開始學會如何享受生活？在這種情況下，他們對於死亡的要求也不同以往。對他們而言，如果可以讓親人在死後也可以享有更好的待遇，那麼在經濟能力許可的範圍內他們是很樂意花這筆錢的。所以，在嗅到這樣商機的業者當然就不會輕易放棄這種賺錢的機會，自然會想盡辦法滿足家屬的要求。就是這種要求死亡品質的想法，讓殯葬業者在不知不覺當中開始有了殯葬創新的作為。

　　不過，有創新的作為是一回事，這樣的作為能不能被接受則是另外一回事。在當時，這樣的作為顯然是不能被接受的。之所以如此，不單單是因為它碰觸了禁忌，更因為它改變的方式有問題。例如在出殯的時候陣頭當中出現了神佛的陣頭❷。本來，神佛陣頭的用意在於表示亡者死得非常值得，已經臻於神佛的境界，所以連神佛都來相送。可是，這種創新的結果卻忘記了亡者新亡，只是鬼的身分，根本還沒有達到神佛的境界，甚至還需要神佛的救渡。在這種情況下，這樣的創新就是違反一般人對於亡者身分的理解，以至於淪為離經叛道的結局。由此可見，早期殯葬在創新的時候只想到標新立異，認為這樣的不一樣可以引起家屬的共鳴，也可以受到社會的接納。只是沒有想到，這樣創新的結果只遭到離經叛道的罵

---

❶ 請參見尉遲淦（2011）。《禮儀師與殯葬服務》，頁69。新北市：威仕曼文化。
❷ 同註1，頁66。

名。

　　雖然如此，這不表示這樣的創新只有一種型態。其實，在這種型態之外還有其他的型態。例如禮俗的制式化就是另外一種型態❸。就這種型態而言，它一樣是一種殯葬創新。只是這種創新不是在原有的殯葬作為之外另外加上什麼新的作為，而是對原有的作為加以簡化與形式化。雖然這樣的作為也是一種改變既有作為的作為，但是這種改變並沒有背離原有的作為，只是對原有作為進行調整的工作。面對這樣的改變，社會的評價和上述創新的評價完全不一樣。對它而言，這樣的創新雖然改變了過去的傳統，但是這樣的改變是可以接受的。

　　那麼，為什麼會有這麼大的不同？不都是改變嗎？為什麼有的改變就可以接受？有的改變就不能接受？其中的問題到底出在哪裡？就我們的理解，其中最大的不同就在於一個符合時代的要求，一個不符合時代的要求。就前者而言，它雖然做出了改變，但是這種改變不符合時代的要求。在這個時代，神佛已經不是能夠被接受的存在，它是屬於過去的迷信。就科學時代而言，社會要倡導的是實證的價值，而非宗教的價值。此外，它也違反合理的要求，鬼是不適合用神佛來送的。就後者而言，它一樣做出了改變，但是這種改變是符合時代的要求。在這個時代，注重的是效率。如果一種作為不能滿足效率的要求，那麼這種作為就是跟不上時代的落伍作為。因此，在符合效率要求的情況下，這樣的創新作為就受到社會的接納。

　　經過上述的探討，我們發現在禁忌的年代殯葬創新不見得完全不可能，要看有沒有這樣的需求？如果有這樣的需求，那麼就算會觸犯禁忌業者也會提出這樣的作為。如果沒有這樣的需求，那麼就算不會觸犯禁忌也沒有業者想要改變。由此可見，有沒有需求是一個很重要的創新因素。此外，在創新時也不能只是想到不一樣，還要想到這樣的不一樣能不能滿足時代的要求？如果可以，那麼這樣的創新就會被社會所接納。如果不可

---

❸ 同註1，頁150。

以，那麼這樣的創新就會被社會所拒斥。所以，滿足時代的要求是創新的另外一個重要因素。

參、殯葬創新的現在

那麼，除了上述兩個因素之外殯葬創新還需要其他的因素嗎？表面看來，殯葬創新似乎不需要其他的因素。因為，從殯葬創新後來的表現來看，其他因素存在的機率實在太低了。為了證實這樣的說法，我們需要進一步分析後來的案例。例如作為回禮的毛巾就是這樣的一個案例。對殯葬而言，用毛巾作為回禮是一個禮俗上的規定。過去，在死亡禁忌的影響下，毛巾原則上只能用粗毛巾，不能用細毛巾。如果用細毛巾，那麼這樣的用法就會違反區隔陰陽的禁忌要求。因此，雖然有毛巾是用來擦汗的說法，這樣的說法仍然不能改變用粗毛巾作為回禮的禮俗[4]。

可是，這樣的不能改變不見得就真的不能改變。當生活開始富裕，人們開始懂得享受生活，這樣的習慣開始影響殯葬的作為。在這種情況下，如果只是使用毛巾作為回禮，似乎已經不能滿足家屬的需求。因此，有的業者看到生活改變所帶來的商機，認為改變毛巾的材質與樣式的做法，一方面可以滿足家屬的需求，一方面也可以增加自己商業的競爭力。就這樣，回禮從粗毛巾變成細毛巾，再從細毛巾變成造型毛巾。那麼，社會對於這樣的改變有何評價？基本上，它的評價是正面的。如果不是正面的，那麼這樣的回禮變化就不可能存在。

如果社會的評價是正面的，那麼社會為什麼會有這樣的評價出現？社會為什麼不持相反的看法？對此，當然有其自身的理由。就我們所知，社會之所以持正面的評價，最主要的理由正如上述，都是符合社會的要求。那麼，它符合什麼樣的社會要求？在此，很清楚的是，這樣的要求

---

[4] 請參見楊炳山（2002）。《喪葬禮儀》，頁92。新竹：竹林書局。

和效率無關。因為，毛巾的材質與樣式無論怎麼變都與效率無關，只與品質有關。對一般人而言，生活好了，對品質的要求就會高了。在高品質的要求下，細毛巾當然比粗毛巾的品質要高。不僅如此，在樣式上，有造型的毛巾比沒有造型的毛巾當然要有品味許多。對現代人而言，一個有品味的人自然要比一個沒有品味的人在生活品質上要高出許多。所以，作為回禮的毛巾之所以能夠改變，主要在於它滿足了現代人的品質要求❺。由此可知，滿足時代的要求除了效率之外，還可以有品質的部分。

　　除了品質的因素之外，殯葬創新是否需要其他的因素？就我們所知，在品質的因素之外還需要其他的因素。那麼，這個因素是什麼？簡單來說，就是社會尊嚴的因素。關於這個問題，我們可以舉湯灌的例子說明❻。過去，我們認為淨身只要用擦拭即可。之所以這樣，是因為如果不用擦拭的方式，那麼我們就會過度接觸遺體。對過去的人而言，他們認為遺體身上沾滿了死亡的氣息。如果接觸遺體太多，那麼就可能被死亡氣息所侵襲，一不小心就會帶來不幸，甚至死亡。所以，基於安全的考量，還是盡可能不要接觸遺體比較好。這麼做的結果，在為亡者淨身時只好採用擦拭的做法。

　　可是，我們都很清楚擦拭的做法其實是不徹底的。無論我們再怎麼認真擦拭，擦拭的效果總是有限。在死亡禁忌籠罩的過去，這樣的結果雖不滿意，卻也不得不接受。但是，在生活水準提高的今天，這樣的做法就受到質疑。對現代人而言，對淨身的要求是很高的。對他們而言，淨身不只是潔淨身體的沐浴而已，他們還希望藉著這樣的沐浴過程表現自己的身分。因此，在提供淨身的服務時有了精油按摩做法的加入。對於這種讓身體得到更大享受的做法，一般稱為VIP的待遇。於是，有的業者在觀察到這樣的商機之後，就將這樣的做法引用到殯葬的淨身作為上，讓亡者也有

---

❺ 請參見尉遲淦（2014）。〈回禮的變革與創新〉。《中華禮儀》，第31期，頁22。

❻ 同註1，頁157。

機會享受到生前的沐浴高檔待遇[7]。

那麼，這樣的創新作為有什麼作用？本來，湯灌的作用只是讓亡者獲得更高的待遇。在現實生活上，這樣的待遇就是高人一等的待遇。可是，高人一等的待遇又如何，最多只能說這樣的待遇使人獲得更多的享受。不過，對亡者而言，這樣待遇的相關解讀就不同。對他們而言，他們原先就不被當成正常人來看。相反地，他們是被當成不像人的鬼，常常會為別人帶來死亡的後果。所以，地位遠低於人。在這種情況下，他們是沒有尊嚴的。現在，在湯灌的作為下，他們不只被當成正常的人，還被當成具有VIP身分的人。因此，他們重新恢復做人的身分，擁有人的尊嚴。對亡者而言，這樣的尊嚴只有現代人才能擁有。

由此可見，社會尊嚴也是殯葬創新的因素之一。那麼，在社會尊嚴之外還有其他的因素嗎？就我們所知，除了社會尊嚴的因素之外，殯葬創新還有一個重要的因素，就是心願的達成。對家屬和亡者而言，殯葬服務不只是把遺體處理完就完了。如果只是這樣，那麼殯葬服務就像是清潔隊處理垃圾的服務，沒有什麼太積極的意義。可是，殯葬服務不是這樣，它除了要處理遺體之外，還要解決死亡的問題[8]。對亡者和家屬而言，死後歸宿就是其中一個很重要的問題。如果我們不能解決這個問題，那麼殯葬服務就不能算是做得很到位。所以，我們如果殯葬服務真的做得很到位，那麼就必須幫忙化解死後歸宿的問題。這麼一來，我們的服務才能說真的服務得很圓滿。否則，平常所謂的圓滿其實都只是口惠而不實。

那麼，我們要在哪裡讓家屬覺得服務得很圓滿？對此，告別式場的布置就成為一個重點。對業者而言，告別式的意義就在於讓亡者從鬼轉化為神的關鍵。因此，如何利用這樣的關鍵產生這樣的效果就變得很重要。可是，過去的業者都沒有注意到這一點，只意識到改善告別式場的

---

[7] 請參見尉遲淦（2013）。〈殯葬服務可以做到什麼地步〉。《中華禮儀》，第28期，頁33。

[8] 同註1，頁164-165。

氣氛。所以，從日本引進可以改善氣氛的花海布置。經由這樣布置的引進，整個告別式場的氣氛的確有了改變，從恐怖悲戚變成溫馨祥和。不過，這樣的改變雖能增進布置的質感，卻沒有辦法傳達由鬼轉變成神的意義。為了傳達這種由鬼轉變成神的意義，有的業者遂提出天堂式場的創意，滿足家屬與亡者內心的祈求[9]。

可是，要怎麼設計才能讓這樣的布置具有上述的象徵意義？在此，第一個要做的就是設計出一個具有現代感的式場布置。那麼，要怎麼設計呢？首先，就是所用的材質必須是細緻的材質。如果不是細緻的材質，那麼這樣的設計就不能滿足現代人對於質感的要求。其次，設計的樣式必須讓人感受到科技感。如果沒有科技感，那麼就凸顯不出現代的時代特徵。除了上述材質與樣式的講究外，第二個要做的就是與由鬼轉變成神的意義相關的造型設計。那麼，要如何做才能傳達這樣的訊息？最簡單的方式就是直接把亡者想要去的地方具象化。一般而言，也就是所謂的天上。於是，在造型設計上雲就成為最直接的象徵。就這樣，雲的設計成為天堂式場的內容，表示亡者已經到了天上，家屬不用再擔心亡者的去處。

這麼說來，心願的滿足也是殯葬創新的內容之一。那麼，在心願的滿足之外殯葬還有什麼創新的因素？表面看來，在心願的滿足之外不應該還有其他的創新因素。因為，心願的滿足已經達到殯葬服務可以做到的最高象徵。如果我們希望能夠超越這樣的象徵，那麼除了另闢蹊徑否則很難突破。不過，在此之外，我們還是可以找到其他的創新因素，如遺憾的彌補。上述天堂式場的創新雖然指出殯葬服務的最高象徵，卻只是就死後歸宿的部分作處理，至於現世的部分則沒有處理。對人而言，人的圓滿除了死後的圓滿之外，還有現世的圓滿。如果只有死後的圓滿而沒有現世的圓滿，那麼這樣的圓滿也不能算是真正的圓滿。所以，為了真正圓滿的出現，我們在死後圓滿之外還必須兼顧現世的圓滿。那麼，現世的圓滿要如

---

[9] 同註7。

何達成？以下，我們舉一個了心願的例子說明❿。

對一般人而言，這一生總是會有一些心願沒有了。通常，對於這種沒有了的心願不是放下就是空留遺憾，在這兩者之間似乎沒有第三種可能。之所以如此，是因為我們對於死亡有一種預設，就是認為生前的心願如果生前不了，那麼死了以後就沒有了的可能。基於這樣的認知，生前的心願死後自然不可能了。可是，這樣的沒有了畢竟是一種遺憾，也會影響我們生前的圓滿。如果我們不想空留遺憾，那麼就必須尋找補救之道。對此，有的業者就開始思考補救的可能，也就是設法幫忙了亡者的心願，讓亡者與家屬因著這種心願的了而獲得心靈的慰藉。

那麼，他們是怎麼做的？首先，先確認亡者有沒有未了的心願？如果沒有，那麼就不需要幫忙了心願。如果有，那麼就需要幫忙了心願。其次，再確認這樣的心願是什麼樣的心願？如果不了解這樣的心願是什麼樣的心願，那麼就沒有辦法幫忙了。所以，確認心願為何是很重要的。最後，再根據這樣的心願設計出相關的儀式。如果所設計的儀式和心願不相關，那麼這樣的儀式就沒有辦法幫忙了心願。如果這樣的設計和心願有關，那麼這樣的儀式就會產生了心願的感受。對亡者和家屬而言，這樣的了心願做法可以讓他們產生心願已了的感受。經由這樣的感受，他們內心會覺得不再留有遺憾。

現在，我們具體說明。對一個孩子剛出世就死亡的媽媽而言，她的遺憾就是沒有陪孩子一起長大。此外，她也很遺憾沒有辦法和老公一起帶著孩子出國旅遊。因此，這樣的心願就成為永恆的遺憾。可是，面對這樣的遺憾，禮儀師在得知之後並沒有放棄解決的想法。對他而言，人死雖然一了百了，但是了的方式不應該只有這樣，應該還有更積極的做法。於是，他針對亡者的心願設計出一套做法，設法幫助亡者了心願。那麼，他是怎麼做的？對他而言，亡者本來在孩子出生以後打算要和老公一起帶孩子到日本去玩。既然如此，那麼只要讓他們一家三口有機會一起去玩不就

---

❿同註1，頁181。

解決了問題。但是，要怎麼傳達一起去玩的訊息？在此，禮儀師就想到合成照片的做法，把一家三口的照片合成在一起，再加上日本的風景照片作為背景，就這樣，幫他們了了一起出遊的心願。

然而，只有這樣還不夠。如果只是這樣，那麼他們是不會產生同遊的感受。為了產生這種同遊的感受，禮儀師就在告別式的過程中安排一個儀式，也就是送上照片的儀式，讓家屬與亡者感覺到他們是一起出遊的。透過這樣儀式程序的添加，當身為老公的家屬把這一張合成的照片獻給亡者的時候，現場參與的親友都感動得落淚，彷彿他們真的了了心願一般。對亡者與家屬而言，這種了心願的儀式雖然不能真的幫他們解決心願的問題，卻可以讓他們產生類似的感受，有助於抒解心願未了的遺憾。由此可見，了心願也是殯葬創新的因素之一。

肆、殯葬創新的未來

在了解殯葬創新的發展之後，我們發現殯葬創新並沒有表面看得那麼容易。從上述的經驗來看，這樣的創新並不是一種任意的創新。如果只是任意的創新，那麼這樣的創新其實也不太難。只要我們願意，我們隨時都可以創新。可是，殯葬創新並不是這樣的創新，它有它自身的條件。如果我們不了解這些條件，那麼這樣的創新就算出現了，也很難獲得社會的青睞，更不要說家屬與亡者的接納。因此，我們在創新時確實要了解相關的條件，否則很難產生合適的創新。那麼，要怎麼做才能產生合適的創新？為了確切回答這個問題，我們需要進一步省思上述的經驗。

首先，我們發現創新不只是不一樣就夠了。如果只是不一樣，那麼這樣的創新也太簡單了。因為，所謂的不一樣只是和現有的不同。至於這樣的不同要不同到什麼程度，如果都沒有要求，那麼這樣的不一樣就是隨意的不一樣，沒有太大的意義。如此一來，人們就可以隨意創新，以至於

這樣的創新變得沒有意義。一旦淪落到這樣的境地，那麼殯葬創新的專業度就會被破壞。從此以後，殯葬創新不再具有創新的意義與價值。

例如上述神佛的陣頭，本來這樣的陣頭只出現在迎神賽會的場合，從來沒有出現在送葬的場合。現在，為了表示亡者生前的成就，就任意地把神佛的陣頭加入。表面看來，這樣的加入似乎可以凸顯亡者的成就。實際上，這樣的加入卻於理不合。之所以如此，是因為這樣的加入讓亡者鬼神不分。就出殯的情況而言，此時的亡者身分還是鬼。既然是鬼，那麼當然就不適合用神佛來送，否則會混淆鬼神的秩序。由此可見，體察到家屬與亡者的需求而提出殯葬創新的作為是一件好事，但這樣的好事也必須講究它的合理性，這樣才不會造成相反的效果。

其次，我們發現創新不只是要考慮合理性，也要考慮合宜性。如果沒有考慮合宜性，那麼這樣的創新就沒有辦法獲得當時社會的接受。因為，對社會而言，任何的創新都要依據當時的狀況來創新，這樣創新的結果才會被社會所接納。如果在創新時完全不管當時社會的狀況，只管自己要怎麼創新就怎麼創新，那麼這樣的創新是很難被當時的社會所接納。所以，在創新時合宜性的考慮是很重要的。以下，我們分別敘述它的相關內容。

在此，我們第一個要反省的就是制式化傳統禮俗的創新作為。從這個作為來看，我們明顯看到一點，就是制式化的要求。對傳統禮俗而言，它本來就沒有制式化的想法。雖然這樣的禮俗內容不會有太大的改變，但是在服務過程中總是會有些微的出入。對於這樣的出入，過去並不會太在意。因為，除了業者沒有人清楚這樣的問題。在這種情況下，一切的操作就交給業者來處理。可是，到了現代，情況有所不同，社會對於殯葬服務有了專業化的要求。基於這樣的要求，那麼在服務時禮俗就必須具有制式的內容，避免業者在操作時因人而異、因時而異[11]。因此，在穩定

---

[11] 請參見鄭志明、尉遲淦（2008）。《殯葬倫理與宗教》，頁78。台北：國立空中大學。

與效率的要求下，禮俗自然開始制式化。對於這種因著時代需求所做的創新，社會自然只有接納的份而不會有其他的意見。

不過，只有制式化夠不夠？對於這個問題，業者並沒有太多的反省。對他們而言，只要暫時讓自己產生競爭力就夠了，至於這樣的合宜，到底合宜到什麼程度就不在他們考慮的範圍之內。可是，對我們問題就不一樣了，這種合宜的程度問題是會影響家屬與亡者。如果沒有解決，那麼他們的生死問題就沒有辦法得到安頓。所以，在此需要進一步思考這樣的創新到底合宜到什麼程度的問題。就我們所知，這樣的創新只是解決時代對於效率的要求，完全沒有考慮到安頓生死的問題。之所以如此，是因為他們只考慮自己操作上的需要，用操作的標準化來吸引家屬與亡者，並沒有真正考慮家屬與亡者的需求。

如果要考慮家屬與亡者的需求，就必須進入毛巾作為回禮的創新作為。在這樣的創新作為中，業者考慮到生活品質的問題。對家屬與亡者而言，生活水準的提升也讓他們產生這樣的需求。為了滿足這樣的需求，有關毛巾的部分就不能只停留在粗毛巾的階段。因為，粗毛巾反映不出生活的品質。所以，就從細毛巾到造型毛巾，目的在於表現現代的質感。問題是，只有反映質感夠不夠？因為，毛巾不只是一個簡單的回禮。實際上，它還有斬斷與死亡關聯的作用。可是，站在業者的立場，它沒有考慮這一層死亡禁忌的問題，只考慮時代的要求，甚至於希望這樣的回禮被保留下來。如此一來，照顧到時代的要求卻失去禮俗的本意。對殯葬創新而言，這樣的作為不完全符合專業創新的要求，忽略了化解禁忌的功能。如果我們不希望如此，那麼就必須重新納入化解禁忌的功能[12]。

接著，第三個要反省的是湯灌的創新作為。如果從擦拭和湯灌的對照來看，那麼湯灌要比擦拭的作為來得有質感的多。不過，在此它要求的不只是質感，更是一種享受。經由這樣的享受，表示亡者的身分高人一等，而擁有社會尊嚴。表面看來，這樣的對待方式確實蠻能符合現代社會

---

[12] 同註5，頁22-23。

的要求。但是，只有這樣的滿足夠不夠？如果我們深入禮俗本身，就會發現這樣的滿足是不夠的。對亡者而言，社會尊嚴的獲得目的不在社會尊嚴，而在對亡者本身的人格肯定。如果沒有進到這一層，那麼無論亡者再多有社會尊嚴，都無法安心地離去。因為，他的人格清白沒有辦法重新獲得肯定。所以，湯灌的創新作為不能只有社會尊嚴的獲得，還要人格清白的肯定，如此湯灌的功能才能完整呈現❸。

　　第四個我們要反省的是天堂式場的創新作為。相對於之前的舊式布置，天堂式場的確能夠滿足亡者與家屬對於時代質感的要求。即使面對花海布置的對比，天堂式場的布置也不見得比較遜色。不過，除了質感的滿足之外，天堂式場的布置要較花海的布置更能顧及亡者與家屬的心願，也就是死後歸宿的要求。基於這樣的要求，亡者象徵性地去到他死後想要去的地方。對亡者與家屬而言，這樣的象徵足以滿足他們內心的期盼。可是，只有這種象徵性的滿足夠不夠？如果只是這樣，那麼亡者與家屬都沒有辦法產生實質的感受。在感受的缺乏下，這樣的象徵意義再強，也只是一種虛構，完全沒有辦法落實，自然也就無法產生安頓生死的效果。如果我們不想這樣，那麼就必須透過儀式的作為，讓天堂式場的天堂意義可以具體地為亡者與家屬所感受。

　　第五個我們要反省的是了心願的創新作為。對過去的殯葬處理而言，死就死了完全沒有補救的餘地。可是，在了心願的創新作為中，業者顛覆了過去的看法。在此，禮儀師不僅考慮到家屬與亡者的感受，也思考如何了心願的方法？所以，就在這樣的考慮下，禮儀師設計了獻上一家三口合成照片給亡者的儀式，由亡者的老公負責獻上，象徵他們一家未了的心願已經了了。本來，這樣的儀式設計是好的，也確實能夠產生類似的感受。可是，禮儀師忘了更深入結合他們一家三口的死後認知。如果彼

---

❸ 這就是為什在淨身的時候會有乞水儀式存在的理由所在。唯有透過這樣的儀式，我們才能恢復亡者人格的清白。

此認知不一樣，那麼這種了心願的方式就不一定合適[14]。由此可見，在了心願的同時也需要考慮死後的認知。這麼一來，這樣的殯葬創新才會更專業。

根據上述的探討，我們發現殯葬創新並沒有那麼簡單，它不是任意的創新，而是有根據的創新。那麼，它的根據是什麼？除了時代的價值需要配合之外，更重要的是，亡者與家屬的需求。在配合的過程中，我們不僅要考慮到社會的層面，還要考慮到心靈的層面，甚至包含死後的存在。如何讓這樣的考慮不要只是一種單純的象徵，而要經過儀式的作用進入動態的體會，讓亡者與家屬都能感受到這樣的真實，產生安頓生死的效果。為了做到這一點，我們就必須從禮俗的表層深入人性意義的深層，完成具有存在意義的專業創新。

伍、結論

有關殯葬創新的探討到此可以告一段落。在結束之前，我們還是需要做個簡單的結束。首先，我們從殯葬創新的問題出發，了解殯葬創新並沒有表面看得那麼簡單，創新不是任意地創新，而是有其一定的條件。那麼，我們怎麼確認這些條件？在此，就讓我們進入殯葬創新的過去與現在的經驗。其次，我們在探討殯葬創新的過去。在過去經驗的探討中，我們發現禁忌固然會影響創新，但真正影響創新的是人們的需求。當社會對於生活開始有品質的要求以後，人們就會把這樣的要求從生轉向死。經由這樣的轉向，業者就會從中看到創新的商機，自然就會出現創新的作為。只是這樣的創新作為最初會因為沒有經驗而陷入想像式的創新，缺乏合理性

---

[14] 例如她本身是個佛教徒，想要成佛，那麼這種現世遺憾的未了，就成為一種執念。在此，面對這種執念不適用合成照片來強化，而要用放下的做法來化解，這樣整個問題才能獲得圓滿的解決，否則了心願的結果反而更強化她對家的執念。

的考量。所以，早期的創新很容易遭致離經叛道或標新立異的批評。不過，這樣的疏忽很快就被超越。因此，在制式化禮俗的創新作為中，我們發現業者已經懂得如何掌握社會的脈動，意識到時代對於效率的要求才是創新該關注的所在。於是，在制式化的過程中出現了專業的呼籲，使社會了解殯葬服務已經進入專業化的階段。再來，我們進入殯葬創新的現在。這時，我們發現業者對於創新的作為不只是表面的配合，更逐漸深入時代的價值。最初，他們意識到品質的問題，知道人們對於殯葬有關陰陽兩隔的區分的不滿，不認為亡者就不能擁有現代生活的品質。於是，他們在回禮的改變上就從粗毛巾到細毛巾，甚至造型毛巾，把質感帶進殯葬產品的領域。不僅如此，在湯灌的處理上更讓亡者可以享有生者所享有的VIP等級的SPA，表示亡者死得高人一等，從殯葬服務的對待中擁有社會的尊嚴。除了湯灌的創新作為之外，業者也考慮到家屬與亡者對於死後歸宿的要求，認為這樣要求的滿足可以安頓他們的生死。所以，在告別式場的布置上提出天堂式場的創新作為。透過這樣的作為，家屬可以象徵性地認為亡者已經去到他想要去的地方，也就是所謂的天上。這樣子，家屬就不用再擔心亡者死後的去處問題。不僅如此，除了死後去處的問題需要擔心外，業者也意識到家屬與亡者會擔心走得遺憾的問題。於是，他們就從了心願的部分著手，藉由儀式的處理，讓家屬與亡者可以了了他們的心願。如此一來，在死後歸宿與了心願的顧慮下，家屬與亡者的生死有了更為完整與圓滿的處理。對業者而言，這樣的創新不只是創新，也可以產生安頓的實質效果。

但是，效果歸效果，我們也發現創新的一些問題。首先，我們發現業者對於創新並沒有那麼清楚的概念，常常是瞎貓碰死老鼠。因此，為了改善這樣的創新處境，我們需要分辨專業的創新與非專業的創新，不是只有創新就好了。其次，我們發現業者對於殯葬的需求了解的不深刻。因此，再創新時常常只考慮到表面的時代需求，而沒有深入到死亡本身。所以，在創新的過程中，常常只能配合時代的價值與要求，而沒有辦法真正

安頓家屬與亡者的生死。最後，我們發現業者在創新作為上常常沒有辦法找到合適的做法讓家屬與亡者產生真實的感受。如此一來，在生死的安頓與圓滿上就沒有辦法產生很好的效果。所以，為了能夠提供更好的服務，也為了能夠真的幫家屬與亡者安頓生死，讓殯葬服務能夠臻於圓滿，我們需要更深地進入殯葬創新的領域。

2

如何落實環保自然葬
面對的問題與做法

陳伯瑋
國立台北護理健康大學生死與健康心理諮商系兼任講師
曾煥棠
國立台北護理健康大學生死與健康心理諮商系系主任

摘　要

　　本研究嘗試以文化社會學的視域探討台灣環保自然葬面對的現象。殯葬設施要能符合環保並永續經營是需要結合產、官、學三方面的力量，才能為環保自然葬找到適當的出口。本文透過永續發展定義、現行法規探討以及作者在環保自然葬研究調查及結果，提出三個具體策略：(1)規劃化繁為簡的現代化國民喪禮，提供環保自然葬的獎勵措施；(2)加強殯葬業者的職業倫理，規定公、私立墓園骨灰（骸）存放設施必須規劃灑葬專區；(3)提倡社區「在宅老化」（aging in place），成立關懷老人的義工團體。最後，期待建全殯葬政策，提升殯葬業的職業倫理，落實環保自然葬的現代殯葬政策，必定指日可待。

關鍵字：文獻探討法、永續發展、在宅老化、環保自然葬

壹、前言

　　自政府播遷來台即實施九年國教，崇尚儒家思想與孝道精神，勵精圖治創造台灣經濟奇蹟，由農業奠定經濟起飛的基石，進而發展出現代化高科技社會。雖然教育、經濟、生活水準提升，但在思想上仍然保有「傳統主義」的基本性格。

　　國人接受施行環保自然葬的意願不高，主要是因為衝擊原有的祭祀習俗，加上儒家「事死如事生」的孝道精神，尋找風水佳的墓地是子女重要的任務。2002年《殯葬管理條例》通過後，禁止公墓起建風水，卻也造成私人墓園可以配合風水需求而推高售價，有些塔位甚至出現一位難求的現象，台灣「傳統主義」的殯葬態度在此表露無遺。

　　台灣殯葬從早期鄰里義務性的服務到商品化（commercialization）的過程，已經是現代國民必須面對的事實。殯葬服務在社會分工的結果，殯

葬業者提供的服務是依據殯葬商品獲得最大利益。環保自然葬將面臨挑戰是政府提供補助，殯葬業者在無利可圖或者是須降低利潤前提下，是否仍然願意支持這項政策來提供服務？

　　為促進殯葬設施符合環保並永續經營，落實環保自然葬的政策，要從何處著手可謂千頭萬緒，需要結合產、官、學三方面的力量，才能找到適當的出口。

貳、文獻探討

一、環保自然葬要面對集體記憶的轉換

　　德國著名社會學大師馬克斯・韋伯（Max Weber）在《中國的宗教：儒教與道教》的結論指出儒教的定位被建構在「適應現世的理性主義」。台灣既然傳承了儒家傳統保守「適應現世」的思想，「入土為安」、「安土重遷」、「落葉歸根」、「慎終追遠」等孝道精神便緊緊扣住台灣人治喪的態度，殯葬行為遂以傳統孝道的儀軌作為代代相傳甚難撼動。

　　家族「集體記憶」（collective memory）是由殯葬的要角墓碑（grave monument）所扮演的。過去許多國家的家族每年會在特定的節日，集合在墓碑前述說著前人的重大事略，縱使隔代子孫亦可由墓碑喚起記憶。法國社會學家霍布瓦克（Maurice Halbwachs）認為集體記憶是一個總稱，它涉及兩個方面的關係，一方面是歷史與紀念標誌，另一方面是人們對過去的看法、情感與判斷（Funkenstein, 1989; Olick and Robbins, 1998）；紀念標誌的實體標的可以延續群體的記憶，是人類證明重大歷史事件存在的證據，互動性的感情交流包括個人體認、想法甚至觀感不同，則是會受到集體互動的影響。歷史上因重大事件所築的紀念碑比比皆是，以事件規模大者如廣島和平紀念公園、唐山大地震的抗震紀念碑，事件規模較小的如莫

那魯道抗日紀念碑、二二八紀念碑等，事件對站在不同角度的群眾卻有著不同的解讀。而每個家族則用墓碑來緬懷先人，並記述自己從何而來，因之存在的實體標的。

墓園攸關起建風水（個人或家族墓），不僅象徵家族的「集體記憶」，另是「慎終追遠」祭祀活動時的具體表達孝思。這也就是為何要將清明節列入維護中華文化的國定假日，好讓國人在這樣的節日習慣聚集在墓碑前祭拜祖先。

二、「永續發展」（sustainable development）的定義

永續（sustain）一詞來自於拉丁語sustenere，意思是持續下去。針對資源與環境，則可以解釋為保持或延長資源的生產使用性和資源基礎的完整性，使自然資源能夠永遠為人類所利用，不會因耗竭而影響後代人類的生產與生活（孫志鵬等，2011）。

聯合國「世界環境及發展委員會」於1987年發表《布蘭特報告》（*Brundtland Report*）：「我們共同的未來」（WCED, 1987）對「永續發展」一詞定義為：「既滿足當代人的需求，且不犧牲子孫後代滿足其需求的能力的發展方式」。此定義是目前國際上最被廣泛引用及被官方所採用的，其核心思想是健康的經濟發展應建立在生態永續能力、社會公正和人民積極參與自身發展決策的基礎上；所追求的目標是使人類的各種需要得到滿足，個人得到充分發展，而這些都必須建立在保護資源和生態環境，不對後代子孫的生存和發展構成威脅上（孫志鵬等，2011）。

我國在《環境基本法》第一章第2條揭櫫：「永續發展係指做到滿足當代需求，同時不損及後代滿足其需要之發展。」以及行政院國家永續發展委員會認為「永續發展」的真諦是「促進當代的發展，但不得損害後代子孫生存發展的權利」。《殯葬管理條例》第1條開宗明義指出：「為促進殯葬設施符合環保並永續經營；殯葬服務業創新升級，提供優質服

務；殯葬行為切合現代需求，兼顧個人尊嚴及公眾利益，以提升國民生活品質，特制定本條例。」綜上觀之，我國對於「永續發展」的定義亦是採用《布蘭特報告》對「永續發展」一詞的定義。爰此，公墓在有限的土地資源，如何滿足亡故的親人安（葬）厝處所的需求，又不能無限擴建墓地或納（靈）塔，避免與活人爭地，並兼顧環境保護的需要，才不會損害後代子孫生存發展的權利，這些都是亟需列入目前最優先執行的課題。

三、現行環保自然葬的殯葬法規要面對的問題

《殯葬管理條例》（以下稱本條例）的制定其目地在規範殯葬設施、殯葬服務及殯葬行為。目前內政部所推行的「環保自然葬」有「樹葬」、「植存」及「海葬」等三種方式。本條例第2條第一項第十一款用詞定義：「樹葬：指於公墓內將骨灰藏納土中，再植花樹於上，或於樹木根部周圍埋藏骨灰之安葬方式。」第18條第三項規定：「專供樹葬之公墓或於公墓內劃定一定區域實施樹葬者，其樹葬面積得計入綠化空地面積。但在山坡地上實施樹葬面積得計入綠化空地面積者，以喬木為之者為限。」同條第四項：「實施樹葬之骨灰，應經骨灰再處理設備處理後，始得為之。以裝入容器為之者，其容器材質應易於腐化且不含毒性成分。」第19條規定：「直轄市、縣（市）主管機關得會同相關機關劃定一定海域，實施骨灰拋灑；或於公園、綠地、森林或其他適當場所，劃定一定區域範圍，實施骨灰拋灑或植存。

前項骨灰之處置，應經骨灰再處理設備處理後，始得為之。如以裝入容器為之者，其容器材質應易於腐化且不含毒性成分。實施骨灰拋灑或植存之區域，不得施設任何有關喪葬外觀之標誌或設施，且不得有任何破壞原有景觀環境之行為。

第一項骨灰拋灑或植存之自治法規，由直轄市、縣（市）主管機關定之。」

《殯葬管理條例施行細則》第17條規定：「依本條例第十九條第一項規定劃定之一定海域，除下列地點不得劃入實施區域外，以不妨礙國防安全、船舶航行及漁業發展等公共利益為原則：

一、各港口防波堤最外端向外延伸六千公尺半徑扇區以內之海域。

二、已公告或經常公告之國軍射擊及操演區等海域。

三、漁業權海域及沿岸養殖區。」

綜上，所謂「綠葬」就是於公墓內劃定一定區域實施樹葬，不設墓基、骨灰（骸）存放設施及公墓標誌，不得有任何破壞原有景觀環境之行為；或在一定海域，不妨礙國防安全、船舶航行及漁業發展等公共利益為原則，實施骨灰拋灑。實施骨灰拋灑或植存之區域，其骨灰應再經處理設備處理後，才可以進行骨灰拋灑或植存。如以裝入容器為之者，其容器材質應易於腐化且不含毒性成分。因此，「綠葬」是可以滿足現代葬禮最終處理的方式，而且符合環境保護的需求，以及不會損害後代子孫生存發展的權利。條文明列「環保自然葬」之法源依據，冀國人在辦理殯葬時有所依據。因此，環保自然葬在現行的殯葬法規已經不是概念性的政策，而是可具體執行的指導性政策。

本條例第2條第一項第六款：「骨灰（骸）存放設施：指供存放骨灰（骸）之納骨堂（塔）、納骨牆或其他形式之存放設施。」說明除現行為民眾熟知納骨（堂）塔外，為利未來推動其他更具環保意義，貼近家屬感情或特殊之存放方式，爰將其存放設施統稱為骨灰（骸）存放設施。換言之，雖然國人在環保自然葬觀念尚未普及及全面實施，但從本條例可看到國人從傳統土葬到火化後入厝（塔）環保觀念的改變。

本條例第28條規定：「直轄市、縣（市）或鄉（鎮、市）主管機關得經同級立法機關議決，規定公墓墓基及骨灰（骸）存放設施之使用年限。

前項埋葬屍體之墓基使用年限屆滿時，應通知遺族撿骨存放於骨灰（骸）存放設施或火化處理之。埋藏骨灰之墓基及骨灰（骸）存放設施使

用年限屆滿時，應通知遺族依規定之骨灰拋灑、植存或其他方式處理。無遺族或遺族不處理者，由經營者存放於骨灰（骸）存放設施或以其他方式處理之。」可以看到國家立法政策再次清楚宣示了「殯葬設施符合環保並永續經營」的殯葬改革政策。上述條文規定公墓墓基及骨灰（骸）存放設施之使用年限，是可經由直轄市、縣（市）或鄉（鎮、市）主管機關得經同級立法機關議決，當使用年限屆滿，即可通知遺族依規定將骨灰拋灑、植存或其他方式處理。無遺族或遺族不處理者，由經營者存放於骨灰（骸）存放設施或以其他方式處理之。因此，骨灰拋灑、植存或其他方式處理，成為最終處理方式，也是「除葬」讓土地循環再利用的做法。

　　惟國人似乎尚不清楚此一政策，仍積極覓尋自己或家人所謂永久安葬地點或納骨（堂）塔，殊不知當骨灰（骸）存放設施之使用年限屆滿，骨灰（骸）仍然會被骨灰拋灑、植存或其他方式處理。另外，內政部等相關部會針對此一法條處理態度隱晦不明，是造成民眾仍然偏執於土葬或將骨灰存放於納骨（堂）塔的重要因素；或者民眾已瞭解此一條文規定，施加壓力予立法機關，而立法者民意代表為了選票不敢得罪選民，而據以訂定納骨（堂）塔之使用期限，因此在兩相心理交互作用之下，使上述條文形同具文，殯葬永續經營的政策恐將大打折扣。

參、環保自然葬研究調查及結果

　　雖然，國人的觀念已能接受「環保自然葬的觀念」，但是統計實際使用環保自然葬的件數能然偏低。考察目前全國公墓內可實施骨灰樹葬、灑葬之地點計有31處（**表2-1**），自95年迄今總計已辦理24,686位（如**表2-2**，資料統計至104.4.01），就104年死亡人數163,822人，使用環保自然葬合計9,136件，比率約為5.6%。可知其使用率雖然偏低，至於104年大幅提高是來自公墓內的樹葬。但是若扣除屏東縣因無主骨灰骸遷移的4,334件，則實際上只有4,802件是出自民眾自願，比率僅約近3.0%。

表2-1　目前全國公墓內可實施骨灰樹葬、花葬、灑葬及公墓外植存之地點（共31處）

名稱	類型	地點	電話	費用
陽明山第一公墓「臻善園」	花葬	台北市北投區泉源路220號	02-28922690	免費
台北市軍人公墓「懷樹追思園」	樹葬	台北市南港區研究路三段130號	02-27851686#10、11	免費
富德公墓「詠愛園」	樹葬	台北市文山區木柵路五段190號	02-87329710	免費
金山環保生命園區	植存（公墓外）	新北市金山區三界里七鄰法鼓路555號	02-24082665	免費
三芝櫻花生命園區	植存（公墓外）	新北市三芝區圓山村內柑仔25-1號	02-22571207#128	免費
新店區公所四十份公墓	樹葬、花葬	新北市新店區翠峰路102號	02-22178433	免費
宜蘭縣殯葬管理所「員山福園」	灑葬、樹葬	宜蘭縣員山鄉湖東村蜊埤路27號	03-9220433#50	樹葬$5,000／位；灑葬$2,500／位
楊梅市生命紀念園區「桂花園」樹葬專區	樹葬	桃園市楊梅區中山南路800巷41號	03-4853286	本市免費；外市$5,000／位
竹南鎮第三公墓多元葬法區	灑葬、樹葬	苗栗縣竹南鎮和興路2號	037-584343	免費
台中市神岡區第一公墓「崇璞園」	樹葬	台中市神岡神清路344號之1	04-25631345	本市$3,000／位；外市$15,000／位
大坑樹灑花葬區「歸思園」	樹葬	台中市北屯區大坑段650、664地號	04-24624375	本市$3,000／位；外市$15,000／位
埔心鄉第五新館示範公墓	樹葬	彰化縣埔心鄉舊館段583-39、583-40地號	04-8296249#28	本鄉$6,000／位；外鄉鎮$9,000／位
鹿谷鄉第一示範公墓	樹葬	南投縣鹿谷鄉中正路一段236巷3號	049-275-5313	$3,000／位
斗六市九老爺追思生命園區	樹葬	雲林縣斗六市斗六市永興路53巷51號	05-5336582	本市$6,000／位；外縣市$12,000／位；自104.8.10啟用後1年內半價
大埤鄉下崙公墓	樹葬	雲林縣大埤鄉尚義村頂巷1-15號	05-5913498	啟用3年內免費

（續）表2-1　目前全國公墓內可實施骨灰樹葬、花葬、灑葬及公墓外植存之地點（共31處）

名稱	類型	地點	電話	費用
中埔鄉柚仔宅環保多元葬法區	灑葬、樹葬、花葬	嘉義縣中埔鄉同仁村23鄰柚仔宅78之7號	05-2533321#261~263	$6,000／位
阿里山鄉樂野公墓	樹葬	嘉義縣阿里山鄉樂野段183地號	05-2562547#142	（訂定中）
溪口鄉第十公墓	樹葬	嘉義縣溪口鄉溪口段410號	05-2695950#29、11	本鄉$5,000／位；外鄉$10,000／位
台南市「大內骨灰植存專區」	植存	台南市大內區大內段2759、164-1地號	06-2144333	$3000／位
（私立）麥比拉生命園區樹葬區	樹葬	高雄市湖內區東方路684號	07-6993089	由教徒隨喜奉獻
燕巢區深水山樹灑葬區「璞園」	灑葬、樹葬	高雄市燕巢區深水路4巷67號	07-6152424	103~105年高雄市民免費；外縣市樹葬$9,000／位
旗山區多元化葬法生命園區「景福堂」	樹葬	高雄市旗山區東昌里南寮巷1-1號	07-6628467	$20,000／位
麟洛鄉第一公墓	灑葬、樹葬	屏東縣麟洛鄉麟頂村成功路	08-7222553#22	樹葬$10000／位灑葬$3000／位
九如鄉「思親園」納骨塔	樹葬	屏東縣九如鄉九明村中路21號	08-7397350	本鄉樹／花葬免費；外鄉$10000／位
林邊鄉第六公墓樹葬區	樹葬	屏東縣林邊鄉水利村豐作路88-128號	08-8755123#24	樹葬／花葬$8,000／位；壁葬本鄉$15,000／位、外鄉$25,000／位
台東市殯葬所懷恩園區	樹葬、花葬	台東縣台東市民航路200巷100號	089-230016	本市$9,000／位；本縣$13,500／位；外縣$18,000／位
太麻里鄉三和公墓	樹葬	台東縣太麻里鄉泰和村民權路58號	089-781301#19	無主免費、本鄉$3,000／位；外鄉$3,000／位
卑南鄉初鹿公墓「朝安堂」多元化葬區	樹葬	台東縣卑南鄉初鹿村梅園路朝安11巷1號	089-381368#338	$10,000／位
花蓮縣鳳林鎮骨灰拋灑植存區	樹葬、花葬	花蓮縣鳳林鎮民權路21巷26號	03-8762771#168	本鎮$3,000／位；非本鎮$5,000／位

（續）表2-1　目前全國公墓內可實施骨灰樹葬、花葬、灑葬及公墓外植存之地點（共31處）

名稱	類型	地點	電話	費用
花蓮縣吉安鄉慈雲山懷恩園區環保植葬區	植存（公墓外）	花蓮縣吉安鄉吉安路2段116號	03-8523126*151	本鄉$3000／位；外鄉$5,000／位
金城公墓樹葬及灑葬區	灑葬、樹葬	金門縣金寧鄉盤果路230號	082-318823#66901	免費

資料來源：台灣殯葬資訊網，http://www.funeralinformation.com.tw/

表2-2　歷年遺體火化及環保自然葬概況

年別	死亡人數（發生日期人）	遺體火化數（具）	占死亡人數（％）	環保自然葬			
				合計	非公墓內		公墓內
					公園、綠地等	海洋	樹葬
95年	136,371	117,044	85.83	246	1	37	208
96年	140,371	122,611	87.35	404	38	66	300
97年	143,594	126,442	88.06	669	221	65	373
98年	143,513	129,363	90.14	1,442	729	56	657
99年	145,804	130,886	89.77	1,542	603	182	757
100年	153,206	139,125	90.81	1,786	451	234	1,101
101年	155,239	142,030	91.49	2,939	542	62	2,335
102年	155,686	145,820	93.66	2,612	621	82	1,909
103年	163,327	152,963	93.65	3,910	658	137	3,115
104年	163,822	156,699	95.65	9,136	723	213	8,200

資料來源：各直轄市、縣（市）政府。

說明：104年因台中市政府推動環保自然葬，樹葬收費降低至3,000元，致較103年增加218件；另屏東縣清查納骨塔，將無主骨灰（骸）移至樹葬，致樹葬較103年大幅增加4,334件。

　　另外參考以自編之結構式意見調查問卷（陳伯瑋，2013），調查大台北地區（北、北、基）民眾。採用分層抽樣經研究者篩選，扣除非本研究之其他縣市67份，無效問卷（無法分辨基本資料及未完成回答）9份，有效問卷為1,124份，其中包括殯葬業者70份，一般民眾1,054份，問卷有效率為93.7%。根據內政部的統計資料，至2011年12月為止，台北市人口總數2,650,968人、新北市人口總數3,916,451人、基隆市人口總數379,927

人,因此大台北地區(北、北、基)的總人口數為6,947,346人,此為本研究之母群人數。其中研究綠葬方面的議題,針對「我會在遺體火化後將骨灰植存(樹葬、花葬)、拋灑,不設墳、不立墓碑」、「我會在遺體火化後將以「海葬」的方式辦理喪禮」等做意見調查。

表2-3統計顯示現代國民在觀念上大部分已經接受環保自然葬的做法,其中同意遺體火化後植存者約占76%以上,女性有80.1%較男性高、軍公教81.9%較其他行業高、31歲以上有78.6%較30歲以下高、高中程度以上有79.2%較高中程度以下高。同意遺體火化後將以「海葬」的方式辦理喪禮約占66%以上,其中又以30歲以下的72.7%最多。若是和全國使用率仍然偏低的3.0%相比較,可以說明國人接受綠葬的態度是在轉變增加中,但是實際使用時會受到許多因素的影響。

表2-3　同意綠葬議題統計表(百分比)

綠葬議題	性別		職業別		年齡		教育	
	男	女	軍公教	其他	30以下	31以上	高中以下	高中以上
1.同意遺體火化後植存(樹葬、花葬)、拋灑,不設墳、不立墓碑	76.4	80.1	81.9	76.6	77.9	78.6	77.2	79.2
2.同意遺體火化後將以「海葬」的方式辦理喪禮	66.9	67.5	68.3	66.6	72.7	62.9	69.2	66.3

主要影響的因素有二:首先在觀念上,不難發現國人「入土為安」的觀念根深蒂固(出處:明‧馮惟敏《耍孩兒‧骷髏訴冤》曲——自古道蓋棺事定,入土為安)。而陰宅風水庇佑子孫之說,更為國人所深信;其二則為習慣問題,每當清明掃墓時節,國人無不扶老攜幼到祖墳前上香致敬,以為孝道之表現。如何破除上述的迷思及習慣,以提升「環保自然葬」的使用率,不啻是當前專家、學者及政府相關單位必須優先解決的議題。

肆、具體策略

自政府大力推動殯葬改革以來,在「葬」的部分已有很大的成效,依據內政部資料顯示,遺體火化率二十多年來從不到五成至今突破九成,改變國人「入土為安」的舊有土葬觀念,可見國人的殯葬行為,是可經由國家政策予以改變,另外名人以身作則,率先響應「環保自然葬」的政策,尤其以宗教界領袖聖嚴法師植存於金山環保生命園區,破除了非土葬不可的迷思為最佳典範。因此,越來越多國人已慢慢接受「環保自然葬」的觀念,只要政策持續宣導,假以時日必定可見相當成效。其中較具體的做法如下:

一、規劃化繁為簡的現代化國民喪禮,提供環保自然葬的獎勵措施

在現代當喪事發生時,一般民眾的反應,大多是不知如何處理,為了避免社會文化、風俗習慣的壓力,經常出現「從眾行為」(conformity)。「從眾行為」是一種社會、信念、態度跟隨群體規範的行為。規範即是內在、不明文規定,由一般個人組成的群體組成,他們可互相影響。從眾的趨勢可由小群體到社會及全部人,可能產生不自覺的微妙影響,或直接及明顯的社會壓力。從眾行為可被個人或他人執行。同儕壓力亦有一定的影響(Cialdini, R. B., & Goldstein, N. J., 2004)。之所以會有這樣的行為產生,是因為當個體態度與群體不一致時,個體會需要承受較大的心理壓力,此時從眾行為就是一種「個體試圖用來解除自身與群體間衝突,增加安全感的手段,以求得心理上平衡的手段。」(時蓉華,1996)所以,在繁瑣的喪禮流程壓迫下,就會形成只要選擇跟別人一樣的方式,照舊操辦喪禮,就不會有被質疑違背禮俗的從眾行為,亦不難理解散文作家劉梓潔在《父後七日》的作品中發出無奈的感嘆:時常搞不

清楚什麼時候「毋駛哭」，什麼時候要「卡緊哭」。

考察目前民間殯葬流程相當繁瑣，包含如下的儀節：移舖、拜腳尾飯、點腳尾燈、燒腳尾錢、報白、守舖、開魂路、接板（迎大厝）、乞水沐浴、套衫、入殮、辭生、放手尾錢、割繩、示喪、設置靈堂、戴孝、守靈、發喪、作七（作旬）、出殯功德、轉柩、壓棺位、接外家、家奠、點主、公奠、封丁、繞棺、辭外家、發引、放栓（開龍喉）、入壙、掩土、祀后土、灑五穀子、繞墓、返主、除靈、燒紙紮、巡山、完墳、百日、對年、合爐等四十五項，為改善殯葬風俗民情，民國80年台灣省政府民政廳編印《喪葬禮儀範本》，依其各章所示為喪禮流程內容，包括：第一章〈當喪事發生時的處理方法〉、第二章〈訃告〉、第三章〈喪事服制〉、第四章〈治喪工作〉、第五章〈親友弔慰與奠品奠文〉、第六章〈奠禮程序與儀式〉、第七章〈安葬至除靈各項儀節〉，其目的在統一全省的殯葬儀節，最後因國情文化多元、宗教信仰各異、省籍不同，而無法事竟其功。

內政部於2012年6月28日通過「禮儀師管理辦法」，2014年順利發出首張禮儀師證照，迄2015年已有133人取得證照。台灣殯葬服務管理已邁向嶄新的紀元，理應組織這些禮儀師、專業人士與殯葬領域的學者共同規劃適合現代國民喪禮的儀軌，除去繁文縟節不合時宜的儀節，配合環保自然葬提供獎勵措施，讓民眾逐漸習慣符合世界潮流的葬法；另外補助有意願配合環保自然葬的業者購置相關設備，例如：補助購置海葬所需遊艇等；定期舉辦環保自然葬執行成果評比，成效績優的業者，予以合適的獎勵，如此必能提高環保自然葬的使用率。

二、加強殯葬業者的職業倫理，規定公、私立墓園骨灰（骸）存放設施必須規劃灑葬專區

社會分工專業化後，殯葬業遂成為專門的職業類別，從上市、上櫃大型生命禮儀公司到小型傳統殯葬業，為喪家規劃殯葬流程，提供各式各

樣的殯葬商品，當喪家遺族在面臨喪親之痛時，又必須面臨繁瑣的殯葬流程，往往不知所措，此時，業者如果能說明有環保自然葬的選項，並提供喪家做選擇，將有助殯葬政策環保自然葬的落實。

由地方政府制定自治法規，規定「設立公、私立墓園（骨灰（骸）存放設施）必須規劃灑葬專區」。專區一隅可設置追思紀念花園，內容可參照國立台北護理健康大學「癒花園」的規劃，園區規劃分成三大區塊：自我照護區、人際互動（心靈諮商）區、和解花園區，花園內部有諸多之空間或角落有更多細部的創意與設計，如以眼淚池（tear pool）和心願池（wish pool）等，象徵悲傷歷程一如水流，必須經過洗滌、沉澱、過濾、清涼、流動等過程而邁向和解。讓家屬在特定的節日（清明節、逝世紀念日等），可以有表達孝思的場所，以符合儒家「慎終追遠」的孝道精神。

三、提倡社區「在宅老化」，成立關懷老人的義工團體

「在宅老化」（aging in place）的理念據說是歐洲國家在1960年代相繼提出的。這項理念是因為1900年代醫療機構式照護成為發展的主體以後，民眾在機構療養中不僅缺乏自主隱私而且要接受機構相當程度的束縛，還曾經被當時社會學者批評為半控制的機構。於是民眾發出療養要回歸家庭與社區生活的思維。北歐的人們期待在年老時不要因身體功能衰退，就不得不住進機構療養，因而提出留在家中持續生命最後階段的家居生活。於是各國不再發展機構式照護方式，紛紛朝向居家式及社區式服務的發展，以便讓輕中度的失能老人可以盡可能的留在他熟悉的家中或社區中。」（曾煥棠，2014）隨著醫療科技的發達，國人的壽命不斷延長，只要生病就往醫院送，甚至是無效的治療，都不願意放棄就醫的機會，哪怕生命只能多延長一週甚至是一天，也不考慮臨終親人的感受，最後只能在冰冷的病房，可能全身插著管，在毫無尊嚴的情況下離開。推動「在

宅老化」遂成為值得關注的議題，而現代的國民喪禮流程應該從傳統的「殮、殯、葬」三項活動擴展為「初終關懷、殮、殯、葬、後續關懷」等五項活動，如此才能符合《殯葬管理條例》設立禮儀師立法的本意。

「在宅老化」的居家式及社區式服務應擴充到喪禮服務，透過社區退休而身體尚且健康的民眾，組織成立關懷老人的義工團體，充分發揮社區人力運用，以健康的老人照顧有需要的老人，在生命的最後由專業的禮儀師協助規劃辦理「殯葬自主」有尊嚴的現代國民喪禮，環保自然葬的觀念就可以透過這樣的義務服務團體中推廣及萌芽。倘若社區發展服務工作，能夠策動社區居民平時關懷社區中的居家老人，應可解決現代台灣社會高齡化帶來的安養問題，遇有喪事時可以藉由專業的禮儀師規劃符合現代國民的個性化喪禮，一方面可以推動「在宅老化」的政策，另一方面又可以恢復早期台灣社區的社會網絡（social network），對改善殯葬行為的風序良俗必會有很大的助益。

伍、結論

法國社會學家艾彌爾‧涂爾幹（Émile Durkheim）在《宗教生活的基本形式》乙書，透過澳洲原始部落對圖騰崇拜的研究指出，喪禮是第一個重要的贖罪儀式。這裡所稱「贖罪」的意思是因為它既含有抵償的意思，又能將這一層意義大大地加以擴展，任何不幸，任何凶兆，任何會引起傷感和恐懼感的事物會使贖罪成為必要行動。涂爾幹認為哀悼和哭泣悲痛並不足以解釋喪禮的贖罪儀式，而是一個群體中一個成員死亡所激起的情感，但是，這些實踐活動的心理機制並不知道，所以當他試圖解釋這些活動時做出了不同的解釋。因此，明白喪禮是一種贖罪儀式的社會行為，集體感情和意識的聚合，透過死亡事件加深共同的情感。要讓現代國民喪禮從繁文縟節禮俗鬆綁，打破傳統治喪的迷思，也將是產、官、學界

刻不容緩的任務。

「塵歸塵、土歸土」讓生命回歸大自然，身後不再占用有限空間，創造永續經營的環境才是對生命的尊重，讓孝道表現在長輩還在的時候，孝思可以轉為無時無刻的追憶，期待可以從根本的教育出發，建全殯葬政策，提升殯葬業的職業倫理，落實環保自然葬的現代殯葬政策，必定指日可待。

參考文獻

內政部（2012）。《平等自主慎終追遠：現代國民喪禮》。台北：內政部民政司。

台灣殯葬資訊網，http://www.funeralinformation.com.tw/

芮傳明、趙學元譯（2007）。艾彌爾‧涂爾幹（Émile Durkheim）。《宗教生活的基本形式》。台北：桂冠圖書股份有限公司。

邱皓政（2010）。《量化研究與統計分析：SPSS（PASW）資料分析範例解析》。台北：五南。

孫志鵬等（2011）。〈何謂永續發展〉。《科學研習月刊》，第45卷第4期。

徐福全（2001/02）。《台灣殯葬禮俗的過去、現在、與未來》。中華民國禮儀協會第七期會刊。

時蓉華（1996）。《社會心理學》（第一版）。台北：東華書局。

陳伯瑋（2013）。《現代國民喪禮認知與態度初探》。國立台北護理健康大學生死教育與輔導研究所碩士論文。

曾煥棠（2014）。〈在地老化產業推動下殯葬業的動向〉。《中華禮儀》，第30期，頁64-64。

劉佳林譯（2012）。Mark, D., Jacobs & Nancy Weiss Hanrahan著。《文化社會學指南》（*The Blackwell Companion to the Sociology of Culture*）。南京：南京大學出版社。

癒花園（Grief Healing Garden），http://www.ntunhs3251.com/ghg97/explanation.html

顧忠華（2013）。《韋伯學說當代新詮》。台北：開學文化。

Barry Schwartz, Kazuya Fukuoka & Sachiko Takita-Ishii (2007). *Collective Memory: Why Culture Matters, 16*, 253-271.

Cialdini, R. B., & Goldstein, N. J. (2004). Social influence: Compliance and conformity. *Annual Review of Psychology, 55*, 591-621.

Funkenstein, A. (1989). Collective memory and historical consciousness. *History and Memory, 1*, 5-26.

Olick, J. K., & Robbins, J. (1998). Social memory studies from collective memory to the historical sociology of mnemonic practices. *Annual Review of Sociology, 22*, 105-40.

UN Documents: Gathering a Body of Global Agreements (1987). Report of the World Commission on Environment and Development: Our Common Future.

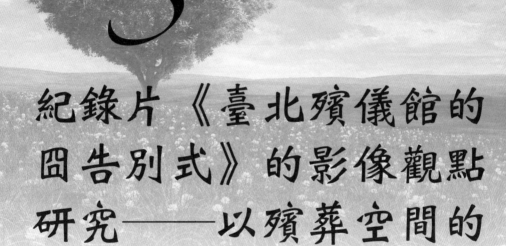

3

紀錄片《臺北殯儀館的
告別式》的影像觀點
研究——以殯葬空間的
改革與創新為例

蘇何誠
虎尾科技大學通識教育中心兼任助理教授

陳繼成
輔仁大學宗教學系兼任助理教授

摘　要

　　隨著工商經濟快速發展，社會結構急速改變，殯葬設施逐漸不勝負荷，目前台北市兩大殯儀館使用率皆接近飽和，適合出殯的日子人滿為患，也造成周邊環境的影響。紀錄片《臺北殯儀館的囧告別式》的影像觀點研究，以殯葬空間的改革與創新為例，分別為：(1)殯儀空間立體化；(2)殯儀流程自動化；(3)政府大力提倡「每天好日子」；(4)增設骨灰暫存的暫存區的配套措施。藉由本文，提供給政府機關與殯葬業者參考，作為未來殯葬空間改革與創新的方向。

關鍵詞：好日子、骨灰暫存、台北市第二殯儀館、殯儀空間、殯儀流程

壹、前言

　　隨著工商經濟快速發展，社會結構急速改變，殯葬設施逐漸不勝負荷，目前台北市兩大殯儀館使用率皆接近飽和，然而，即使如此，許多民意代表對於台北市精華區的第一殯儀館主張廢除，理由殯儀館是對周邊環境造成影響，更嚴重影響當地房地產行情，因此，第一殯儀館的存廢問題與未來殯儀館的都更議題，將是台北市政府與社區居民必須面對的重大問題。

　　台北市於台灣光復初期，僅有位於林森北路公制葬儀堂乙所、火葬場乙處（兩處均位於今十四號公園），後因為外來人口迅速增多、台灣人漸漸接受火化、骨灰墓園變成住家違建等等因素，原設於林森北路附近的殯葬設施不敷使用。鑑於此，台北市政府特於1965年在瑠公圳末梢沼澤公用地成立「台北市立殯儀館」（即今民權東路台北市第一殯儀館現址）。繼因工商經濟快速發展，社會結構急速改變，殯葬設施逐漸不勝負荷，市府遂於1978年將「台北市立殯儀館」變更為「台北市第一殯儀

館」，同時籌建「台北市第二殯儀館」，共同分負本市殯儀業務暨墓地管理工作。

筆者自幼住在文山區辛亥路第二殯儀館一帶（舊稱景美十五份），對於近年來的都市變遷快速，影響周遭殯葬社區環境變化，除了每到假日，辛亥路一帶常因舉辦告別式，交通阻塞嚴重，影響交通外，周遭原本已從事殯葬服務工作的親友，也面對這快速變化的工商變化，紛紛轉行。其次，由於禮儀公司集團林立，快速建立一套符合現在社會的簡單殯葬禮俗，相較於位於辛亥路一帶遵循古禮從事殯葬工作的社區禮儀師（俗稱：土公仔）而言，無論是生計或生活世界，都產出了巨大的影響。

然而，對於第二殯儀館或殯葬社區的改造，並不是一般人關心去討論的死亡禁忌話題，提案人因近年來從事相關民俗研究工作之故，發現在這些看似鄙陋的殯葬文化下，保存著豐富的台灣民俗非物質文明遺產。有鑑於台灣已進入老年化社會，死亡率必然會逐年增高，因此，第二殯儀館未來勢必會面對都市變更，而這些珍貴的台灣殯葬民俗，可以作為未來規劃殯儀館與社區的歷史、文化、藝術的要素提供，提供一個打造台北未來新天堂樂園的豐富文化資源。

本文題目「台北殯儀館的未來想像」為筆者於2014年參加台北市都市更新處影像記錄培訓計畫，所拍攝的作品《臺北殯儀館的囧告別式》紀錄片所討論的一個單元。希望透過本文的說明，能夠對本紀錄片受訪者——陳繼成老師，所提出對於台北第二殯儀館空間的改革與創新提出建議，分別為：(1)殯儀空間立體化；(2)殯儀流程自動化；(3)政府大力提倡「每天好日子」；(4)增設骨灰暫存的暫存區的配套措施。筆者希望藉由本文，提供給政府機關與殯葬業者參考，作為未來殯葬空間改革與創新的方向。

筆者在撰寫本文時，多次詢問陳繼成老師相關問題，陳老師也提供許多專業意見與資料。因此，為尊重陳繼成老師所提供的意見，並徵詢他

的同意，將他列為第二作者。

貳、拍攝緣起

《臺灣殯儀館的囧告別式》紀錄片為筆者於2014年下半年期間，參加台北市都市更新處影像記錄培訓計畫，筆者在該計畫中提出以「台北殯儀館及鄰近社區」的都市改造拍攝計畫，而後經過專家學者核可，進行拍攝的以「殯葬題材」為主的台北社區紀錄片，以下略對於該計畫說明。

一、拍攝動機

當進入現代都市工商化社會結構，喪禮習俗中情感與交流的成分逐漸消失，轉化為純粹的商品、服務的購買，趨於簡單化、制式化、短期化的特色，配合現代人繁忙的生活步調。

筆者自幼住在文山區辛亥路第二殯儀館一帶（舊稱景美十五份），拍攝主角殯葬專家陳繼成老師，以一個居住在辛亥路一帶，家中三代從事禮儀師（俗稱：土公仔），陳老師以殯葬從業者的角度，來看台北第二殯儀館一帶殯葬文化的變化，陳老師對於社區充分的了解，本身也是家傳的殯葬專業，加上學識上也是權威，因此，透過他的帶領，更能了解第二殯儀館與社區的殯葬文化，進而進行社區改善計畫。

二、受訪談者介紹

陳繼成老師三代祖傳的殯葬家庭，從小在讀書課餘間，幫忙家中處理殯葬服務工作，從簡單的曬骨、刻字、描金，到較複雜的入殮、擇日、禮生等環節，都事必躬親，親力親為。1979年退伍後曾短暫從事新聞工作隨即接掌祖業，深入研究殯葬禮俗與宗教儀軌。2001就讀南華大學生

死學研究所碩士班,曾深度訪談澳、紐、美、日、港、新、大陸等國殯葬
從業人員。2003年畢業並在母校及輔仁大學、空中大學、華梵大學教授殯
葬課程迄今。2011年考入廈門國立華僑大學哲研所博士班進修,研究「中
西文化與台閩殯葬禮俗」,並到閩南各地作殯葬田野調查。

陳繼成老師目前為中華生死學會理事長,輔仁大學宗教學系兼任助
理教授,內政部第一屆檢覆合格「禮儀師」,「喪禮服務」技術士檢考命
題委員,內政部《現代國民喪禮手冊》撰述委員,台北市政府評鑑績優第
一名殯葬服務業者,桃園/台南/宜蘭/花蓮/嘉義縣市政府殯葬評鑑委
員。

三、拍攝觀點

台北是台灣首屆的都會地區,隨著工商化、都市化的過程,生活在
台北的居民,以都會生活的競爭、壓力、快速,逐漸的失去原有台灣人傳
宗接代的家庭觀念,而形成多元的家庭關係,如不婚族、同居關係、二度
婚姻、同性關係等,這些多元的家庭關係上,或多或少對於傳統價值是一
種衝擊,尤其是當家族的成員往生時,在殯葬後世的處理上,傳統喪禮的
習俗,無法處理這些複雜的家庭關係,而造成許多喪事處理的窘境。

本紀錄片的深層意涵,對於台灣為追求經濟發展,逐漸工商化、都
市化的過程,使其台北都會生活的居民,為附庸在工商會下生活,漸漸
失去人性的本質,而致使自身的家庭關係質變,在喪禮上的窘境表露無
遺。本紀錄片希望藉此作品,呼籲台北的居民,返回人性,重返天倫之
樂。願將此紀錄片,提供給台北第二殯儀館與社區居民作為地方改造的借
鏡。

綜合上述,本紀錄片可帶動台北第二殯儀館的改造計畫,並帶動周
遭社區發展,並能引起社會各界關注生命議題,議題深具生命教育與社
區改造意義,兼具地方社區、民俗文化、影視製作、文創發想等多重內
涵,是深具多重效益的紀錄片題材。

參、對於殯儀空間改善的建議

　　台北市第二殯儀館位於台北市大安區辛亥隧道口，為台北市殯葬管理處管轄，今該管理處與第二殯儀館合署辦公。第二殯儀館設有禮堂，提供喪家停棺、大殮、家祭、公祭場地；在火化事宜方面，設置14座火化爐，提供火化服務。已使用三十四年的台北市第二殯儀館，因建物設備老舊、禮廳不敷使用，常遭民眾詬病。總經費6.8億元的第二殯儀館整建工程已於2013年9月動土，新建物於2016年啟用，新增11間禮廳、130格停車格，也設置環保的電子輓聯，二殯新建物將成為國內首座綠建築殯儀館。

　　北市殯葬處統計殯葬旺日，平均一天舉辦42場喪禮，約6,000人次進出二殯，二殯禮廳使用率高達八成。二殯原有停車格僅197格、冰櫃715屜、11間禮廳，北市殯葬處表示，二殯整建工程拆除舊行政大樓、服務中心與丙級禮廳「至安廳」，新建物地上四樓、地下兩層，新增200屜冰櫃，在地下室與旁邊高架橋下共增130格停車格。目前因台灣已進入老年化社會，因此每當到了假日，或到了黃曆上較適合出殯的日子（俗稱：好日子），就人滿為患，一位難求。

　　陳繼成老師對於殯儀館空間的改善，有提出四項建議：(1)殯儀空間立體化；(2)殯儀流程自動化；(3)政府大力提倡「每天好日子」；(4)增設骨灰暫存的暫存區的配套措施。茲說明如下：

一、殯儀空間立體化

　　陳繼成老師指出，第二殯儀館可以仿照香港的做法，將殯儀館立體化。殯儀館規劃地下室有五層，地下一、二層做遺體的冷藏跟洗穿化。地下三至五層，作為停車場。平面上則一律不准車子進出。然後，禮堂可以在樓上，可以增加很多的禮堂。而且殯儀館立體化以後，可以省下許多空

間。

　　香港有7間殯儀館，分別為香港殯儀館（**圖3-1**）、萬國殯儀館、世界殯儀館（**圖3-2**）、九龍殯儀館、鑽石山殯儀館、世盛殯儀館、寶福紀念館。香港地窄人稠，所以大部分的殯儀館都是立體化。以世界殯儀館為例，館內設有15間禮堂，分別是14個一般禮堂和1個世界大禮堂，另有12間房口。最大的一般禮堂面積約3,000平方呎；最小約1,100平方呎；而世界大禮堂則占地8,000平方呎，是亞洲城市中最大的殯儀禮堂之一。至於房口的面積約600平方呎。

　　目前台北市第二殯儀館依室內空間大小設有乙、丙級禮堂11間、冷藏室2間（景仰樓B1樓層212屜、B2樓層514屜，總計726屜中，大型冰櫃有18屜。除冰櫃外，並有70具停屍床等）、台北市相驗暨解剖中心1間、

圖3-1　香港殯儀館

資料來源：https://zh.wikipedia.org/wiki/%E9%A6%99%E6%B8%AF%E6%AE%AF%E5%84%80%E9%A4%A8#.E7.89.B9.E8.89.B2

圖3-2　世界殯儀館

資料來源：http://lausoldier.blogspot.tw/2014/12/blog-post_8.html

靈位牌區（拜飯區）、真愛室6間等❶。

　　筆者拍攝影片時間在2014年，當時第二殯儀館「景仰樓」尚在興建，因此陳老師立體化的建言，是以當時二殯尚未立體化的情形，而目前「景仰樓」已於2016年12月26日完工，立體化的設計確實有改善空間。

　　「景仰樓」地上四層、地下二層，四樓為台北市殯葬處辦公處，一至三樓共有11間禮廳能容納近九百人，地下一、二樓為冰櫃、入殮室與停車場。「景仰樓」各樓層平面圖為一樓聯合服務中心、第1-3廳；二樓為第4-7廳；三樓為第8-11廳；四樓為殯葬處處本部辦公室；B1樓為真愛室1-3、遺體出館辦公室；B2樓為真愛室4-6、遺體入館辦公室、化妝室辦公室；因此，「景仰樓」採立體化的空間規劃，確實有改善殯葬空間使用（圖3-3）。

---

❶ 參考臺北市第二殯儀館網站，http://mso.gov.taipei/ct.asp?xItem=12311&ctNode=71935&mp=107011（檢索日期：2017/5/25）

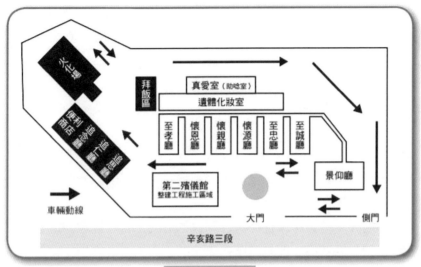

第二殯儀館平面圖

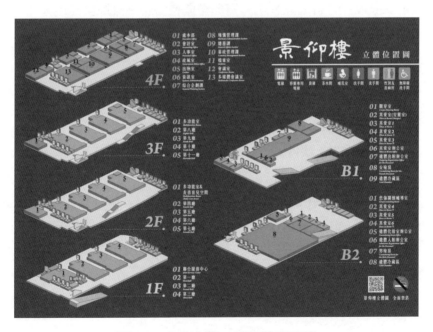

圖3-3　台北市第二殯儀館平面圖

資料來源：摘自台北市第二殯儀館網站。

「景仰樓」啟用後,在2017年3月全面拆除舊禮廳,保留5間舊禮廳,以因應殯葬業務「大月」,2018年進行第二期擴建工程,將斥資十六億元改建,預計2022年完工。

二、殯儀流程自動化

陳繼成老師指出,殯儀館可以比照澳洲設計一條輸送帶,直接將棺木輸送到火化場,靈柩不是用人推到火葬場,可以減少很多人力的付出,也可以更有效率或更莊嚴。

澳洲的許多殯儀館,是採一條動線的方式,當家屬瞻仰遺容之後,在告別式禮堂的背後,即是電腦自動化的火葬系統。直接將往生者的棺木,透過輸送帶,直接進入火化過程,並由旁的電腦操作人員,監控火化情形。家屬在等待的過程中,殯葬空間會將告別家屬與其他家屬區隔開,家屬在獨立的等待空間,彼此不會互相影響(**圖3-4**)。

三、政府大力提倡「每天好日子」

由於一般民眾還是拘泥於「好日子」來出殯,造成「好日子」時人滿為患、一廳難求;壞日子時,則門口羅雀。所謂「好日子」,大致上是以通書(或農民曆)上公告的吉日為主❷。

以台北市第二殯儀館為例(如**附錄1**中所示),其中「加價日」便是吉日「好日子」;「減價日」便是壞日子;「原價日」便是一般日子。一般殯儀館同仁,如遇到「加價日」禮堂租借費用加倍,「減價日」禮堂租借費用為一半價錢。所以,由公告上看來,筆者估算106年的「好日子」有156天,其中可能會有民眾對於農曆七月有所顧忌,所以又會少個

---

❷ 據業者所言,殯儀館的加、減日公告,是參考林先知通書上採的三合,用天干地支來比對當天是否有沖到,如沒有的話,就為吉日。

圖3-4　澳洲的殯葬火化輸送

資料來源：http://www.austengcc.net.au/product/joule-cremators/

幾天。假如又以目前工商社會，人們在假日較能參與告別式，106年在假日的「好日子」則只有46天，因此每到假日又逢「好日子」時，殯儀館總是人滿為患。

如是再仔細的查看黃曆上適合出殯的吉日，根據陳繼成老師的研究，若嚴格挑選，平均一年裡真正適合安葬出殯的吉日，大約有只有50～52天而已，而其他三百多天日子較不適合。如人們都以崇尚「好日子」為出殯的理由的話，那會造成殯儀館淡、旺季人潮分配不均，而形成殯葬空間的使用率不當。因此，陳繼成老師希望政府大力提倡「日日是好日」的概念，來改善殯儀館淡、旺季人潮分配不均的問題。

四、增設骨灰暫存的暫存區的配套措施

當政府對家屬提倡「日日是好日」告別式、火化不要看日子的觀念時，同時要提出增設骨灰暫存的暫存區的配套措施。如若民眾畏懼民俗禁忌，需符合民俗的規範時，也可建議民眾在進塔的時候、安葬的時候，再看日子作為配套。

配套措施即是，在火葬場增設骨灰暫存的暫存區，讓火化之後，可以有一暫存骨灰的地方，等一至二個月後，喪家選好黃曆上的吉日，再進行進塔或安葬。在此期間，火葬場提供一個暫存的區域，執行上並不會太過困難，再給予免費作為誘因，如此家屬願意配合的可能性會比較高，達到移風易俗的效果。

以台北第二殯儀館為例，根據「台北市殯葬管理處第二殯儀館火化場骨灰罐暫厝區申請及使用規定」（如**附錄2**所示），台北第二殯儀館目前有個骨灰暫厝區為80格櫃位，收費為每日500元（火化當日與翌日免費），存放時限為一個月，申請可延長到兩個月。如是要推廣「日日是好日」，火化告別式不要看日子，進塔、安葬再看日子的觀念時，以目前台灣逐漸進入老人社會，死亡率逐年增加時，以目前僅有80格櫃位的骨灰暫厝可能不夠，宜再增加。且目前收費每日為500元，也高於民間業者。

另外，如往生者遇到遷入塔外時，與生辰相沖，要暫放超過一個月也常有，存放多日的話，也是一筆開銷。因此，收費宜為降低，或是以免費作為誘因。

肆、結論

殯葬是人類數千年甚至上萬年生存智慧的累積，在形式與內容都極為完備，與傳統社會的宗教信仰、生活模式、人際關係、政治與經濟制度等都有密切的關聯，體系相當龐大與多元，可以建構出一套完整的「殯葬學」。其主要內容可以從文化的空間性將殯葬分成三層，即上層、中層、下層等，或者為表層、中層、深層等。所謂表層文化是以物質形態或物化形式表現的，稱為實物層或器物層，考古出土的墓葬與陪葬文物，都是屬於這一類。所謂中層文化是指以人的行為活動或語言文字方式表現的，是摸不著但是可以看得見或聽得見，此層可以稱為儀式層或社會層，如自古流傳下來的殯葬禮儀。所謂深層文化是指人意識形態的表現，是內隱與無形的，是不易察覺的觀念系統，可以稱為精神層或觀念層，如靈魂與生死觀念，是永世流傳難以變異❸。

殯葬為人們從古至今有著跨越生死的長期累積的生命智慧，其內在的文化極為完備與豐富，有著相當龐大與多元的體系。殯葬文化處理死亡的分門別類的生命範疇，到了現代社會之後，是人們生命尊嚴的價值實現，更需要培養出較高文化素養的道德情操與倫理關懷，無論是撫慰生者與善待亡者方面上，是從業人員與全體公民所需具備的文化素養。

因此，殯葬空間的設計是一股不能忽視的力量，本文略以陳繼成老師對於殯儀館空間的改善，提出四項建議：(1)殯儀空間立體化；(2)殯儀

---

❸鄭志明（2012）。《當代殯葬學綜論》，頁33。台北：文津出版社。

流程自動化；(3)政府大力提倡「每天好日子」；(4)增設骨灰暫存的暫存區的配套措施。

　　希望透過本文，未來在殯葬空間的設計上，將服務、醫療、科技、建築美學等專業融入於殯儀空間的創新中，並汲取國際新知與經驗交流分享，將台灣殯葬空間設計的專業推廣至華人世界，提升台灣殯葬館的整體服務素質。

參考文獻

鈕則誠（2007）。《殯葬生命教育》。台北：揚智文化公司。

鄭志明（2012）。《當代殯葬學綜論》。台北：文津出版社。

鄭志明（2010）。《民間信仰與儀式》。台北：文津出版社。

《臺北殯儀館的囧告別式紀錄片》參考影片網站，https://www.youtube.com/
    watch?v=mQKnzugIq-4，參考時間：2017年5月25日。

《臺北殯儀館的囧告別式紀錄片》06特別收錄-陳繼成老師講解台北殯儀館的未來
    想像，參考影片網站，https://www.youtube.com/watch?v=YnYXNxSyfnA，參
    考時間：2017年5月25日。

附錄1　台北市殯儀館加、減日表

臺北市殯葬管理處—中華民國106年　加、減價日表			
月份	加價日	原價日	減價日
一月	【1】、3、4、7、8、10、13、15、16、19、21、22、25、26、【31】	5、9、11、12、14、20、23、24、【27】、【28】、【30】	【2】、6、17、18、【29】
二月	2、3、4、8、9、<u>12</u>、15、<u>19</u>、20、21、25、【27】	【1】、<u>5</u>、7、10、13、14、16、24、<u>26</u>、【28】	6、11、17、18、22、23
三月	5、8、10、11、12、16、17、20、22、23、28	3、4、6、18、19、21、24、27、30、31	1、2、7、9、13、14、15、25、<u>26</u>、29
四月	<u>2</u>、【3】、【4】、7、10、15、<u>16</u>、19、22、25、27、28	1、5、8、13、14、17、20、29、<u>30</u>	6、<u>9</u>、11、12、18、21、<u>23</u>、24、26
五月	3、4、5、10、11、13、14、17、22、23、31	2、6、7、12、15、18、20、21、24、25、26、27、【30】	1、8、9、16、19、28、【29】
六月	2、3、4、5、7、8、13、14、16、20、26、28	6、12、15、17、18、21、23、24、27、29、30	1、9、10、<u>11</u>、19、22、<u>25</u>
七月	1、<u>2</u>、6、8、<u>9</u>、12、14、15、<u>16</u>、18、24、26、27	3、4、5、10、11、19、20、21、22、<u>23</u>、28、29、<u>30</u>、31	7、13、17、25
八月	1、2、5、7、9、12、<u>13</u>、14、17、18、<u>20</u>、24、26、29、30	3、10、11、15、16、22、25	4、<u>6</u>、8、19、21、23、<u>27</u>、28、31
九月	1、2、5、6、7、12、14、<u>17</u>、18、23、<u>24</u>、26、29、30	<u>3</u>、4、8、9、<u>10</u>、11、15、16、19、21、27、28	13、20、22、25
十月	5、6、<u>8</u>、【10】、12、13、16、19、<u>22</u>、25、30、31	<u>1</u>、2、【4】、【9】、11、14、<u>15</u>、21、23、26、27、28	3、7、17、18、20、24、<u>29</u>
十一月	<u>5</u>、6、7、9、<u>12</u>、13、15、16、18、<u>19</u>、23、24、25、27、28、29、30	4、8、10、11、20、21、22	1、2、3、14、17、<u>26</u>
十二月	<u>3</u>、5、6、7、<u>10</u>、11、<u>17</u>、19、23、25、29、<u>31</u>	1、2、4、12、14、15、16、22、<u>24</u>、26、27	8、9、13、18、20、21、28、30

◎備註：　　　　　　　　　　　　　　　　　　　　　105年11月修訂

一、【　】為國定假日或彈性補假日（第一、二殯儀館服務中心暫停服務）。

二、標示底線日期為星期日（第一、二殯儀館服務中心暫停服務）。

三、台北市殯葬管理處所屬殯葬設施106年度公休假日一覽表如附表。

資料來源：台北市第二殯儀館網站。

附錄2　台北市殯葬管理處第二殯儀館火化場骨灰罐暫厝區申請及使用規定

一、依據：台北市市立殯葬設施使用管理辦法第4條、第16條暨台北市市立殯葬設施及服務收費基準表。

二、骨灰罐暫厝區申請及使用規定：

(一)骨灰罐寄存方式

1.申請人或受託人應出示身分證明文件並填具「台北市殯葬管理處第二殯儀館火化場骨灰暫厝單」後，將火化後之骨灰罐交由現場管理人員暫厝於寄存櫃內寄存。

2.骨灰罐暫厝單各欄位應詳實填寫，未填具完整資料者不予暫厝。

3.申請人若無法親自辦理骨灰罐暫厝事宜，請填具委託書，由受託人代為辦理。

4.寄存受理地點：第二殯儀館火化場櫃台。

5.寄存受理時間：每日7：00至17：00（視當日火化量延長受理時間至火化作業結束）。

(二)骨灰罐領回方式

1.申請人或受託人欲領回骨灰罐者，請於領回當日持骨灰罐暫厝申請人留存聯及身分證明文件至第二殯儀館服務中心繳費，憑繳費收據至火化場骨灰罐暫厝區洽管理人員將骨灰罐領回。

2.申請人若無法親自辦理骨灰罐領回事宜，請填具委託書，由受託人代為辦理。

3.領回受理地點：第二殯儀館火化場櫃台。

4.領回受理時間：每每日7：00至17：00（休館日不受理領回）。

(三)收費及繳費方式

1.骨灰罐暫厝費用每日新臺幣500元（以日計價，火化當日及翌日免費）。

2.繳費受理地點：第二殯儀館服務中心（骨灰罐暫厝區不受理繳費）。

3.繳費受理時間：星期一至六，8：00至16：00（休館日、國定假日及彈性補假日服務中心暫停服務，不受理繳費）。

4.欲於星期日或服務中心暫停服務日領回骨灰罐者，請預先至服務中心繳費（火化當日或翌日領回者，亦須至服務中心辦理結清手續後憑據領回骨灰罐）。

5.骨灰罐暫厝至多以暫放一個月為原則，欲延長暫厝時間者，得申請延長1次（須先結清前1個月暫厝費用），最多延長1個月為限，暫厝逾2個月者，本處得逕代為處理。

(四)使用規定

1.骨灰罐暫厝區共80格櫃位，櫃位額滿即不予受理暫厝。

2.骨灰罐暫厝限於第二殯儀館火化之骨灰罐。

3.骨灰罐領回後不得再申請暫厝。

4.骨灰罐暫厝櫃內除骨灰罐外，不得擺放香燭祭品、鮮花及其他任何物品。

5.骨灰罐應暫厝於櫃位，不得放置殯儀館內任何場所。

6.火化後之骨灰罐當日未領回者，本處得代為暫厝於骨灰罐暫厝櫃內，所需暫厝費用由申請人負擔。

三、原暫厝於骨灰罐暫厝櫃內之骨灰罐，申請人或受託人應於實施日前移置，未移置者自實施日期起依本公告收費方式計費。

四、本公告自中華民國106年4月1日起實施。

資料來源：台北市第二殯儀館公告。

4

試論先秦儒家喪禮中的生命關懷

李慧仁

南華大學生死學系所助理教授

摘　要

　　當今社會經濟掛帥，一切講究效率，人與人之間的互動模式已與過去傳統農業社會的形態大異其趣。的確在時空變遷後，人們在生死課題上所面臨的挑戰也產生了變化。但在現代講究創新改變的風潮中，卻發現世界各地華人社會中的人們在面臨親人生死大事時，仍然依循的是二千多年前便成形的儒家喪禮模式。雖然在實際執行時，會因地制宜而有所調整，但始終卻未曾背離原有的文化模式。二千多年來，華人為何一直依賴著先秦儒家所建構的喪禮儀式，如此堅持著「根本」，是因為人們的念舊本能，還是傳統的做法的確能達安身立命之效，值得深入研究與探討。

　　源於以上的動機，本研究徵引儒家「三禮」即《周禮》、《儀禮》、《禮記》等相關文獻，除了對文本的句意深入探討，提出適當的詮釋概念外，並考察當時的時空背景與影響因素，加以薈萃出儒家喪禮中蘊含的生命關懷為何。研究架構立基於三禮成書的時代背景，依序按照喪禮的流程，自臨終與初終階段、遺體處理的殮及停殯階段，以及後續之葬與祭，針對臨界死亡之際到殮、殯、葬、祭的喪禮過程進行探討，除了討論儀式的相關內容外，也解析背後所想因應解決的問題，並抽檢提出支持該儀式的生死思想。

　　經由本研究的探討後，得見先秦時代喪禮設計的周延與人性考量，與其說這樣儀式內容是一套人生畢業典禮的劇本，其實可歸類為參與體證性的生命教育活動。除了帶領人們透過死亡儀式來反省生命意義與價值，也透過同理尊重、父慈子孝的原則照護臨終者與亡者，另外從祖先的奉侍祭祀，彰顯人們唯有在有生之年盡心落實道德實踐，未來其精神生命才能祖德流芳被紀念而永存。

關鍵字：先秦儒家、儒家喪禮、生命關懷、殯葬生死觀、三禮

壹、前言

　　在過去殯葬尚未商業化的年代，人們遭逢親人死亡需要辦理喪事時，主要依賴家族中的成員共同負責，並得請教社區中的耆老或宗親長老依據先秦喪禮來規劃與執行。當時若是有人特意獨行，不照先秦喪禮來舉行，就會被旁人質疑這樣做是不恰當的。到了當代，社會趨向工商資訊化後，反過來，若有人主張要按照先秦喪禮的模式來治喪時，將會被旁人認為這樣做過於繁瑣而不合乎時代的要求。於是，社會上開始出現仿效西方的做法，進而簡化甚至改變原先辦理喪事的傳統模式。

　　從表面上看來，有別於傳統喪禮的方式似乎比較合乎時代的潮流。相反地，如果現代人還用先秦喪禮來治喪，似乎就是比較不能符合當代的要求。然而，對於從事殯葬服務的人們而言，其實無論採用哪一種模式來規劃執行喪禮其實好像又都無所謂，因為反正都是為喪家服務，只要客戶對於服務最終的結果沒有意見，也就是認為只要能讓家屬滿意的方式就是好的。可是，從關心殯葬改革的面向來看，現代的殯葬服務就不能畫地自限於協助喪家辦完喪事就好，應該還要進一步的關心所做的服務到底有沒有確實幫喪家解決了問題？若能如此，才能說是提供了好的服務。如果沒有，即使最後喪家成員對於服務沒有意見，也不能自詡服務很好。因此，對於殯葬服務的經營者與從業人員來說，不能只注意到表層，而是必須在本質上達到最佳的效果。

　　然而傳統與現代簡化創新之間，一定要進行楚河漢界的切割嗎？以儒家思想為核心的傳統喪禮演變至今，果真已經無助於歿寧善終、哀死送終的課題嗎？或者仍有其值得借鏡之處？因此本文試著回歸到傳統喪禮的源頭來進行印證與討論，了解先秦喪禮當初的儀式內容是否呼應當時最初企圖想解決的問題？因為如果當代人不清楚先秦喪禮要解決什麼樣的問題，那麼面對時代的變遷就不會有調整的能力。在沒有能力調整的情況下，先秦喪禮就會因為不合時宜而遭受淘汰的命運，但是否因此丟棄了在

現代仍有效能帶領人們超克生死的做法？為了避免誤遭淘汰的命運，並且能讓傳統喪禮與時俱進地被調整，本文的討論在於了解先秦喪禮最初所要解決生命關懷的問題。

所以，為了理解先秦喪禮的本義，必須回歸先秦喪禮本身，其奠基於周公的制禮作樂，但卻是到了孔子崇尚周禮而重振其風，爾後，儒家逐漸形成以「三禮」是禮學最重要的典籍。「三禮」即《周禮》、《儀禮》、《禮記》。昔人謂《周禮》、《儀禮》均是周公所作，《禮記》是漢朝人稱大戴的戴德、小戴的戴聖叔侄所輯錄，亦有後人就作者及成書年代有不同的看法 。暫不論其真偽，但三禮確實影響中國禮學發展之深遠。

《周禮》原名《周官》，屬三禮之首，於西漢末年被列為「經」而屬於禮書，在當時稱為《周禮》，該書主要闡述周王朝及各諸侯國官制及制度，描繪儒家的政治理想，並加以增減取捨而彙編，當中從各個官制的任務，以及有關禮制的分工內容來看，有關喪紀、大喪、小喪等敘述散布於六篇、四十二卷中，有助於了解傳統喪禮最初對於社會治理功能的設計。

《儀禮》則有兩種版本，一是漢朝高堂生所傳，一從孔宅牆壁中得來，東漢鄭玄合併兩種版本，編整成現今流傳的《儀禮》。《儀禮》主要記載春秋戰國時期士大夫階層的禮儀，提倡等差而別的人倫禮儀，包含冠、昏、喪、祭、朝、聘、燕享等的詳細儀式。文獻中有關〈喪服〉、〈士喪禮〉、〈既夕禮〉、〈士虞禮〉等篇有如劇本般鉅細靡遺的敘述，可對傳統喪禮的內容進行脈絡式的掌握與了解。

《禮記》彙編戰國時代至秦漢年間，儒者們解釋說明《儀禮》的文章選集，內容上除解釋《儀禮》外，亦記載、論述先秦的禮制和禮義，同時記錄孔子和弟子修身作人準則的問答。《禮記》的作者應該不只一人，寫作時間也有先後，其中多數篇章可能是孔子的七十二弟子及其學生們的作品，並兼收其他典籍。然，《禮記》有別於《儀禮》的儀式內容描

述，更重於禮義的論述，文中也不乏以禮儀形式進行敘述，有助於對照
《儀禮》原文，增進對傳統喪禮做法的了解，並從中探析論證設計該儀式
試圖解決的問題所在。

　　因此本文為對先秦喪禮進行正確、深入的了解，將立基於當時三禮
成書的時代背景，依序按照喪禮的流程，自臨終與初終階段、遺體處理的
殮及停殯階段，以及後續的葬與祭，針對臨界死亡之際到殮、殯、葬、祭
的喪禮過程進行探討，除了討論儀式的相關內容外，也解析背後所想因應
解決的問題，並抽檢提出支持該儀式的生死思想。如此，能夠了解先秦喪
禮儀式設計的緣由，也有助於對儒家喪禮思想的探究，同時對於後人若有
心繼續進行當代喪禮變遷的挑戰與因應，也能參考此文再做研究。

貳、臨終與初終

　　過去的人們在覺察死亡的必然性後，便如《周禮‧春官宗伯》中所
云：「以喪禮哀死亡❶」。而且傳統喪禮的起始點是從慎終開始的，然而
有關生命的過渡與轉換儀式內容，則由初終階段開始啟動。

一、自力與他力共成正終

　　先秦時代的喪禮中，臨終階段中蘊含著臨終者自我生命的總結反省
的意義❷，其中也納涵考量了生者的不捨之情。所以，如孔子在臨終前七

---

❶〔漢〕鄭玄注、〔唐〕賈公彥疏（1985）。《十三經注疏‧周禮注疏》，頁
　275。台北：藝文印書館。
❷〔清〕孫希旦、王星賢點校（1990）。《禮記集解》。台北：文史哲出版社。頁
　168之《禮記‧檀弓下》：「君子曰終，小人曰死」。君子與小人因生前的表現
　與貢獻不同，所以死亡時的用詞分別用「終」、「死」，不同的用字遣詞，呈現
　的正是對亡者生命價值的總結批判。

天，彷彿預知大限即將來到，某天早上，將手反背在身後拄著杖，在大門外閒適逍遙，高歌：「泰山其頹乎？梁木其壞乎？哲人其萎乎？」弟子子貢聞歌聲前來，孔子雖說到夜夢各朝代停殯之處的差異，但其實是借此機會表述孔子之志：從殷商之禮俗，所以，未來將停殯於兩楹之間，乃是肯定喪禮應當具備過渡與傳承的意涵外，更重要的是孔子的示範：聖人在臨終前無懼無悔的平常心狀態，一如往常，貫徹生前一樣以禮自持的原則。這樣的態度❸，也同樣的發生在曾子的臨終之易簀❹，皆呈現儒家對於生命的態度必須生死皆一如，應當「若謂將死而不以禮自持，則是不以正而斃❺」。透過臨終階段要求與勉勵人們透過以正而終的儀式，向生者與子孫們示範傳承，說明臨終者生前到死後皆能一貫實踐道德生命的意涵。

在傳統喪禮中，除了要求臨終者在精神道德層面上，能夠以不違理的方式以正而終之外，對於臨終者周遭的親屬而言，也能考量其情感需求，也就是透過特定儀式讓其家人有機會可以表達孝道，相對的也是藉著臨終儀式，讓生者透過為親人送終的過程，同步實踐道德生命超越。依據《禮書》記載，當時家人們對於臨終者的照護，相較起來，其實不亞於現代安寧療護的身、心、靈全方位照顧，如《禮記‧喪大記》：「疾病，外

---

❸ 《禮記‧檀弓上》：「孔子蚤作，負手曳杖，消搖於門，歌曰：『泰山其頹乎？梁木其壞乎？哲人其萎乎？』既歌而入，當戶而坐。子貢聞之曰：『泰山其頹，則吾將安仰？梁木其壞、哲人其萎，則吾將安放？夫子殆將病也。』遂趨而入。夫子曰：『賜！爾來何遲也？夏后氏殯於東階之上，則猶在阼也；殷人殯於兩楹之間，則與賓主夾之也；周人殯於西階之上，則猶賓之也。而丘也殷人也。予疇昔之夜，夢坐奠於兩楹之間。夫明王不興，而天下其孰能宗予？予殆將死也。』蓋寢疾七日而沒。」同註1，頁176。

❹ 《禮記‧檀弓上》：「曾子寢疾……，童子曰：『華而睆，大夫之簀與？』子春曰：『止！』曾子聞之，瞿然曰：『呼！』曰：『華而睆，大夫之簀與？』曾子曰：『然，斯季孫之賜也，我未之能易也。元，起易簀。』……曾子曰：『爾之愛我也不如彼。君子之愛人也以德，細人之愛人也以姑息。吾何求哉？吾得正而斃焉斯已矣。』舉扶而易之。反席未安而沒。」同註1，頁159-160。

❺ 〔宋〕衛湜。《禮記集說》（不著年月《通志堂經解本》），頁17064。台北：漢京出版社。

內皆埽。君、大夫徹縣，士去琴瑟。❻」，《儀禮‧既夕記》云：

> 士處適寢，寢東首於北墉下。有疾，疾者齊。養者皆齊，徹琴
> 瑟。疾病，外內皆掃。徹褻衣，加新衣。御者四人，皆坐持
> 體。屬纊，以俟絕氣。男子不絕於婦人之手，婦人不絕於男子
> 之手。乃行禱於五祀。乃卒。主人啼，兄弟哭❼。

在過去，臨終階段時，家人善盡對病人的體諒與照料，從灑掃庭院「肅外內以謹變，致潔淨以慎終也❽」，收納琴瑟樂器和所有可能產生聲響的物品，避免干擾病人靜養，並且協助病人從平日安居閒適的燕寢移到安置作為辦公、聽事的適室北牆下，就是希望能夠讓臨終者寢於正處得以心安不受干擾。雖然家人們心裡已經有所準備，但是仍然盡心努力爭取渺茫難得的最後一線生機，譬如將臨終者「寢東首」，在於當時的人們相信東方是太陽升起之處，所以，透過將病人頭朝東腳向西的安置，使其如君子之寢必東首❾，達到死生之一如之正，同時也能吸收向陽之氣，把握可能讓病情減緩的機會。

然而就靈性的層面，當臨終者氣息如絲，必須屬纊方能斷定有無呼吸的彌留之際，此時為「盡孝子之情」，由家人虔誠祝禱祈求鬼神助佑之祭祀儀式，雖然相關文獻載明「乃行禱於五祀」，後人以為在此命危緊急狀態，可以突破原本士只能祭祀出入之「門」、道路行作之「行」的禮制，僭越祈求非所屬其身分所能配當的五祀嗎？若參閱鄭玄之注：「盡孝子之情。五祀，博言之；士二祀，曰門、曰行。❿」在當時，實際的情況，可能仍然堅守士之二祀，而所謂的五祀其實只是所謂「博言」，也就

---

❻ 同註1，頁1034。

❼ 〔清〕張爾岐。（1976）《儀禮鄭注句讀》，頁609-610。台北：學海書局。

❽ 同註1，頁1034。

❾ 同註1，頁1034。

❿ 同註6，頁610。

是通稱概略的說法，因為當家人病危時，孝子必須隨侍在側，行祀的儀式得由家中其他成員分擔代理，若以過去封建社會，諸侯、士、大夫等不同的階級，相對的其經濟規模與人力也有所差異。所以，士階級者在家人彌留之際，若要擴大規模行諸侯的五祀，實際執行上將有窒礙難行之處。但是無論是二祀還是五祀，值得關注的應當還是行祀的立意，也就是在於關照臨終者的家人表達仁愛之心的需求，當中呈現先秦喪禮對於生命的慎重與珍惜。另外就臨終者的生理需求層面，也是善盡維護其尊嚴與舒適，尊重男女有別的照護原則，關注病人的舒適與尊嚴，髒了便協助其換乾淨新的衣物。可見在過去的臨終禮儀做法中，除了引導人們正視死亡的必然性，讓周遭的家人盡心維護臨終者的身、心、靈需求外，在力求死亡確實發生，依循仁、義、禮、智親人生命的所有可能性中，維護臨終者死得其所、死得其時的以正而終的道德性實踐才是重點。

在儒家的思想中，認為個人必須在有生之年盡心落實道德生命的實踐，當死亡將至，臨終者回顧一生無愧天地，當為皆已為，即可無懼於死亡。然，最後的生命課題，即是繼續堅持此生以禮自持、不踰矩的行為準則，不會藉由將死的原因而膨脹擴大自我，堅持為後人留下合乎道德的典範，也讓親人除了能抒發不捨之情，盡力再進行最大與最後的努力外，如此也是讓家人秉持仁愛之心，透過道德的實踐，照顧臨終者身、心、靈的需求，協助其能死得其時、死得其所而了無遺憾。

因此先秦時代的喪禮，讓臨終者發揮自己過去努力與累積的德性，在其臨終時，由家人與親友的協助下，共同協作完成以正而終的終極目標。

二、依能力盡心祈求復生

當確定亡者已無氣息，基於人之常情，一開始時，親人們經常處於否認的狀態，心裡頭還是不肯放棄，期盼追求任何的可能而再做努力，希

望親人能有死而復生的奇蹟出現，這種惜生的做法，當時便由復者以左肩搭披著亡者的衣裳，登上屋頂向著代表幽冥界的北方呼喊請亡者的神魂歸來，如果經過復禮儀式後⑪，亡者仍然未能恢復生命徵象，家人們可謂已經「盡愛之道⑫」，方「可以為死事⑬」，也就是從此才正式承認死亡的事實。

　　儒家思想主張的是以道德生命來超越生死，但為何在始死的階段執行「招魂復魄⑭」之禮？這種起源於原始宗教的魂魄思想，為何在先秦時代仍被儒者們採納執行，原因與意義何在？在此生死轉換的時刻，進行復禮的目的，究竟是為了要安頓魂魄？還是想盡心祈求亡者復活？這點有必要釐清與探討，因為在現今的喪禮中雖有舉行招魂儀式，但主要目的是為了豎靈必須豎立牌位而做，所以由宗教人員呼請亡者的魂魄歸於靈位牌，或者用於因意外死亡時擔心亡者魂飛魄散無所依歸的補救做法，但是仔細再深入探究後可以發現，現代的引魂與先秦時代的復禮，在動機與內容上是大異其趣的。

　　這能從《楚辭·招魂》來探究，其所載：「亂曰：獻歲發春兮，汨吾南征。菉蘋齊葉兮，白芷生。……與王趨夢兮，課後先。君王親發兮，憚青兕。……魂兮歸來！哀江南！⑮」此篇雖為宋玉諷諫君王所作，但文中有關招魂的儀式卻描寫到，是為了因在狩獵時遭青兕驚嚇而生病的頃襄王而為。由此可見，當時的招魂儀式，目的在於讓病人魂兮歸來進而能恢

---

⑪　見《儀禮·士喪禮》：「死於適室，幠用斂衾。復者一人以爵弁服，簪裳於衣，左何之，扱領於帶；升自前東榮、中屋，北面招以衣，曰：『皋某復！』三，降衣於前。受用篋，升自阼階，以衣尸。復者降自後西榮。」同註6，頁539-541。

⑫　《禮記·檀弓下》：「復，盡愛之道也」同註1，頁228。

⑬　同註1，頁1040。載：「唯哭先復，復而後行死事。」「鄭氏曰：氣決則哭，哭而復，復而不蘇，可以為死事」。

⑭　同註1，頁132。云：「夏采掌大喪，以冕服復於大祖。」鄭司農注：「復，謂始死招魂復魄者。」。

⑮　王熙元導讀、王逸原著（1997）。《楚辭》（下冊），頁58。台北：金楓出版社。

復健康，並非為亡者所做。再者，從鄭玄就《禮記‧檀弓上》：「邾婁復之以矢，蓋自戰於升陘始也。[16]」有關復禮儀式使用「矢」的原因註解：「戰於升陘，魯僖二十二年秋也。實師雖勝，死傷亦甚，無衣可招魂。[17]」文中特別提到為傷者招魂，由此可以佐證先秦復禮的設計與執行，主要是希望對於生病或受傷的人能夠有所幫助而為。後人孔穎達對這種在戰場上以矢代替衣服來行復禮的做法則另有說明：「若因兵而死，身首斷絕不生者，應無復法，若身首仐殊，因傷致死，復有可生之理者，則用矢招魂。[18]」可見過去行復禮的目的在於求生存，對於從肉眼就得見身體受傷並已肢離破碎，毫無起死回生可能性者，便不會為其執行復禮，而是專為受傷與身體外在健全但可能已經死亡的士兵來做。從這裡便能掌握知悉傳統的復禮跟現代的招魂儀式之目的不同。

　　現代禮俗，在死亡證明書開立確認後，甚至在身、首分離的情況下仍然進行引魂，乃希望安頓魂魄，為的是要使治喪期間的豎靈奠拜及後續供奉靈位牌，合爐後祭祀亡者魂神來奠定基礎並做好準備，是偏向宗教屬性的靈魂安頓，但就先秦時代執行復禮的目的來看，主要還是因為親人的不捨之心，在其亡者氣絕後，仍然盡最後的努力進行招魂，希望亡者死而復生，所以在復禮尚未執行前，先秦時代的人們是不會宣布與承認死亡事實，所以當時的做法，所呈現的其實是屬於仁心道德層面的實踐。

　　另外從三禮當中有關復禮內容的描述探究，如《周禮》之「大喪以冕服復于大祖，以乘車建綏復于四郊。[19]」即考察當時招魂復魄的地點的選擇，通常以亡者生前辦理重要事情處為考量，譬如常見的有祭祀之處。然而在進行招魂時，也同時選擇搭配亡者生前到該場所慣穿的衣物來

---

[16] 同註1，頁161。

[17] 同註1，頁161。

[18] 同註1，頁161。

[19] 同註1，頁132。

進行復禮[20]。至於用在復禮之用的衣物，因為是為了讓死者能死而復生所用，故為求生死相異也有所區隔，之後治喪時不會將其作為死者穿戴的壽衣或襲殮之用。因為，對於當時的人們來說，生、死的用物是不可以相混雜用的。所以如鄭玄所述：「復者冀其生也，若以其衣襲殮，是用生施死，於義相反。[21]」由此得知，在先秦時代，始死所做的復禮儀式，用衣來招魂的目的，在於祈求亡者復生，背後代表的是生者的真心誠意，故盡其心求亡者復生也，儀式的執行在於讓亡者的家人，在初終階段仍有機會表達仁愛之心，實踐為人子女應盡的道德。

三、生死皆以道德實踐超克

先秦時代的喪禮是在復禮後才正式進入接受死亡事實的階段，但從復禮儀式後，也非全然採取二分法的方式，全然以「死事」視之與事之，而是透過循序漸進，一步一步的引導亡者之家人、親友，在初終到入殮前的三日內，透過各種儀式做法，以及禮器的擺放位置的變化，以過渡與轉換的方式，讓生、歿接受死亡事實。譬如《禮記‧喪大記》所描述的始卒次第：「唯哭先復，復而後行死事。[22]」當亡者呼吸停止後，先讓家人們抒發情緒，在當時，還依生者與亡者的親疏關係，評估生者可能產生的悲傷情緒，規範如嬰兒跟母親分開的「哀啼」，或者是有聲的哭泣方式[23]，但重點在於讓家人啼哭，哀傷情緒暫時抒發後再行復禮，之後亡者如果仍然未能復生，才會開始進行「死事」，可見，當時的禮制主要還是在

---

[20] 同註1，頁208記載《禮記‧檀弓》：「君復於小寢、大寢，小祖、大祖，庫門、四郊。」頁1037：《喪大記》曰：「復者朝服，君以卷，夫人以屈狄，大夫以玄赬，世婦以襢衣，士以爵弁，士妻以稅衣。」

[21] 同註1，頁1039。

[22] 同註1，頁1040。

[23] 同註1，頁1040。《禮記‧喪大記》：「始卒，主人啼，兄弟哭，婦人哭踴。」鄭玄注：「悲哀有深淺也。嬰兒中路失母，能勿啼乎。」

於考察人情的需求。

　　另外就臨終病人轉換成亡者身分時，遺體安置的位置與方式也是隨著儀式動機與目的不同而有所變化。譬如臨終階段的「廢床」，應受到魂魄說的影響，認為人之魂將升天，所以安排登上屋頂行復禮招魂，然而人出生時哇哇落地，魄將降於地，所以把病人安置於幽靜適合養病的北牆地上，盼望病人能夠將心安定下來，而使得慣於下沉的魄能夠返回身體進而復生[24]。但是當復禮儀式結束，亡者仍然未能蘇醒時，即「設床」搬動遺體到光線比較明亮的南牆下的屍床上[25]，以利於後續執行楔齒、綴足、沐浴與飯含等遺體處理相關流程。從當中的「廢床」與「設床」的差異就可了解其中生、死差異的儀式設計，關鍵在於是為了祈求復生，還是為了維護亡者尊嚴來進行遺體處理的動機不同，因為生、死過渡的差異與不同的目的，而有不同地點的設計與安排。

　　當亡者死亡的事實經過復禮進行確認後，生者接下來盡心能作為的就是協助亡者延續如同生前一樣以禮自持的原則，並且透過治喪儀式將其道德生命轉為典範永存。再者也考量生者的情感需求，引導其除了抒發悲傷之外，還透過參與喪禮的過程，體現落實個人應盡之道德境界，從死向生，體悟到有生之年該有的生活態度與作為。因此，在喪禮中，可以看到生者為亡者做的，以及生者透過喪禮而實踐的兩種面向。

　　所以，為了讓亡者維持從容的樣貌，留給子孫親屬安祥印象，在亡者死後，以飯含的將五穀雜糧填充亡者口腔雙頰，這樣子的做法，除了祈求亡者復活外[26]，還希望讓亡者的臉部顏面能夠呈現飽滿莊嚴的效果。亡者的雙腳，則由侍從手持平常用來倚憑身體的小桌几頂住亡者腳掌，使其

---

[24] 同註1，頁1035。鄭玄注：「人死則魂生於天，而魄降於地。始死，體僵者，魄之散也，故廢床而以尸就地，冀魄之依而還也。」

[25] 同註6，頁610。《儀禮・既夕記》：「設床第，當牖。衽，下莞上簟，設枕。遷尸。」

[26] 王先謙（1973）。《荀子集解》，頁611。台北：藝文印書館。《荀子・禮論》：「飯以生稻，唅以槁骨，反生術矣。」

雙腳端正，就像平常站著時一樣，擺正而不致歪斜。另外為了保有亡者的隱私與尊嚴，也在停屍處掛上帷幔，區分內、外，避免生者見到尚未殮飾的遺體，心理產生恐懼而無法盡其哀。

再者「奠脯醢、醴酒。升自阼階，奠於尸東。❷」有別於現代初終階段，將拜腳尾飯放置於亡者雙腳前方的位置，先秦時代是從初終到小殮階段皆以亡者生前食用的肉乾、肉醬與酒，以日常慣用的食器盛放後，奠置於亡者身旁右側方便取得的位置。這樣的作為透露著：生者還是希望，若亡者反魂蘇醒時，轉個頭就能看到食物擺在身邊，實充滿生者的仁愛之心。同樣基於同理心的立場，士喪禮的儀式設計，在始死階段，也安排了「乃赴於君」、「君使人弔」與「君使人襚」等滿足君臣之間，無論生、死皆必須以仁義道德相互以待的儀節，如鄭玄之注：「赴，告也。臣，君之股肱耳目，死當有恩。❷」當為國家服務一輩子的臣子過世時，若其地下有知，在離世之際，想必掛心的一定是國君以及周遭與其有特別互動關係的人們，相對的，這些與亡者有深厚情感者，同樣的也將憑藉其仁愛道德，派人或親自前往弔唁，或致贈衣被協助其入殮之需之外，其他的親人、庶兄弟、朋友等也聞訊一一前來表達心意，透過表象之禮儀進行，其實蘊含人我之間生死情感與道德實踐生死如一的原則，透過相互協助支援，超克死亡威脅的生命考驗與難關。

傳統儒家的思想基礎在於面對人們肉體死亡的必然性，但是對於生命的結束卻是極其慎重，並依多方面的努力尋求任何可能再繼續存活的機會。在表象上看似宗教性的招魂復禮儀式，或者是初死的奠祭，其實還是著重在道德層面，體現人與人之間的仁愛之心。每個個體生命的超克與道德超越，在生前主要憑藉於自身的努力與實踐，然而，當死亡發生時，亡者無法做主時，便透過他人的協助與幫忙。所以，傳統喪禮除了讓生者藉此抒發親人離世不捨的情緒外，也希望在治喪的儀式中，向亡者報答生前

---

❷ 同註6，頁541之《儀禮・士喪禮第十二》。

❷ 同註6，頁542之《儀禮・士喪禮第十二》。

因互動交流所產生之恩惠。

因此，就先秦喪禮的表象，雖然看到的是為亡者安置遺體與處理因應死亡所產生的動盪與相關權利、財產之分配，但是從臨終到初終階段，也就是在這生轉換為死的過程中，值得關注的其實是對生命的謹慎與尊重，除了協助亡者一如生前維持合乎禮制的外貌形象外，也讓生者可以無懼進而親近遺體以抒發哀傷，更重要的課題則是讓生者從安置亡者遺體到奠祭的過程中，盡心體現個人的仁義道德，以落實孝道與忠誠，除了緬懷繼承亡者道德生命，更藉此開創與豐富亡者子女及家人、親友們的個人精神生命。

所以，傳統喪禮的臨終與初終儀式內容，在生轉向死亡的起始點，並非處理生者與亡者關係斷絕的開始，而是讓父子或家人、親友間突破死亡限制，延續並突破彼此的仁愛之心，進而體現超越更高的道德境界，藉此，讓後續的殮、殯、葬與祭，治喪過程，雖以遺體為中心進行安頓，卻是總結彙整亡者道德精神與家族的總體生命，將此融合永存並以此祖先而道德流芳。

參、殮與殯

儒家思想對於生死的看法聚焦於此生此世，將生命意義與價值立基於每個人活著時自我能做的努力。當呼吸停止，道德生命的延續就得靠家人、親友的協助與傳承，但是，從臨終到初終以後，當下最需要面對與解決處理的問題，其實是遺體物質性變化的問題。從這點看來，先秦儒家思想所引導的喪禮還是很實務的，除了因應解決處理遺體的問題外，並以時間換取空間，讓生者可以盡哀也能報恩。所以，在遺體終究無法被保存必須被送出家門安葬前，先秦喪禮規劃有針對遺體暫時性保護安置的襲殮階段，也有停殯的緩衝過程。殮與殯這兩個階段，雖然以亡者為核心外，但相對於其他階段，著重於亡者家人與親友的哀傷情緒處理。因此，禮儀上

仍然維持事死如生的原則，也考量到儀式以死教生之功能。所以，藉著各種奠祭，如小殮奠、大殮奠、朝夕哭奠等等，繼續維繫生者與亡者之間的仁義道德關係。

一、生死如一之仁心照顧

先秦儒家喪禮，在殮與殯的階段，亡者家屬仍然依循生前的奉侍模式，透過盡心照顧的過程，體現其報恩的心意。藉由遺體安置的各種儀式執行，讓家人與親友們覺察體會，逐漸接受死亡事實。然在遺體照護及禮儀執行中，生者需要把握時間對亡者有所表達，並能協助亡者繼續以道德精神永存，這樣有助於減輕生者因死亡所帶來的絕滅恐懼。所以，在殮的階段，將亡者藏於衣、納於棺之前，一如生前，子女必須對於父母親的身體照顧與穿著盡心盡力，如《禮記‧內則》所云：

> 父母唾洟不見，冠帶垢，和灰請漱；衣裳垢，和灰請浣；衣裳綻裂，紉箴請補綴。五日，則燂湯請浴，三日具沐，其間面垢，燂潘請靧；足垢，燂湯請洗。少事長，賤事貴，共帥時。[29]

在過去，子女平日就得注意關照父母的生理需求，以及穿的衣物是否潔淨完整，每隔特定的日子，還要準備熱水供親長洗澡、洗頭、洗臉與洗頭等，然而以士之階級，雖然非由其子女親自為父母親沐浴，而是由平日照顧的僕人代為執行，但是做子女的還是要從旁關心注意。所以，同樣的，在亡者過世當日的襲尸之前，如《儀禮‧士喪禮》所描述：

> 外御受沐入。主人皆出，戶外北面。乃沐，櫛，挋用巾，浴，用巾，挋用浴衣。澳濯棄於坎。蚤，揃如他日。鬠用組，抈笄，設明衣裳。主人入，即位。[30]

---

[29] 同註1，頁670。

[30] 同註6，頁551之《儀禮‧士喪禮第十二》。

　　子女們因考量到長輩的隱私與感受，故由兩名侍者進到帷幕內為亡者洗澡、洗頭、梳頭、剪指甲、剃鬚、束髮並穿上貼身衣物，整個過程，子女顧慮亡者因暴露身體可能的不自在，所以避諱的站在戶外，但是仍心懸著念茲在茲的望著北方室內的方向。雖然說子女們沒有親力親為，心中還是心繫亡者。然而因為以水洗身之外在的目的似乎只是去除身體汙垢，但在先秦時代的喪禮中之所以規劃了為亡者沐浴的內容，其緣由雖然受到原始宗教中巫術觀念影響，認為水具備去除不祥與免災除難的功效而為之。但是若要達到這種象徵性的效果，為亡者洗身時，其實只要象徵性比劃幾下的方式即可，但是從三禮的相關文獻記載來看，卻發現先秦時代應當是源於衛生概念以及仁愛之心來為亡者洗身，譬如為亡者洗身時比照生前模式，甚至在器具與設備的準備上，相較於對待生者的模式也是更加用心。

　　先秦時代為亡者沐浴之內容，從準備工作開始就非常慎重，包含準備衣物、飯含、沐浴用的葛布巾與梳子等物品都會先行陳列擺放妥當，沐浴用的水也會比照當時生者慣用的模式，以穀物的汁作為「潘水」來使用。然而為了提供溫水，所以由公家派來助喪之甸人[31]，以土塊建造一個臨時簡易的「塈」為爐灶[32]，使用的容器也是新的。當沐浴結束時，所有設備、器具，以及從亡者身上剃除的鬚髮、剪下的指甲等等，都會加以毀損後再做掩埋，這樣的做法或許有人解釋為避免被亡者沖煞威脅所做，但是從實務層面來看，應當只是避免遺體與器具所造成的交互感染而導致以死傷生的緣故[33]。所以煮水的灶，沒有便宜行事直接使用平日烹煮食物的

---

[31] 〔漢〕鄭玄注、〔唐〕賈公彥疏（1985）。《十三經注疏·儀禮注疏》，頁771。台北：藝文印書館。

[32] 〔漢〕許慎撰、〔清〕段玉裁注（1998）。《新添古音說文解字注》。台北：洪葉文化。頁691載：「士喪禮：為塈於西牆下。東鄉，注云：塈，塊灶。既夕記云：塈用塊。注云『塊，堛也。蓋士喪之灶，土凷為之。以煮沐浴者之潘水，不似人家廚灶，必令適為之，且僅通孔可煮而已，故謂之塈，不謂之灶也。』，禮經作塈。古文禮作役。從土，役省聲。營隻切。十六部。」

[33] 同註1，頁771記載：「甸人掘坎於階間，少西。為塈於西牆下，東鄉。新盆，槃，瓶，廢敦，重鬲，皆濯，造於西階下。」

廚竈，也是考量除了為表達對亡者的尊重外，也擔心在盛水的來往之間可能汙染廚房而對生者造成傷害。所以，先秦時代的喪禮為亡者沐浴淨身非屬禁忌，而是事死如生，尊重亡者也能考量到保護生者的面向。

傳統喪禮中除了展現對亡者謹慎尊重的態度外，也站在同理心的角度為亡者設想，就以襲殮的做法為例，雖然是為了解決遺體變化的問題，避免讓親友因厭惡或恐懼而阻礙悲傷的疏解[34]，另一方面也在延續保障亡者德容形象的完整[35]。所以，為亡者進行飯含，以「飯用米貝，弗忍虛也。[36]」呈現侍奉親長的仁愛之心。襲尸時，則由商祝以白絹從亡者頭部往下裹，再於下巴脖子處打結是為「掩」；用絲棉塞住雙耳；以內紅外黑的布巾覆蓋在亡者的臉上，並以其四個角邊的帶子固定打結於頭部；亡者雙腳所穿的鞋，在兩腳腳後跟之處將鞋帶相互串聯打結，目的是為讓兩腳合併；也將其雙手交疊固定等等[37]。這些做法，其實都在協助亡者，使其最後的儀態是雙口緊閉、顏面端正、雙腳合攏端正、雙手擺放妥當，生者如此用心，就是希望讓亡者顯現如生前的樣貌，使得亡者可以留下最容從與端正的形象而傳世。

二、量力與量情的儀式準則

華人經常把「死者為大」掛在嘴邊，所以認為將喪禮的規模辦得越大越好，然世俗也把子女的孝心與治喪內容、排場等畫上等號，殊不

---

[34] 同註25，頁605之《荀子・禮論》：「故死之為道也，不飾則惡，惡則不哀。」

[35] 同註1，頁762-736之《禮記・玉藻》：「凡行容惕惕，廟中齊齊，朝庭濟濟翔翔。君子之容舒遲，見所尊者齊遬。足容重，手容恭，目容端，口容止，聲容靜，頭容直，氣容肅，立容德，色容莊，坐如尸，燕居告溫溫。」

[36] 同註1，頁229之《禮記・檀弓下》。

[37] 同註30，頁787-790。《儀禮・士喪禮》：「商祝掩，瑱，設幎目，乃屨，綦結於跗，連絇。乃襲，三稱。明衣不在算。設韐、帶，搢笏。設決，麗於腕，自飯持之，設握，乃連腕。設冒，櫜之，幠用衾。」

知，這樣的觀念會使得許多晚輩眷屬在親人過世後承受莫大的經濟壓力。儒家思想以仁心道德作為治喪的核心內涵，所以，生者為亡者盡心盡力辦理後事，協助亡者繼續以道德精神而永存，因此也要注意喪禮內容的不踰矩，要避免亡者背負「失德」之名。當然過世的人如果地下有知，也不會希望子孫為了辦喪事而債築高台，難以度日。過去的儒者了解人們對於死亡絕滅不存在的恐懼，也明白人們擔心死後被人草率對待或遺棄的憂心。至於亡者的家人、親友呢？卻因為失去親人，其悲傷情緒必須找到出口，對於親人的恩惠也想把握在喪禮過程中有所表示。所以，藉著補償的心理，企圖盡心盡力做到最好，但在份際上，有可能因為在失去親人的非理智情況下，做出超乎個人能力的規劃。因此，從三禮的典籍記載中得見，儒家喪禮因應封建社會等級制度之差序有別❸，在殮與殯的儀式內容上，記載有因官階與身分不同的規範，這並不是對於亡者不平等的待遇，而是考量生者家中人力以及經濟規模不同，最終目的還是希望治喪時，生者能量力而為，也不得以死生傷生。不過本文經仔細探究儀式與禮器的使用狀況後，卻從亡者的貼身衣物與小殮所使用的衣物數量，發現儒家喪禮企圖呈現人之尊貴與平等意涵的做法。

在儀式的內容上，《儀禮》敘述了為亡者沐浴、飯含與襲尸後，第二天舉行小殮，第三天安排遺體入棺的大殮儀式。小殮與大殮主要是針對遺體進行保護與收藏。在過去，採用為數不少的衣、絞帶、衾被，以及握手、決、竹笏等配件。以三禮專為貴族或有官職者規範的喪禮儀式內容來看，為亡者沐浴後，直接穿在身上的除了貼身衣褲的明衣裳外，其餘比照日常之穿著，但因設想亡者即將轉換到祖先的世界，所以穿在最外頭的是祭祀用的禮服。所穿的衣服雖因亡者生前官階身分之不同，衣服的樣式因此也所差異，但是件數卻是一樣的都為「三稱」❹。

---

❸ 如臨終的「適室」的正寢地點，就會因亡者是天子、諸侯是為路寢，卿大夫為適寢的差異；行復禮時，以天子為例，採用衣服為其冕服，地點則安排有小寢、大寢、小祖、大祖、庫門與四郊等地，有別於諸侯及卿大夫等地點與衣物。其他包含是否提供亡者用冰、沐浴用的潘水等等都會因亡者身分而又不同的禮制規範。

❹ 同註30，頁787。《儀禮·士喪禮》：「乃襲，三稱。明衣不在算。」

　　小殮的目的是為了將遺體藏於衣，有利於生者能親近而盡其哀，同樣的屬於家人方得見的貼身衣物，卻是無論亡者的身分或階級，包含上至天子，下到士，皆以象徵「法天地之終數也」❹的十有九稱為標準。因儒家認為天地之中，唯有人因憑藉道德理性才有機會成為天地中最尊貴者，並可與天、地並列為三才。所以當人死後，無論尊卑，都用了相同數量的十九套的衣包覆保護遺體，代表的是人在的生命本質上都能實踐相同的德行，不會因身分差異而有所不同。其中蘊含的意義是人們都是來自天地，死後將回歸天地，也將在道德領域中永存。

　　所以，先秦喪禮中，襲尸與小殮張揚了生命平等的意涵，但是畢竟人們因地位與財力的不同，所以為了讓亡者子孫與親友們也能依其身分地位盡心、盡力而為，在亡者死後第三天的大殮時，則依亡者身分及地位之差異，也就是說考量經濟條件的不同，以及親友之交遊多寡不同所致贈衣物助喪的實際數量來預估，在覆蓋於小殮後的套子「冒」❹的外層上，分別為君之百稱、大夫五十稱、士三十稱❹。可見在先秦喪禮中，內在精神是視人們生死皆平等的，但緣於人情，表象上看似有尊卑差異，其實考量了亡者生前的狀況，因地位與財力不同，所交之友人人數之差異，為了讓各種背景的人們在死後，親友們都能盡其心而了無遺憾，所以，外顯如大殮之衣物數量、使用的棺槨等❹，與安葬規模不同所需準備與緩衝之殯期❹，也就按照各自不同的身分量力而為了。

---

❹ 同註1，頁1063。

❹ 同註1，頁1068，《禮記・喪大記》：「君錦冒黼殺」，鄭玄注：「冒者，既襲，所以韜尸重形也。」

❹ 同註1，頁1064，《禮記・喪大記》：「君陳衣于庭，百稱，北領西上；大夫陳衣于序東，五十稱，西領南上；士陳衣于序東，三十稱，西領南上。」

❹ 同註1，頁1082，《禮記・喪大記62》：「君大棺八寸，屬六寸，椑四寸；上大夫大棺八寸，屬六寸；下大夫大棺六寸，屬四寸，士棺六寸。君里棺用朱綠，用雜金鐕；大夫里棺用玄綠，用牛骨鐕；士不綠。君蓋用漆，三衽三束；大夫蓋用漆，二衽二束；士蓋不用漆，二衽二束。」

❹ 同註1，頁308之《禮記・王制》：「天子七日而殯，七月而葬。諸侯五日而殯，五月而葬。大夫、士、庶人，三日而殯，三月而葬。」

三、稱情立文的喪期設計

另外殮與殯的務實性，也能從《小戴禮‧問喪》之描述知悉：

> 或問曰：「死三日而後殮者，何也？」
> 曰：「孝子親死，悲哀志懣，故匍匐而哭之，若將復生然，安可得奪而殮之也。故曰三日而後殮者，以俟其生也；三日而不生，亦不生矣。孝子之心亦益衰矣；家室之計，衣服之具，亦可以成矣；親戚之遠者，亦可以至矣。是故聖人為之斷決以三日為之禮制也。」[45]

就士的大殮為例，安排在亡者死後第三天的理由，包括考量亡者子女在長輩過世後的否認階段所需要的時間，所以即使復禮執行過，仍持續以侍奉生者之禮，滿足孝子不放棄親長可以復生的想法。同時也就實務層面，包含居住遠方親友奔喪路程所花的時間，以及因應準備治喪的禮器如衣被、棺木等物的工期。所以傳統設計在亡者過世三日進行大殮儀式，是當時的人們憑據實際狀況所定。然而將亡者大殮納於棺而停殯於窆[46]後，喪親家屬基本上對於死亡又增加了一份真實感，相對的悲傷情緒因發展到思念期更需要抒發。所以，先秦喪禮中根據生者與亡者生前情誼濃淡設計了喪服制度以及對應的喪期規範。雖然傳統喪禮的五服制度設計的背景在於封建社會，但是其內涵精神還是值得探討。

傳統喪服制度以每個個人為中心，向上推四世到高祖，往下四世到玄孫，依此透過每一個個體生命的相互串聯，藉此帶領人們從自身有限的生命中看到家族生命的傳承發展，也考量到配偶、姻親與族戚等平輩、旁系、晚輩等等的實際關係。不僅基於血緣關係為主的血親立場來設計，更考量到現實生活中，將實際上有所接觸的親族都一一納入規劃。因此納含

---

[45] 同註1，頁1235-1236。

[46] 同註6，頁566。鄭玄注：「窆，埋棺之坎者也。」

所有有所互動的親屬，建構出親等關係圖，不但有直軸血緣的脈絡，也有橫軸旁系發展的親屬而衍生出不同限向的族親或戚屬人等[47]。基本上都是以生前與亡者共同生活的長久與關係淺薄，規劃出相對應的喪服材質、樣式與喪期之規範。

　　有別於其他儀式中所穿祭服的莊嚴華麗，喪服的材質與樣式比起日常的衣服還要簡陋，再加上穿著的時間又搭配特定的喪期[48]，然而，這樣的服裝其實不僅運用於儀式，還落實在生者的居喪生活中，有助於情感的抒發之功能[49]。喪服之輕重，乃依據生者與亡者之間的恩情而定，如《禮記‧喪服四制》的記載：「其恩厚者，其服重；故為父斬衰三年，以恩制者也。[50]」因為：

> 喪有四制，變而從宜，取之四時也。有恩有理，有節有權，取
> 之人情也。恩者仁也，理者義也，節者禮也，權者知也。仁義
> 禮智，人道具矣。[51]

　　喪禮體法於天地四時，並考察人情設定禮制，關注所處環境的狀況而適時調整，然所謂之四制，在於恩、理、節、權，相對應的正是仁、義、禮、智，所以，生者穿戴喪服，依據「服術有六：一曰親親，二曰尊

---

[47] 《禮記‧喪服小記8》：「，以三為五，以五為九。上殺，下殺，旁殺，而親畢矣。」

[48] 同註6，頁472-476。《儀禮‧喪服》中描述，傳統喪禮服制及對應的喪期共有斬衰（三年）、齊衰（三年、一年、三月）、大功（九月、七月）、小功（五月）、緦麻（三月）、繐衰（七月）等，然服喪的對象，主要是依據亡者與生者的關係而定，以重喪的斬衰為例：「諸侯為天子，君，父為長子，為人後者。妻為夫，妾為君，女子子在室為父，布總，箭笄，髽，衰，三年。子嫁，反在父之室，為父三年。公士、大夫之眾臣，為其君布帶繩屨。」

[49] 同註1，頁1233-1234之《禮記‧問喪》：「夫悲哀在中，故形變於外也，痛疾在心，故口不甘味，身不安美也。」

[50] 同註1，頁1340。

[51] 同註1，頁1339。

尊,三曰名,四曰出入,五曰長幼,六曰從服。[52]」因為親屬關係所以服之,乃源於恩也。非親屬關係如君王與臣子以尊尊的關係服之,此乃因義理而服。然而透過喪服制度配合不同守喪時間的設計及對應變化,如從重孝到脫孝,或者「受服」[53]的變化,搭配小祥、大祥到禫祭的儀式,藉此調節生者的悲傷,引導其從哀傷到將過世親人轉換奉為祖先的敬仰心境。然在守喪之時,因深知禮沒有辦法周延完備的限制,所以,仍保留權巧從宜的空間。從這樣的喪服四制中所體現的恩、理、節、權,其實落實的正是仁、義、禮、智的內涵,一個人能在為親屬長輩治喪時,配合落實,可說是人道完備矣。

所以,先秦喪禮的設計並不是全然因為死者為大,而讓生者一廂情願所做,其所蘊含的意義還是建立在亡者與生者之間先前的仁愛義理交流的實際狀況而定。當亡者過世後,生者為逝者治喪的內容與規模將因亡者生前德行感召的程度而定。喪禮與其說是個人的人生告別儀式,其實也是人們此生累積道德的最後總結與檢討,最終結果亡者必須自我負責,相對的在治喪過程,周遭的親友報恩的意願與仁愛之心也同樣被檢討。

所以,總括來看,傳統喪禮,其實在殮與殯的階段,除了照護亡者遺體外,協助生者逐漸接受死亡事實,也希望能夠透過執行喪禮中,帶領人們覺察省思亡者此生道德精神的成就,同時讓生者藉此學習觀摩個人理想中的道德生命典範,並藉此機會依此進行修正及調整。

---

[52] 同註1,頁836之《禮記・大傳》。

[53] 同註1,頁1249之《禮記・間傳》:「斬衰三升,既虞卒哭,受以成布六升、冠七升;為母疏衰四升,受以成布七升、冠八升。去麻服葛,葛帶三重。期而小祥,練冠縓緣,要絰不除,男子除乎首,婦人除乎帶。男子何為除乎首也?婦人何為除乎帶也?男子重首,婦人重帶。除服者先重者,易服者易輕者。又期而大祥,素縞麻衣。中月而禫,禫而纖,無所不佩。」所謂的受服,指的就是在服喪一段時間後,喪服的布料逐漸換成比較好一點的材質,如此循序漸進,讓居喪者中就換成日常服飾而完成悲傷任務。

肆、葬與祭

　　無論停殯多少時日，亡者的遺體終究還是得移往墓地安葬，但其精神生命則繼續存在於家族大我整體永續生命中。在亡者轉換為祖先的儀式時，逝者看似是家族生命之河中的一個小水滴，但只要其曾經竭盡實踐出道德內涵，對於宗族的祖德流芳也算是完成該盡的心力了。先秦時代，從喪禮的準備開始，到實際進行大遣奠的出殯儀式，在安葬時一起下壙的陪葬明器，以及安葬遺體後，恭迎亡者魂魄回返，也就是所謂的「迎精而反[54]」的做法，後續執行安魂虞祭、卒哭、祔祭、小祥、大祥及禫祭等，讓家屬們逐漸從居喪生活中完成調適而走出悲傷，也讓儀式從凶禮轉換為吉禮，協助亡者從鬼的境界晉升至祖先的行列而精神永存，在這些儀式中，其真正的生命超克意涵為何，以下進行詮釋與分析。

一、回歸天人合一的安葬模式

　　傳統喪禮中，遺體經歷殯與殮的階段後，最終得移出生者的居住空間，到城郭外的公墓兆域中安葬。傳統社會以土葬為主，如《禮記‧檀弓上》之敘述：

> 葬也者，藏也；藏也者，欲人之弗得見也。是故，衣足以飾身，棺周於衣，槨周於棺，土周於槨；反壤樹之哉。[55]

從上古時代「舉而委之於壑」發展到因為「孝子仁人」不忍之心，

[54] 同註1，頁1234之《禮記‧問喪》：「辟踊哭泣，哀以送之。送形而往，迎精而反也。」
[55] 同註1，頁205。

開始懂得把過世親人的遺體加以之掩藏[56]，可見一開始的動機，是為了保護逝者肉體不被昆蟲及野獸侵犯。但是到了先秦時代，人們不僅懂得安葬屍體，還進行襲尸，以及將其藏於衣，並收納於棺，棺外再用槨來保護，最後再掩上泥土，上頭栽種樹木，這種做法，已非單純仁愛之心的驅動，還蘊含隱喻了人終究得回歸到天地之思想。如吳國季札在其長子的葬禮上曾經提到：「骨肉歸復于土，命也。若魂氣則無不之也，無不之也。[57]」人源於天地，死後將歸復回到大地土中，這是自然之性，可說是落葉歸根的意涵，其魂神終究得與肉體分離。如《禮記·郊特牲》所云：「魂氣歸于天，形魄歸于地。[58]」傳統喪禮的流程安排到安葬的階段，其流程包含準備陪葬的明器、選擇墓地的筮宅兆、挑選出殯日期的卜葬日，到啟殯後向祖先告別之朝祖，再行告別儀式之大遣奠後發引安葬，皆兼顧落實形魄與魂氣的歸屬安頓。

從山頂洞人懂得把亡者遺骨安置在日常空間底下的墓室，即可得知，在原始社會，人們已懂得建置墓地，作為亡者遺體安置的最終之處，以及後期考古遺跡的發現，有母系社會的多人合葬、二次葬的情形，以及發展到父系氏族社會用棺槨承載遺體後再行土葬的做法等等，當時的人們應當是從觀察賴以生存的農作物透過栽種於土地而成長，也感受到土地對於雨水、植物殘枝、動物屍體以及人之遺骸的納涵與再生功能，因此，過去的人們，發展出對於土地特定的崇拜信仰，如《禮記·郊特牲》之描述：

社所以神地之道也。地載萬物，天垂象。取財於地，取法於

---

[56] 楊伯峻譯註（2006）。《孟子譯注》。北京：中華書局出版。頁135之《孟子·滕文公上》：「蓋上世嘗有不葬其親者。其親死，則舉而委之於壑。他日過之，狐狸食之，蠅蚋姑嘬之。其顙有泚，睨而不視。夫泚也，非為人泚，中心達於面目。蓋歸反虆梩而掩之。掩之誠是也，則孝子仁人之掩其親，亦必有道矣。」

[57] 同註1，頁266之《禮記·檀弓下》。

[58] 同註1，頁652之《禮記·郊特牲》。

天，是以尊天而親地也，故教民美報焉。家主中霤而國主社，示本也。[59]

因為在農業社會時代，人們依據天象的日月星辰變化，進行播種耕種與收割，獲取賴以生存的收成，所豢養的動物也因大地之作物而成長茁壯，也就是說，人們的財富累積可說是透過土地的賜予，於是古時候的人透過敬天祭地，表達對於土地的回報感恩，因此在國家舉行祭土地之神的「社祭」祭典，卿大夫家則祭土神於中霤。當時的人們，以祭社來「報本反始」[60]，也選擇以土葬，將來自土地之肉體回歸返回大地，同時也因考察到遺體埋入土中，遺骸將被大地保護及分解，如此能保護亡者，另外土地吸收了遺體的腐敗及所產生的汙穢，這樣的做法，值得肯定的是也考量與保護了生者的身、心健康。

先秦時代時，表面上雖承接原始宗教敬天地的自然崇拜思想，但實質上卻隨著人們智慧的提升，將原本視為宗教性人格神控制的外在環境現象，透過觀察與經驗的累積，轉為理性的法則，也因此得以「知來」[61]，並將累積的經驗作為進行決策時的參考依據。傳統社會的人們懂得將亡者遺體安葬於土中，以當時的環境，土葬確實是最能妥當保護亡者遺體不被蟲蟻侵犯，又能兼顧生者居住環境安全的做法，但是為了引導所有的人們包括聖人、君子、士大夫或一般庶民百姓都能接受並確實遵守相關規範，並在安葬時不至於受到個人的私欲而做了錯誤的選擇或妨礙大眾利

---

[59] 同註1，頁625-626。

[60] 同註1，頁626之《禮記·郊特牲》：「唯為社事，單出里。唯為社田，國人畢作。唯社，丘乘共粢盛，所以報本反始也。」

[61] 〔魏〕王弼等注、〔清〕阮元重刻（2001年）。《十三經注疏·周易正義》（世界書局縮印阮刻本影印），頁315-319。台北：古籍出版社。《周易·繫辭上》：「一陰一陽之謂道，繼之者善也，成之者性也。仁者見之謂之仁，知者見之謂之知。百姓日用而不知，故君子之道鮮矣。顯諸仁，藏諸用，鼓萬物而不與聖人同憂，盛德大業至矣哉。富有之謂大業，日新之謂盛德。生生之謂易，成象之謂乾，效法之為坤，極數知來之謂占，通變之謂事，陰陽不測之謂神。」

益。所以在先秦喪禮中仍保有筮宅兆和挑選出殯日期的卜葬日的儀式，雖然這在表象上，似乎延續承認原始社會的鬼神之吉凶之說[62]，但實質上卻是在引導人們達成與天地萬物和諧共存的思想。

根據三禮的記載，準備安葬前執行「筮宅兆」，雖依身分不同，如大夫以上者，選擇陰宅與安葬日時都用卜兆的方式，士選擇安葬處則用筮法，但值得關注的並非只是「筮短龜長」，而是背後的原由，如《儀禮·士喪禮》所云：「筮宅，冢人營之。[63]」「筮宅，冢人物土。[64]」從冢人的職責就可了解，先秦時代設有專責管理貴族公墓的官職，如《周禮》之記載：

> 冢人：掌公墓之地，辨其兆域而為之圖。先王之葬居中，以昭穆為左右。凡諸侯居左右以前，卿、大夫、士居後，各以其族。凡死於兵者，不入兆域。凡有功者居前。以爵等為丘封之度與其樹數。大喪既有日，請度甫竁，遂為之尸；及竁，以度為丘隧，共喪之窆器；及葬，言鸞車象人；及窆，執斧以涖；遂入，藏凶器。[65]

先秦時代的遺體安葬，乃根據生前的倫理制度衍生發展成死後的墓葬制度，除了將天子到士之階級的墓地位置，依據昭穆為序妥善規劃外，另外對於被安葬的亡者身分條件也加以檢核。譬如有生前違反道德而被處死者則不允許其遷入貴族的公墓內安葬，對社稷國家有所功勛者反而依制度給予特別的禮遇。當確定凡合乎資格者可以埋葬於公墓時，由冢人負責協助，按照亡者身分與條件為其挑選適當的墓地，除了昭穆之左右前

---

[62] 同註60，頁27《周易·乾·文言》：「夫『大人』者、與天地合其德，與日月合其明，與四時合其序，與鬼神合其吉凶，先天而天弗違，後天而奉天時。天且弗違，而況於人乎？況於鬼神乎？」

[63] 同註6，頁580。

[64] 同註6，頁620之《儀禮·既夕記》。

[65] 同註1，頁334。

後位置的考量外，也著重土壤厚薄、水泉淺深相宜者，並事先度量墓穴的方向長寬等等，雖是選擇墓地，其實還是為了慎重其事，因此望氣占吉凶[66]，透過抽籤肯定所選墓地的適當性，再三確認「兆基無有後艱？[67]」也就確認所選的墓地是穩定安全的，避免安葬後有崩壞或有土石流的情形發生，讓亡者遺體入土後能夠妥善藏納，這是照顧逝者，讓生者安心，更是維護人類整體居住環境的具體作為。同樣的，雖然是灼龜甲之「卜葬日」，也是站在亡者家人的謹慎與不捨的心情來確認「無有近悔？[68]」對於過世親人即將遠行，從此不復再相見，心情的不安可想而知，加上因為不想跟家人分開，所以心裡頭一定是盼望安葬日不要來到，但是受限於遺體存藏的條件，所以在《禮記‧王制》的停殯與安葬規範制度下[69]，藉由用火燒龜甲後觀看所呈現之兆相吉凶，以求得最終適合安葬的日子而生死兩安。

待墓地與安葬日選定，喪親家屬對於親人死亡的認知又多了一份真實感，對於即將來臨的告別日子，先秦時代的人們因認為人死後魂魄分離，所以一方面為亡者準備陪葬明器、葬具以及親友與君王之贈、遣等儀節，同時也就亡者神魂的安頓與轉換預做準備。

二、不以死傷生的葬祭制度

早在山頂洞人時，即已出現為亡者準備陪葬用品的情形，到了先秦時代，雖維持相關的做法，但本質意義上卻有了變化。如《禮記‧檀弓

---

[66] 徐福全（2013）。《中華喪禮之源：儀禮士喪禮既夕禮儀節研究》，頁335。台北：徐福全。

[67] 同註6，頁961。

[68] 同註6，頁583之《儀禮‧士喪禮》：「哀子某，來日某，卜葬其父某甫。考降，無有近悔？」

[69] 同註1，頁308之《禮記‧王制》：「天子七日而殯，七月而葬。諸侯五日而殯，五月而葬。大夫、士、庶人，三日而殯，三月而葬。」

上》的記載：

> 孔子曰：「之死而致死之，不仁而不可為也；之死而致生之，
> 不知而不可為也。是故，竹不成用，瓦不成味，木不成斫，琴
> 瑟張而不平，竽笙備而不和，有鐘磬而無簨虡，其曰明器，神
> 明之也。」[70]

　　過去，在夏朝因為認為人死後將成為神鬼，與活人是不一樣的，所以造神鬼專用的明器而陪葬；但是到了殷商時代，當時的人雖明白人鬼殊途。但為了表達對逝者的恭敬心，所以陪葬用祭器；周朝時，雖然明器與祭器都有使用，不過卻規範必須考量亡者的身分與經濟條件[71]。因為，為亡者準備陪葬品不全然只是仁愛之心的考量，還得思考經濟資源有限性的問題，因為若把活人實用之物都陪葬了，對於生者的生活將有影響，所以，孔子主張為亡者準備陪葬品，除了發揮仁愛之心外，更需要透過理智好好思考，亡者跟生者所在的世界並不相同，若一廂情願的以生者所用的器物作為陪葬反而會失去意義。因此先秦儒家喪禮主張陪葬品應當以表達心意為要，所以，竹編品不必收邊，瓦製品可以成形就好無需美化修飾等等，只要讓亡者能以其神之靈明感受到生者的仁愛之心即可。因為生、死有別。所以，孔子對於當時的人殉，甚至用類似生人的俑偶殉葬風氣都曾加以斥責，可見傳統喪禮中雖準備明器陪葬，其實是想讓生者有機會對亡者表達仁心之道德意涵而已，與原始宗教認為人死後在彼岸世界存在，生者必須討好亡者避免其禍害的意義已經不同。

　　同樣的秉持著仁愛道德之心，依循事死如生的精神為亡者準備安葬的相關事宜，乃因相信魂神的分離變化，對於肉體的回歸土地，只因不

---

[70] 同註1，頁195。

[71] 同註1，頁197之《禮記‧檀弓上》：「仲憲言於曾子曰：「夏后氏用明器，示民無知也；殷人用祭器，示民有知也；周人兼用之，示民疑也。」曾子曰：「其不然乎！其不然乎！夫明器，鬼器也；祭器，人器也；夫古之人，胡為而死其親乎？」

捨,所以藉以陪葬品與遣、奠及賵來慰藉亡者與抒發心意。當時的人們已經了解逝者將轉換為祖先,並在祖德流芳中得以永存。正如《禮記・檀弓上》所云:「喪三日而殯,凡附於身者,必誠必信,勿之有悔焉耳矣。三月而葬,凡附於棺者,必誠必信,勿之有悔焉耳矣。[72]」生者為亡者打理身後事,乃進行必誠必信的道德實踐,並希望在情感上與理智上找到平衡,注意不得以死傷生,所以說「無田祿者,不設祭器。……君子雖貧,不粥祭器。[73]」一切盡心量力而為,不得僭越而陷亡者於失禮之不義。所以,安葬之日,原本以士的階級只能以特牲的豕、魚、腊三鼎奠品,雖體恤亡者即將遠行安葬,特別升級加一等而準備大夫等級的少牢饋食禮之五鼎,但內容上特別注意跟正統的大夫少牢禮的差異,如用鮮獸取代膚,腊用兔而非用麋[74],並且到最後真正放入壙的,就只有羊、豕兩項正牲。所以,雖然是生者的一片心意,但也避免陷亡者於違禮[75]。另外,除了為讓亡者的家人得以藉由喪禮表達心意,故以讀遣的方向亡者報告家人遣送安葬的物品數量,再者也考量親友們的需求,所以有關賓客的餽贈,也將清單資料用讀賵的方式公開報告,讓親友與亡者間仍維持以禮相待,同時也是相互溝通表達以延續生前情誼。最後在啟殯的過程中,再讓親友們得以執引、執紼與助葬表達心意,周延考量亡者的立場,透過儀式,讓生者以實踐仁義道德來圓滿亡者的生命,使得生者與亡者的關係,不會因為彼此生命狀態的不同而改變仍然能延續下去。

---

[72] 同註1,頁153。

[73] 同註1,頁106-107之《禮記・曲禮下》。

[74] 同註6,頁599-600之《儀禮・既夕禮》:「厥明,陳鼎五於門外,如初。其實。羊左胖,髀不升,腸五、胃五,離肺。豕亦如之,豚解,無腸胃。魚、腊、鮮獸,皆如初。」

[75] 同註1,頁1004之《禮記・雜記下》88:「夫大饗,既饗,卷三牲之俎歸於賓館。父母而賓客之,所以為哀也!子不見大饗乎!」

三、成為祖先在道德境界永存

　　當亡者遺體從原本生活居住處被移出並進行安葬後，其肉體生命在此真的得告一段落了。但人們害怕死亡的原因有許多，其中擔心的是死後物質性的絕滅消失，這樣的觀點確實將加深人們的死亡恐懼。當人們認為死後如果是一無所有而終究歸零時，就會造成相對性的認為活著時無須努力，反正死後一切歸零，所以也可以隨意作惡。這種想法，將使得人們拋棄道德心，並在其有生之年，不懂得與他人相互尊重，死後相對的也將如煙飛灰滅，永遠在這個世界消失並被遺忘。所以，儒家思想，帶領人們追求現世道德生命的實踐，待死亡來臨，透過精神不滅的觀點，讓人們得以在道德領域中永存，然而為實踐這樣的生死觀，必須在人死後轉換為祖先而被永久奉侍的基礎下才能體現。

　　當亡者靈柩下窆後，子孫即將離開墓地返家時，因不捨而腳步沉重與緩慢，如同鄭玄所言：「孝子往如慕，返如疑，為親之在彼。[76]」雖明白人死後的魂魄即將分離，但是對於亡者的親屬來說，要將親人靈柩留在遠離家門外的荒郊兆域，心裡頭還是不忍，孝子因此頻頻回頭望向親人安葬處，即使知道人死不能復生，但也只好憑藉著人死後魂魄分離的說法，念茲在茲的盼望亡者神靈能跟上親人的腳步，順利返回家中接受供奉。一旦回到家中，為了安頓亡者魂神，當日隨即舉行三虞之始虞祭[77]。所謂的「虞，安也」[78]，乃是基於同理心，為亡者設想：面對生命的變化，當肉體不再堪用，必須以魂神的形態而存在，需要時間來調適。所以，在先秦時代葬後的儀節中，安排始虞、再虞與三虞祭，確保亡者神靈能返回家中，也透過這種做法，讓家屬藉由緩衝的時間，接受在家中無

---

[76] 同註6，頁625《儀禮・既夕記》：「卒窆而歸，不驅。」

[77] 同註1，頁236之《禮記・檀弓下》：「葬日虞，弗忍一日離也。是日也，以虞易奠。」

[78] 同註6，頁608。

復再見親人遺體的情形，進而轉為關切亡者神魂能否返回家中的虞祭儀式，再經歷家人被允許在殯宮想哭就哭盡情疏發哀傷的設計，到三虞後的卒哭，引導孝子們必須忍耐調適到只能在早晚時哭泣。所以，表面上看來安頓的是亡者神魂，但實際上卻是循序漸進的引導家屬走出悲傷，後續再透過「班祔」儀式，讓亡者朝往祖先之行列再往前邁一大步，如此，對於生者與亡者來說，這種透過具相的神主設立與儀式更替，能夠加強人們對於死後生命存在的信念，進而也能讓生者得到安心與撫慰。

雖然在先秦時代，安葬的時間、虞祭的次數以及安排卒哭的時間都會依據官階身分而有不同，譬如士三虞、大夫五虞，而諸侯七虞[79]。此乃考量治喪家庭的經濟與人力規模所定，但其實只要舉行一次虞祭應當就足夠了。但在當時，連士的階級都得辦三次，可見非常注重亡者精魂之安頓。因為舉行虞祭的目的，在於協助亡者身分與存在形態的改變，同時也體諒生者對於遺體不復見的狀況衝擊。所以，周朝在舉行虞祭時，會先把在殯與殯階段時代表魂神憑藉的「重」撤下再埋到門外，改以虞主取而代之，之後又更換為練主[80]，最後祔入祖廟，藉以呈現生命的轉換不絕。另外為了讓生者能夠有所體會而得到心安，因此從虞祭起，「虞而立尸，有几筵。卒哭而諱，生事畢而鬼事始已。[81]」在當時，不但設有專為擺放靈座的草蓆，還安置桌子行「祭」，以取代安葬前奉事死者脯醢於地之「奠」，並為了讓祭祀者能有祭神如神在的感受，所以在先秦時代還維持了以活人來代表亡者神魂之「尸」來接受祭祀，讓生者逐漸體會生死相異，而接受後續改以奉逝鬼神的方式來對待亡者。

亡者祔祭後，考量生者走過悲傷的時間需求，所以，在亡者過世滿一年後會舉行小祥祭，再隔一年辦理大祥祭，後續再隔一個月後舉行禫

---

[79] 同註1，頁1018見《禮記‧雜記下》：「士三月而葬，是月也卒哭；大夫三月而葬，五月而卒哭；諸侯五月而葬，七月而卒哭。士三虞，大夫五，諸侯七。」

[80] 同註1，頁238《禮記‧檀弓下》：「殷練而祔，周卒哭而祔。」

[81] 同註1，頁262《禮記‧檀弓下》。

祭，而所謂的，是謂「澹澹然平安意也。[82]」也就是透過一定時間後的外在禮儀制度，讓生者如《禮記‧喪大記》所描述之：「祥而外無哭者，禮而內無哭者。[83]」從哭踴有節的規範中，自覺已盡心報恩並表達心意[84]，所以配合小祥、大祥到禫祭趨的轉換做法，同時再搭配子孫去除孝服，開始恢復彈奏樂器之規範，讓親人們逐漸適應與邁向去凶迎吉的狀態[85]。

傳統喪禮所謂的為亡者守喪三年，實際上是經歷二十七個月，之後讓生者恢復到日常生活，亡者則仍依續以祖先的形態繼續存在。禫祭後，隨著四季的變化及農作物的成長、收獲，子孫們觸景生情，總是有所感，對於過世的親人，在子孫們回歸到日常生活，農稼有點收成時，總是不敢自享，總是誠心奉獻先祖，如《禮記‧祭義》所云：

> 是故君子合諸天道：春禘秋嘗。霜露既降，君子履之，必有淒愴之心，非其寒之謂也。春，雨露既濡，君子履之，必有怵惕之心，如將見之。樂以迎來，哀以送往，故禘有樂而嘗無樂。[86]

傳統社會依循天道三個月為一季，一年四季，春、夏、秋、冬分別舉行禴祠烝嘗的孝享，雖然過去只有天子、諸侯等貴族才有能力在宗廟行四時祭祀，但對於一般的儒者或許沒能力建宗廟的老百姓，則在平日所居住的寢中，盡心辦理春禘秋嘗的二祭。從人死後晉升為祖先，因此而建構的祖先祭祀模式，呼應了靈魂不滅的觀點，也延續原始宗教鬼神禍福生者

---

[82] 見註1，頁656，《儀禮‧士虞禮》，鄭玄注。

[83] 同註1，頁1075。

[84] 同註1，頁1340之《禮記‧喪服四制》：「其恩厚者，其服重；故為父斬衰三年，以恩制者也。」

[85] 同註1，頁1340-1341之《禮記‧喪服四制》：「三日而食，三月而沐，期而練，毀不滅性，不以死傷生也。喪不過三年，苴衰不補，墳墓不培；祥之日，鼓素琴，告民有終也；以節制者也。」

[86] 同註1，頁1106。

的思維[87]，但在滲入政治與權利的意涵後，因此限定祭祀者身分必須是天子或嫡長子來進行祭祀。不過到了先秦時代，透過孔、孟、荀等儒者的思想引導，讓原本奉祀祖先的作為，開始有了意義上的變化，如《禮記‧郊特牲》所云：「萬物本乎天，人本乎祖，此所以配上帝也。郊之祭也，大報本反始也。[88]」認為人存在於天地之中，雖與其他的萬物一樣，源於天與地，但人能充分發揮物質與精神兩大面向，可以從動物的本能需求中向上提升，懂得透過自覺而擔負起責任，了解人與他人是相互依存於天地中的狀態，也懂得追本溯源，明白應有的作為，包含進行祭祀天地或先祖，都是來自人們德性的發揮與實踐。因此，儒家所建構的祭祖儀式，彰顯的是道德，也讓世人知道，雖然神主牌位上寫滿列祖列宗之名，但是只有功勳卓著，對於大我有所貢獻，值得後代子孫學習者，其精神生命才會被記得。也因此，唯有能在有生之年盡心實踐道德者，才能在死後得永存而獲祭祀。

伍、結論

　　傳統喪禮的儀節內容，包含臨終、初終、殮、殯、葬與後續祭祀內容，但實質上，卻可推溯到亡者生前所累積形塑的道德成果，當死亡發生時，一切已成定局，雖然在過去的傳統社會，大部分的人們在死後能夠躋身於祖先行列得到供奉，但是其精神生命是否有後人願意傳承，則跟亡者生前的作為有關。因此，探討以先秦儒家思想為核心的傳統喪禮，在行禮如儀中，卻能察覺其禮義的真正內涵，有別於以其他宗教生死觀為核心的喪禮儀式，非將死後生命寄託於彼岸世界，而是揭示：生命的意義與價值

---

[87] 同註1，頁270云「大宗伯之職：掌建邦之天神、人鬼、地示之禮，以佐王建保邦國。」

[88] 同註6，頁633-634。

在於有生之年時，善盡把握所經歷的每一種角色，盡心盡力的秉持仁、義、禮、智精神，實踐恩、理、節、權的生活內涵，自然在其生命畫下句點時，周遭親友受其一生道德感召，當能盡心照護安頓亡者遺體、協助其以正而終，並願意代代追懷與繼承其精神生命，進而使得亡者超克肉體生命的有限而永存。

以先秦儒家思想為核心的傳統喪禮儀式以道德生命的實踐與延續為核心，只要亡者生前能盡心於仁義禮智，人道自然圓滿具足❽。相對的，亡者周遭的親友在參與治喪的過程中，其實也在盡心實踐仁義禮智，為個人的道德生命境界進行累積與突破，也就是說，喪禮不僅是為了亡者所舉行，也是為了生者而辦理。但是，傳統喪禮中，雖然以亡者與生者的道德實踐為目的，但也非一昧的用「死者為大」來挾持子孫散盡家財為亡者治喪，也非假「孝道」之名而以階級威權強制所有子孫等同悲傷，而是務實的考量到情、理、法的不同面向。

譬如在人之常情的層面，考量親疏不同的依附關係所設計的喪期與喪服制度，提供合情、合理的充分時間讓親人完成悲傷任務；或者在出殯前將靈柩移至宗廟朝祖，這是同理亡者即將離開家門的遊子心情，所以舉行讓亡者與祖先辭別的儀式。在理的面向，對於遺體的沐浴時的設備與廢棄物處理、土葬的選擇等，則深含不以死傷生的衛生觀念，以及基於天、地、人和諧共存的理念；至於看似是鬼神之說的筮宅，背後的目的卻是在選擇一個合乎昭穆倫理與地質穩定、無有土石流危險的安全墓地。然而在傳統喪禮儀式中，有許多看似是繁文縟節的規定，譬如在傳統喪禮中按照階級制度不同而有的棺槨制度、停殯時間與虞祭次數等，的確無法直接適應於現代的社會，但是在過去的封建環境中，非貴族身分者確實無法機會取得充裕的財力及人力來應付，這正是當時為何制定法規而不允許人們僭越的原因。

三禮相關文獻中有關傳統喪禮的記載繁瑣與複雜，但是將其撥絲抽

---

❽ 同註1，頁1339《禮記‧喪服四制》：「仁義禮智，人道具矣。」

繭解析後,並深入當時的時代背景重新詮釋解讀後,發現儀式設計的周延與人性考量,與其說這是一套人生畢業典禮的劇本,其實可歸類為參與體證性的生命教育活動,除了帶領人們透過死亡儀式來反省生命意義與價值,也透過同理尊重、父慈子孝的原則照護臨終者與亡者,另外從祖先的奉侍祭祀,則彰顯人們唯有在有生之年盡心落實道德實踐,未來其精神生命才能祖德流芳被紀念而永存。

因此,先秦儒家喪禮有別於其他的成年禮、婚禮之生命過關儀式,其深具道德實踐與超克死亡的重要內涵,關係著人類的發展與個人生命的安頓。不過在事過境遷後的現代社會,雖然人們仍面臨同樣的生命有限課題,限於傳統喪禮的繁瑣內容,已非現代人可以全盤承載。所以,即使明白儀式能夠滿足安身立命之效,但有現實客觀因素卻無法執行,但是從本文有關夏、殷、周三代更迭中喪禮的轉換案例,也為現代喪禮的正變指引出了可行的方向,未來有志者,也能接續就當代的挑戰與回應再做討論。

參考文獻

〔宋〕衛湜。《禮記集說》。台北：漢京出版社（不著年月《通志堂經解本》）。

〔清〕王先謙（1973）。《荀子集解》。台北：藝文印書館。

〔清〕孫希旦、王星賢點校（1990）。《禮記集解》。台北：文史哲出版社。

〔清〕張爾岐（1976）。《儀禮鄭注句讀》。台北：學海書局。

〔漢〕許慎撰、〔清〕段玉裁注（1998）。《新添古音說文解字注》。台北：洪葉文化。

〔漢〕鄭玄注、〔唐〕賈公彥疏（1985）。《十三經注疏・周禮注疏》。台北：藝文印書館。

〔漢〕鄭玄注、〔唐〕賈公彥疏（1985）。《十三經注疏・儀禮注疏》。台北：藝文印書館。

〔漢〕鄭玄注、〔唐〕賈公彥疏（1985）。《十三經注疏・禮記正義》。台北：藝文印書館。

〔魏〕王弼等注、〔清〕阮元重刻（2001）。《十三經注疏・周易正義》（世界書局縮印阮刻本影印）。台北：古籍出版社。

王熙元導讀、王逸原著（1997）。《楚辭》。台北：金楓出版社。

徐福全（2013）。《中華喪禮之源：儀禮士喪禮既夕禮儀節研究》。台北：徐福全。

楊伯峻譯註（2006）。《孟子譯注》。北京：中華書局出版。

省思綠色殯葬政策背後的依據

邱達能

仁德醫護管理專科學校
生命關懷事業科專任助理教授

摘　要

　　本文目的在於探討綠色殯葬背後的依據。對我們而言，過去政府在推動此一政策時許多事情並未清楚的交代，綠色殯葬政策的依據即是其中一個明顯的例子。問題是，越沒交代清楚就越容易產生爭論，也越不容易產生效果。因此，為了確實了解綠色殯葬背後的依據，本文以「省思綠色殯葬政策背後的依據」作為探討的題目。

　　首先，本文探討綠色殯葬的依據，了解此一依據不全然是來自環保潮流的影響，也存在著我們自己過去文化傳統對環境保護的風水想法。其次，對此一政策依據進行反省。經過反省的結果，本文發現這些依據不但在經驗上可以找到支持的證據，而且也存在著邏輯上的證據，只是這些證據都不是那麼地充分完備。那麼，要如何做才能夠充分完備？對此，本文除了提出儒家與道家對於自然的理解作為補充外，另提出意義的賦予作為節葬與潔葬的補充。

關鍵詞：綠色殯葬、民俗風水、環境風水、大地自然有機觀

壹、前言

　　就理論而言，每一個政策的訂定必然當有其一定的未來性。如果不具有其未來性，則此政策通常不會被訂定出來。現在既然它已被訂定出來，當即表示它應該要有其未來性。可是，事實究竟如何？是否一定如此？其實，我們也未必清楚。如果真要找到真實的答案，似乎只有等到未來屆臨時才能知道。換言之，經驗上的驗證才是獲得答案的最後標準。問題是，等到未來屆臨之時是否可能為時已晚？因為，如果最終的答案是肯定的，則不會有任何問題。但，萬一答案是否定的，則此後果當要如何收拾？實言之，此問題著實令人苦惱。因此，為了避免此類的困擾，在政策

推出之前，尤其必要先做可行性的評估。但是，並非所有的政策皆能進行這樣的評估。例如對於不太了解的新的趨勢，我們即難以進行這樣的評估。如果要進行評估，則需等待相關知識較為成熟明朗的時機，此時的評估方能較為準確。然而，一旦如此，則此評估即難以稱之為可行性評估，只能視之為政策的檢討。話雖如此，有做總比未做好。畢竟錯誤的政策往往比貪汙更為可怕。因為，它不只影響現在，更影響到未來。所以，我們有進一步檢討和導正的必要。

根據這樣的認知，我們因此對綠色殯葬政策提出相關的反省。那麼，在反省之前，我們需要先交代為什麼要以綠色殯葬政策作為反省的對象？難道在政策提出之前，政府主管機關未曾做過該項作為的可行性評估研究？從過去政府所進行的各項研究案來看，政府主管機關似乎並未做過類似的研究。既然如此，那麼何以政府主管機關仍要提出這樣的政策？其中，理由何在？就我們所知，主要是來自學者的建議。在此之前，曾有學者做過綠色殯葬的相關研究，也曾經出版過類似的書籍❶。或許是基於這樣的研究成果，政府主管機關乃認為這樣的政策提出並無問題。否則，在沒有任何依據的情況下，貿然提出新的政策，極有可能遭受到社會的質疑。

如此說來，此一政策的提出有其學術研究的依據。不過，有學術研究的依據是一回事，這樣的依據到底充不充分則又是另外一回事。如果這樣的依據確實充分，則所提出的政策必然較無問題。但是，如果這個依據不夠充分，那麼所提出的政策必然會存在些問題。因此，依據的充分與否，對政策的好壞具有決定性的影響。那麼，究竟此一政策的依據到底充不充分？對於這個問題，需要我們進一步反省。在還沒有反省之前，無論我們下什麼樣的判斷皆有過於草率之虞。

那麼，此一政策的依據到底充不充分？在此，我們需要先了解什麼

---

❶黃有志、鄧文龍合著（2002）。《環保自然葬概論》，自序頁2。高雄：黃有志。

叫做充不充分？如果我們根本無法掌握充不充分的判斷標準，那麼這樣的判斷必然會遭受質疑。因為，沒有標準的判斷僅是一種任意的判斷。無論這樣判斷的結果是充分或不充分，都無法令人信服。因此，為了讓人信服，我們需要提出一個合理的判斷標準。那麼，這個判斷標準為何？一般而言，這個判斷標準可以是經驗的標準，也可以是邏輯的標準。

如果是以經驗的標準來檢視，那麼我們第一個要問的問題是，此一政策的提出有無過去的經驗作為依據？如果有，當即表示此一政策的提出並非妄意提出，而是有其所本。如果沒有，則表示這樣政策的提出是無中生有，並無任何經驗的依據。除了此問題之外，我們第二個要提出的問題是，這個被依據的經驗其結果是成功的抑或是失敗的經驗？如果是個成功的經驗，則此依據毫無問題。若否，則此依據必然存在著某些問題。

如果採取的是以邏輯的標準來檢視，那麼我們第一個要問的問題是，此一政策的提出到底合理不合理？如果是合理的，那麼此一政策的提出即不至於有任何的問題。如果是不合理的，那麼此一政策的提出必然會有其問題。除了此問題之外，我們繼續要問的是，此一政策所提出的理由完不完備？如果完備，那麼這樣的理由必然也是毫無問題。如果不完備，那麼這樣的理由也就會有其問題。

在了解判斷的標準之後，我們可以進一步反省此一政策的依據。不過，在反省之前，我們必須先弄清楚此一政策的依據為何？如果在尚未弄清楚此一政策的依據是什麼之前即任意下判斷，那麼這樣的判斷即不可能是個相應的判斷。因此，為了做一個合適的判斷，我們需要先弄清楚此一政策的依據是什麼？經此之後，縱使發現有任何需要建議改進之處，我們也才能提出合適的建言。否則，在不相應的情況下，一切皆只是空談而已。

貳、綠色殯葬政策的依據

那麼，此一政策的依據究竟為何？若僅從表面的現象來看，環保潮流的趨勢與需求應該即是想當然耳的答案。之所以會出現這樣的答案，並非我們想要有這樣的答案，而是受到西方的綠色殯葬和環保潮流連結在一起的影響所致。在西方，若非受到環保潮流的影響，那麼綠色殯葬也不至於被提出。因此，在這種情況下，我們認為環保潮流被視之為此一政策提出的依據也自當是理所當然。不過，這樣的作為畢竟只是一種推測而已，仍需要相關的證據作為佐證。那麼，這樣的佐證資料要如何取得？一般而言，我們可以在政府制定的法條當中查詢。因為，政府的政策通常皆會落實於所頒布的法條當中。因此，我們嘗試從《殯葬管理條例》著手。根據《殯葬管理條例》第一章總則第1條的內容，「為促進殯葬設施符合環保並永續經營……特制定本條例」[2]，表示此一政策的提出果然與環保的潮流有關。

然而，環保潮流雖然是世界發展的潮流，但不可否認的它仍然是來自於西方的潮流。因此，在了解上我們是否需要根據西方的標準來理解？如果是，那麼這樣的了解理當毫無問題。如果不是，那麼這樣的了解與我們的國情有無可能不相應？若在不相應的情況下，這樣的了解會不會只是一種誤解或錯解？若真是如此，毫無疑問的，當我們在進行反省時這樣的反省必然有所偏差，難以出現相應客觀的反省。所以，為了反省的相應客觀性，我們需要從西方的角度來了解環保潮流的意義。

那麼，西方人究竟是如何了解環保潮流的意義？對他們而言，環保潮流的出現有其特定的背景。若非是此背景所致，西方也未必會出現此環保的潮流。那麼，這個背景為何？一般而言，這個背景即是發生於十七世

---

[2] 內政部編印（2004）。《殯葬管理法令彙編》，頁1。台北：內政部。

紀的工業革命這個背景❸。在此背景作用下，人們認為自己有能力可以征服自然。因此，即不斷地開發自然，也完全無視於這樣的開發是否會對自然造成任何的影響，甚至產生破壞的後果。直到有一天，這樣的開發造成自然的反撲，人們開始覺察到這樣的破壞會影響自己生存的環境。於此之時，人們開始思考要不要繼續這樣的開發，是否改弦易轍，讓環境有休生養息的機會？就是這種思考的轉向，讓環保潮流成為當代世界的主要潮流。

一開始，這個潮流的出現只是針對與工業革命有關的部分。其後，人們察覺徒有這樣的針對仍猶不足。因為，不管人們生活在任何領域，其生活或多或少都與工業革命脫不了關係。因此，人們所針對的範圍不斷擴大，以至於最後擴及到人類的一切。在此種趨勢發展下，殯葬業也難逃配合的命運。畢竟，殯葬業也是世界村的一員。因此，在世界同一家的理念下，殯葬業也跟著提出綠色殯葬的作為以為回應。於是乎，在不知不覺當中殯葬業也步上了世界的潮流。

對政府而言，它不可能對這樣的潮流完全無感。可是，要如何反應才不會有問題的確是需要進一步的思考。此時，政府發現困擾已久的土地利用問題或許有機會藉此潮流一併解決。於是，政府乃根據這樣的潮流提出綠色殯葬的政策，構思藉由這樣的作為一方面解決困擾已久的土地利用問題，一方面又可配合世界潮流提出一個符合時代要求的政策。

為了更清楚上述的回應做法，我們需要回到我們自己的殯葬背景。對政府而言，過去的殯葬一直有個揮之不去的困擾問題，也就是土地利用的問題。早在1983年《墳墓設置管理條例》實施前盛行土葬的年代，土葬的作為不但浪費土地，往往還破壞環境的景觀，使得好的環境不能為活人好好利用。到了後來火化塔葬的年代，土地利用雖然獲得某種程度的改善，但是這個問題仍然困擾著政府。因為，納骨塔的設置雖然有助於問題的改善，但這個設施仍然需要用到土地，也對環境產生了負面的影響。所

---

❸ 王曾才（2015）。《世界通史》，頁447。台北：三民書局。

以，要如何解決這個問題一直讓政府傷透腦筋。

　　現在，在環保潮流的要求下，保護環境成為普世的價值❹。因此，政府乃積極的利用這個潮流機會致力於解決上述的困擾。從學術研究的角度而言，政府所面臨問題的關鍵在於地理風水的觀念。如果這種根深蒂固的地理風水觀念不能突破，那麼土地利用與環境破壞的問題即永遠不可能解決❺。所以，只要成功改變這種地理風水的觀念，那麼上述的困擾自可迎刃而解。依此，我們先行探討這種地理風水的觀念。那麼，究竟這種地理風水是一種怎麼樣的觀念？根據學者的研究，這種地理風水的觀念也就是民俗風水的觀念。在一般人的認知當中，這種風水觀念會告訴他們如何透過葬地的選擇來趨吉避凶？只要葬地選擇對了，選到好的風水，那麼他一生的富貴即有所保障甚且庇蔭後代。如果葬地選擇錯誤，選到不吉的凶地，那麼此人的一生富貴即會出現問題，尤甚者將殃及子孫❻。

　　事實上，人的一生是否富貴因素極為複雜，怎麼可能只由葬地風水的好壞即決定其一生的富貴呢？於是，過去有人即提出了許多的證據來批判，指責這樣的說法是不成立的❼。到了現代，更有人從科學的觀點加以辯駁，認為這樣的風水觀點只是一種沒有科學根據的迷信，完全不值得信賴❽。就此言之，上述的風水觀念是否只是一種純粹的迷信，完全沒有科學的根據？所以，只是一種無稽之談罷了。對此，有人反對這種全盤否定的態度，認為過去的風水觀念還是有它的價值。現在之所以有問題，是因為後人誤解風水觀念的結果所致，並非風水觀念本來就有問題。經過這樣的釐清，風水觀念回到最初的意義，毫無問題當即是一種尋求理想生存環境的方法。如此一來，風水不再追求富貴，自然也就不會破壞環境，而可

---

❹ 邱達能（2017）。《綠色殯葬》，頁46-48。新北：揚智文化。

❺ 同註1，頁38-40。

❻ 同註1，頁93。

❼ 同註1，頁73-74。

❽ 同註1，頁83。

以成為保護環境的新方法[9]。

那麼，這種新的風水觀念應該如何了解才合適？是否可以從西方的角度加以了解？對於這個問題，相關的研究並沒有說明。不過，就我們所知，這樣的了解是需要詳加分辨的。因為，西方的環保觀念有西方的了解，而我們的風水觀念則有我們東方的了解。因此，如果要給予相應的了解，那麼就必須進一步深入環保觀念的背後，看新的風水觀念和西方的環保觀念有何差異？

就西方的環保觀念而言，它是立基於工業革命對環境的破壞，認為只要不再繼續破壞環境，那麼環境自然會逐漸恢復到適合人居的狀態。所以，它是立足於現象的層面，認為只要改變作為即可。可是，這樣的反省是否足夠呢？如果只是作為的問題，那麼這種針對作為的反省當然就沒有問題。但是，如果不只是作為的問題，而是心態和基本觀念的問題，那麼這樣的反省必然有所不足。到時，不但沒有辦法解決問題，反而會衍生出更多的問題。

對我們而言，這樣的結局確實有其出現的可能。因為，西方的環保是立基於科學的背景。對科學而言，環境只是一個被研究與利用的對象。因此，既然只是被研究與利用的對象，那麼當然要聽命於人類，由人類來決定它們的命運。對於這種對待的態度，過去認為是一種征服的態度[10]。當人類征服順利的時候，人類必然毫無忌憚的大舉開發自然。一旦人類的征服出現困頓不順利之時，人類即會暫時退卻下來，等待下一次的機會。所以，為了徹底化解這種對立的狀態，讓人類與自然有另外一種相處的模式，我們需要提出新的環保觀點，也就是所謂的「大地有機自然觀」[11]。

---

[9] 同註1，頁111。

[10] 同註1，頁114。

[11] 同註1，頁118、115、123-124。

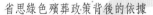
　　那麼，何謂「大地有機自然觀」？何以這樣的自然觀即不至於和自然會有所衝突，甚且得以進一步和自然合為一體？這是因為這種自然觀不以征服自然作為目標，也不把自然視為是一種純粹的物質體。相反地，它認為自然是具有靈性的存在，是人類生命的根源。既然它是人類生命的根源，此正表示人類乃自然所生，屬於自然的一部分，並非什麼特殊的存在。既然在存在不特別的情況下，人即必須平等對待自然，不能再把自然視為自己可以任意征服的對象。如此一來，人與自然即可以和諧共存，不再是衝突對立的狀態。這個觀點其實正是中國古代宇宙觀的體現，認為「人是自然組成的部分，自然界與人是平等的，而且認為天地運動往來直接與人有關，即人與自然是密不可分的有機整體」⓬。

　　如果人與自然的關係確是如此，那麼這樣的關係即不能是人類中心論的觀點。因為人類中心論的觀點會讓自然不再是自然，而成為人類可以任意改造的場所。同樣地，這樣的關係也不能是自然至上論的觀點。因為，自然至上論的觀點會讓自然成為一切，人類在此無所作為，只是自然的附屬存在。唯一能夠適切表達這種關係的觀點當屬調和論的觀點。因為，只有這種觀點才能平等對待所有的自然存在，認為各有各的存在價值，需要相互尊重，和諧共存⓭。

　　可是，要如何作為才能達成這個目標？首先，必然要深入體會人與自然的一體性，確實尊重自然，不再對自然抱持征服的態度，破壞自然；其次，再從這樣的體會中尋找自然的規律，從自然的律動中歸結出自然的法則；最後再依據這樣的法則發展人類與自然，讓自然可以在人類的發展中獲得更進一步的成全。只要我們採取這樣的發展模式，那麼在這樣的發展中自然就不會受到破壞，而且還可以獲得進一步的完成⓮。

⓬ 同註1，頁113。

⓭ 同註1，頁117。

⓮ 同註1，頁115-117。

那麼，這樣發展的具體做法又當是如何呢？在此，毫無疑問的節葬與潔葬必然是最為具體的做法[15]。所謂的節葬，就字面的意思而言，即是節省之意。那麼，在殯葬上的節省所指為何？簡言之，即是避免或減少資源的浪費[16]。例如埋葬用地越少越好；殯葬用品最好能夠循環使用；陪葬品越少越好等要求。至於所謂的潔葬，從其字面意思而言，即是乾淨之意。那麼，在殯葬上的乾淨所指的又是何義？簡言之，即是衛生整潔。例如不要焚燒紙錢造成空氣汙染；遺體處理不要汙染環境；墓園設計不要破壞景觀等要義。

參、對上述政策依據的反省

在了解綠色殯葬政策的依據之後，我們根據上述的經驗與邏輯的標準加以反省，檢視此一政策的依據是否充分？首先，我們從經驗的角度來探討。關於上述政策的提出，究竟是出自政府的突發奇想，抑或是另有其他地區的經驗以供參考？就我們所知，此一政策的提出並非突發奇想的結果，而是真有其所本。換言之，在我們推動綠色殯葬之前，其他地區已有先行推動的具體作為。在此，我們可以看到的先例，除了中國大陸以外，尚包括歐、美、日、韓、紐、澳等已開發國家在內。由此可見，政府此一政策的提出絕非任意提出，而是經過許多地區多次的考察後的慎重決定。

不過，僅僅只提出其他地區的經驗值作為參酌的依據顯然仍猶不足。因為，只有其他地區的經驗並不表示該項經驗必然成功可取。如果這樣的經驗並非是真正成功的案例，那麼縱使出現的再多，這樣的不成功也必然讓政府無法信心十足的大力推動。因此，我們需要找到一些成功的經

---

[15] 同註1，頁50、51、56、173、179、195。

[16] 同註1，頁131。

驗。遺憾的是，我們想歸想，實際上卻很難如願。其中最關鍵的因素當在於綠色殯葬的推動期程並不長久。在時間不夠久的情況下，我們很難看出這樣的經驗是否成功？既是如此，顯然我們不能逕行對這樣的政策提出是否基於理由充分與否的判準。然而，縱使情況若此，許多地區的推動猶仍會讓我們覺察到這樣的殯葬政策應該是時勢所趨。就此而言我們唯一欠缺的，當是需要讓時間證明這樣的政策推動確實是正確的。

進一步言之，若經驗上尚未有辦法找到成功的經驗來佐證這樣的依據是充分的狀況下，我們是否可以另從邏輯上試著檢視這樣的依據是否充分？在此，我們先行檢視這樣的依據到底合不合理？如果合理，那麼這樣的依據必然毫無問題。如果並不合理，顯然這樣的依據必然存在著一些問題。那麼，究竟這樣的依據到底合不合理呢？根據上述的討論，我們發現這樣的依據源自於「大地有機自然觀」。那麼，就此觀點而言，有無矛盾之處？就我們所知，這樣的觀點應該沒有矛盾。因為，這樣的觀點認為人與自然的關係不應該是對立的，而應該是一體的。就我們的經驗而言，我們確實是生存在自然當中。縱使我們蓄意要脫離於自然之外，恐怕亦無此可能。過去，我們之所以能夠做得似乎存在於自然之外，究其實終是一種理性運作的結果而已，並非我們真得以抽離在自然之外。因此，人在自然之中，與自然一體，這樣的觀點並無任何矛盾之處。

此外，人要平等對待自然的一切。關於此點，亦同樣無矛盾之處。雖然過去曾有人為萬物之靈的說法，彷彿人在萬物之上。因此，在對待萬物上，人似乎是萬物的管理者。所以主張，人與萬物的地位不應當是平等齊一的。然而，就萬物之靈的角度而言，萬物之靈可以有兩種不同的理解。如果我們單從存在價值更高的角度來理解，當然這樣的人與萬物必然是無法平等，更不可能有相互尊重的可能存在。但若我們另從自覺的角度來理解，此即表示人與萬物相較更多的只是一種自覺的靈性，並非存在價值上的不同。經由這樣理解的結果，毫無疑問的，人自然可以平等的對待萬物，也可以尊重萬物。如此一來，人平等對待自然的一切說法即不至於

出現矛盾之處。

　　就上述論述而言，顯然「大地有機自然觀」的觀點極為合理。若就表面觀之，確實如此。因為，根據上述的反省，這樣觀點的內容的確毫無問題。不過，若只有這樣的反省似乎仍猶不足。因為，究竟大地有機自然觀中的有機到底何指？事實上，它並未有清楚的界定。之所以如此，是因為西方也有其有機的說法[17]。只是此有機是否只是一種生命的現象，表示彼此之間並非機械式的關係，而是相互作用所構成的整體關係？抑或是在這些現象背後尚有一個實體，作為支撐這些現象的存在？對此，有待我們做進一步的澄清。

　　那麼，大地有機自然觀中的有機究竟何指？就我們所知，它指的是一種靈性的存在[18]。如果它是屬於一個靈性的存在，此即表示這樣的有機絕不是一種物質的存在。因為，如果它只是物質的存在，那麼這樣的存在即不可能是有機的，而只能是機械的。現在，它既然是有機的，自然表示這樣的存在必然是超越物質的。然而，所謂的超越物質指的又是什麼呢？就我們所知，這樣的存在即是一種天人相類的存在，表示這樣的存在是一種生命的存在[19]。果真如此，那麼在生命性的理解下，這樣的有機必然是合理的，不存在著任何的矛盾。

　　在反省過觀點部分的合理性之後，我們進一步反省具體做法的合理性。那麼，節葬與潔葬的做法究竟有無矛盾之處呢？就表面觀之，此兩種做法並無矛盾之處。因為，不要浪費資源的做法確實符合環保的要求。如果我們浪費資源，那麼在浪費當中即會對環境產生某種程度的破壞，自然不符環保精神。可是，如果我們能善用資源沒有任何的浪費，那麼在此沒有浪費的過程當中，自然即能符合環保的要求。同樣地，在潔葬方面亦是

---

[17] 布魯格編著、項退結編譯（1976）。《西洋哲學辭典》，頁239-240、303-304。台北：國立編譯館。

[18] 同註1，頁124。

[19] 同註1，頁124。

如此。如果我們確實顧慮與關注環境的衛生整潔，那麼對整體殯葬環境而言，必然會減少甚至不會帶來任何的汙染，如此自然也就符合環保的要求。相反的，如果我們無視於殯葬處理對於衛生整潔的要求，那麼必然會對環境帶來汙染，自然也就無法符合環保的要求。所以，就此兩種做法來看，它們都是合理而沒有矛盾的。

不過，除了理由合不合理的反省外，我們仍需進一步的對理由完不完備的課題進行反省。以下，我們仍分就觀點與做法兩部分進行反省。就觀點的部分而言，大地自然有機觀是否足以支撐綠色殯葬的政策，是需要進一步的反省。表面看來，這樣的支撐似乎不見問題。因為，大地自然有機觀強調的是人與自然的一體。在一體的情況下，人絕不是外在於自然的存在。因此，當人意圖有所作為之時，自然會將自己視之為自然的一部分，絕不會妄意去破壞自然。基於這樣的思考，大地自然有機觀似乎足以支撐綠色殯葬的政策。

問題是，在中國哲學當中，自然有機觀有兩種不同的思想脈絡：一種是儒家的觀點；另一種則是道家的觀點。基本上，前者是以道德作為價值取向[20]，後者則是屬於境界的取向[21]。此兩種觀點取向不同，其做法亦有所不同。例如前者強調參天地、贊化育的重要性；後者則強調順應自然的重要性。那麼，到底哪一種取向是政府要的取向？在此，有必要進一步的釐清。否則，在不清楚的情況下，必然將影響後續的做法。

其次，就做法的部分而言，節葬與潔葬是否足以支撐綠色殯葬的政策？表面看來，似乎也毫無問題。因為，節葬與潔葬的目的本即是避免破壞環境。可是，只有避免破壞環境是否即足以支撐綠色殯葬？果是如此，那麼採取改善現有的土葬與火化進塔的做法是否也可以達成這個目標[22]？如果可以，那麼綠色殯葬顯然不見得是符合環保要求的唯一選擇。由此可

---

[20] 牟宗三（1983）。《中國哲學十九講》，頁82。台北：台灣學生書局。
[21] 同註19，頁103-107。
[22] 火化土葬或火化進塔的做法，嚴格來說不但無法徹底解決土地資源有限問題，也無法正視火。

見，只有節葬與潔葬是不足以支撐綠色殯葬的政策，它仍需要加進一步的理由。

肆、可能的解決建議

　　從上述的反省來看，政府提出綠色殯葬的政策確實是有根有據。可是，這樣的有根有據並不能保證這樣的提出絕對是合理完備的。實際上，無論在觀點的部分抑或是做法的部分，這樣的提出仍然有著調整的空間。之所以如此，是因為這樣的提出並未經過充分的省思。雖然它有學者的研究作為背書，但是這樣的背書還是有其時空上的限制。至今，我們可以更清楚相關的限制。以下，我們提出進一步的改善建議。

　　首先，就觀點的部分來看。「大地自然有機觀」確實是相應於環保要求的觀點，但是相應是一回事，相應中是否還有分歧卻又是另外一回事。從前面的反省可知，這樣的自然有機觀有兩種可能的理解：一種是儒家的道德理解，另一種是道家的境界理解。那麼，這兩種理解會有什麼不同的影響？如果我們選擇儒家的道德理解，那麼對於自然即不會採取順應的態度，而將採取參天地贊化育的做法。同理，如果我們選擇道家的境界理解，那麼對於自然同樣不會採取參天地贊化育的做法，而選擇順應自然的做法。由此可見，對有機自然觀的不同理解確實會影響我們對待自然的做法。

　　如果是這樣，那麼我們應該選擇哪一種理解呢？如果依循現在政府所推動的方式，那麼我們應該選擇的必然是道家的理解。因為，道家的莊子很明顯的有綠色殯葬的影子，而且也有相關的具體作為[23]。可是，一旦我們真的選擇道家的理解，那麼這種具體的作為卻又會讓我們帶來一些

---

[23] 請參見尉遲淦（2007）。〈論莊子的生死觀〉。《第27次中國學國際學術大會論文集》，頁337-338。首爾：韓國中國學會。

困擾。因為，這樣的作為似乎又是一種不處理的作為。在不處理的情況下，我們似乎很難說這樣的殯葬作為即是綠色殯葬的作為。

基於這樣的困擾，如果我們選擇儒家的理解，那麼在參天地贊化育的作為下，上述的困擾似乎已然解消。不過，在解消的情況下，我們仍需要進一步轉化對於儒家的理解。因為，過去我們認為儒家是土葬的堅決支持者。就此立場而言，儒家理當是反對綠色的殯葬。如果我們現在需要儒家轉變成為綠色殯葬的支持者，那麼即必須轉化這樣的理解，接受過去的理解是錯誤的事實。正如風水觀念有兩種不同的理解：一種是民俗風水的理解；另一種是環境風水的理解。只要揚棄錯誤的理解回歸正確的作為，那麼風水觀念必然也可以成為綠色殯葬的支持力量。

其次，就做法的部分來看。根據上述的反省，節葬與潔葬是推動綠色殯葬的具體作為。如果我們不注意資源浪費與衛生整潔的問題，那麼環境即會很容易受到破壞。如果我們不希望如此，認同破壞環境是不好的作為，那麼即必須注意資源浪費以及衛生整潔的問題。所以，節葬和潔葬的做法似乎是極為符合綠色殯葬需求的方法。

可是，不可諱言的，在此我們也仍然看到一些問題。的確，節葬與潔葬的做法確實是符合環保的要求，但是殯葬並非只是單純地、客觀地處理遺體而已，它尚包含對生死安頓問題的關注。如果我們只是強調節葬與潔葬的思考，那麼最為節葬和潔葬的做法即是把遺體視之為廢棄物來處理即可。經由處理廢棄物的處理程序之後，遺體必然不致對環境造成破壞。相反地，它甚且可以因著資源回收再利用的可能而增加遺體的社會價值。問題是，這樣的處理方式並不是我們所期待的。實際上，我們要的是以人的處理方式，讓亡者走得有尊嚴。因此，在節葬與潔葬之外，我們還需要增加安頓人心的因素。

那麼，安頓人心的因素又是什麼呢？就我們所知，這樣的因素即是人的意義與參與。如果沒有了人的意義與參與，那麼嚴格說來，所謂的綠色殯葬其實未必有太大的意義。因為，對於毫無用處與價值的廢棄物採取

什麼方式處理都不會有任何的爭議。今天，我們之所以選擇綠色殯葬，並非因為綠色殯葬有何特別之處，而是綠色殯葬可以滿足我們心靈中的環保需求，讓我們覺得在選擇當中實踐了我們對於大地的回饋，使我們的回歸成為一種有價值的回歸。如果不是這樣，那麼這樣的選擇即無法產生安頓的效用。因為，我們對大地什麼回饋都沒有，只是白白的回歸。

伍、結論

經過上述的探討，我們對於政府之所以提出綠色殯葬的政策理當有了更清楚的了解。同時，對於這樣推動的依據也有更清楚的認識。最後，我們做一個簡單的結語。

對政府而言，綠色殯葬政策的提出除了是順應世界的環保潮流之外，更重要的是，也同時能解決土地利用的問題。不過，此一政策的提出是否真能解決問題，成為我們安頓生死的殯葬作為，其實並不清楚。因此，為了確實清楚這樣政策的提出是否真的沒有問題，我們需要對政策的依據做一反省。

對此，我們有兩種反省的標準：第一種是經驗的標準；第二種則是邏輯的標準。就第一種標準而言，綠色殯葬的政策不是無的放矢的政策，而是有所本的政策。只是這樣的政策，在今天尚未能找到一個全然成功的案例。雖然如此，這並不表示這樣的政策推動即是不可行的。實際上，從全球各地對於綠色殯葬的參與實況，我們發現這樣的政策推動是時勢所趨，確實值得一試。

就第二種標準而言，綠色殯葬雖然是源自西方的殯葬做法，但是不表示我們就要和西方一樣，只能有一種理解的方式。實際上，我們可以有我們自己的理解方式。因為，西方所強調的是工業革命帶來對環境的破壞，而我們強調的則是風水觀念所帶來的濫葬問題。因此，在問題的解決

上，西方認為只要不再繼續破壞環境即可以解決問題，而我們認為只要改變風水的觀念即得以解決環境破壞的問題。

那麼，風水觀念要怎麼調整？在此，就需要區分民俗風水和環境風水。只要我們從環境風水來了解風水的觀念，那麼環境破壞的問題即可有效解決。其中，主要的理由在於環境風水背後隱藏的思想是「大地自然有機觀」，它不會把自然視之為需要征服的對象，而是看成人類生命的來源。經由這種一體的認知，人即得以平等對待自然。如此一來，人與自然自當得以在平等對待中協同發展，和諧共存。為了達成這個目標，政府採取節葬與潔葬的做法。

可是，這樣的構想是正確的嗎？有沒有其他的問題？經過反省的檢討，我們發現這樣的構想基本上沒有問題。因為，它在理由的提供上並沒有違反環保的要求。話雖如此，卻不表示這樣的理由提供必然是完備的。實際上，這樣的理由提供是有一些問題存在。例如大地自然有機觀的理解便有兩種，如果我們沒有弄清楚，那麼在運作上即會出現一些扞格的地方。所以，弄清楚是很重要的事情。經由我們的反省，儒家的理解比道家的理解可能更適合我們。

至於落實綠色殯葬的做法，節葬與潔葬其實不是一個完備的做法。如果我們不希望死得有如廢棄物、處理得有如廢棄物，那麼就必須加上意義的部分。因為，只有意義的賦予才能為綠色殯葬帶來安頓生死的效果。否則，在單純的節葬與潔葬的作為下，我們實難有價值的回歸自然。

參考文獻

內政部編印（2004）。《殯葬管理法令彙編》。台北：內政部。

王曾才（2015）。《世界通史》。台北：三民書局股份有限公司。

布魯格編著、項退結編譯（1976）。《西洋哲學辭典》。台北：國立編譯館。

牟宗三（1983）。《中國哲學十九講》。台北：台灣學生書局。

邱達能（2017）。《綠色殯葬》。新北：揚智文化事業股份有限公司。

尉遲淦（2003）。《生命尊嚴與殯葬改革》。台北：五南圖書出版公司。

尉遲淦（2007）。〈論莊子的生死觀〉。《第27次中國學國際學術大會論文
　　集》。首爾：韓國中國學會。

黃有志、鄧文龍合著（2002）。《環保自然葬概論》。高雄：黃有志。

太平間退出醫院之困境與改革建議

王清華
萬安生命集團研訓公共部經理
仁德專校、馬偕醫專、南開科技大學兼任講師

王智宏
萬安生命集團總經理辦公室主任
國立東華大學中文系民間文學博士生

摘　要

　　《殯葬管理條例》已於91年公告實施，期間經歷多次修法，除了原先的殯葬設施，亦列入殯葬服務與殯葬行為的管理、禮儀師證照制度的規劃等。但其中尚有諸多政策的理想面未兼顧實際執行面或未考量風俗民情，甚至漠視民眾權益，殊為可惜。因此透過本研究將焦點放在影響一般民眾最大的「太平間退出醫院的困擾」，並分別以現況說明分析、殯葬設施供需分析、法理分析、事理分析、情理分析，最後提出結論與建議，以提供政府與立法單位施政之參考，最終促進政府效能提升與維護民眾權益。

關鍵字：太平間退出醫院、殯葬設施供需分析、法理分析、事理分析、情理分析

壹、前言

　　《殯葬管理條例》已於91年公告實施，期間經歷多次修法，一改前一法規《墳墓設置管理條例》只論述殯葬設施，而無殯葬服務與殯葬行為的管理，更遑論禮儀師證照制度的規劃。新修訂的《殯葬管理條例》不僅將殯葬設施業的設置與管理列入，更規定殯葬服務業的管理與輔導、殯葬行為的管理等，雖未盡完備，但與前述法條相比已屬大幅進步。然而其中尚有諸多政策的理想面未兼顧實際執行面或未考量風俗民情，甚至漠視民眾權益，殊為可惜。因此透過本研究將焦點放在影響一般民眾最大的「太平間退出醫院的困擾」，並提出建議策略，以縮短法規政策與現況的差距，作為政府與立法單位施政之參考，最終促進政府效能提升民眾權益。

貳、現況說明分析

一、醫院是目前多數人選擇道別的理想場所

　　在台灣地區由於醫療技術進步，醫院設備完善，因此多數人在生命的最後階段大多是在醫院度過，當往生者家屬面臨失去至親之當下，至慟之心情使多數人亂了方寸，因此若醫院殮、殯設施完備，能即以後續處理，除可減少遺體遷移之麻煩，亦可有較多時間思考及處理其他之事務，因此選擇於醫院處理後續事務，為大多家屬最方便之途徑；且若遭逢傳染病病流行期間（如SARS）問題就更加複雜（當時均由醫院直接處理這些往生者之後事，始使得役情未擴大傳播）。目前公立醫院設有完整殮、殯、奠、祭設施者，多為軍醫及榮民體系、衛福醫院，該等醫院院區較為廣闊，奠、祭設施之位置與醫療區域有明顯之區隔，對醫院醫療勤務之執行毫無影響，其中榮民醫院負有特殊榮民醫療任務，絕大多數無眷榮民人生最後階段都是在榮民醫院度過，因此完整之奠、祭設施實為必要；另軍醫院平時雖與一般醫院無異，但是演習、訓練傷亡難免，例如漢光演習陸續發生直昇機及F16戰機意外墜毀，造成許多人員傷亡，當時若非國軍高雄及桃園（新竹）醫院設有完整殮、殯、奠、祭設施，後事處理就非常棘手。

二、醫院豎靈可解決道路搭棚與環保衛生的優點

　　早期農村社會，大多數喪家為圖方便，直接於居家附近搭棚停棺及舉行各項法事，雖然這樣的情形目前鄉下地區仍然十分普遍，但就交通衝擊、環保及對居民之生活之干擾角度，許多人口密度較高的都市型城市，就很難被接受；雖然近幾年逕於街道搭棚設奠情形確實比以往減少許多；然而原因並非死亡人數驟減，而是政府大力宣導及醫院太平間不斷更

新設施，吸收了部分往生者家屬選擇醫院處理後事所致；因此若行政院版修正草案付諸實施，醫院都沒有殮、殯、奠、祭設施，屆時公立殯儀館無法滿足需求，以往喪家隨意搭棚之情形必將重現，甚至更加嚴重。

三、醫院治喪符合殯葬法規立法宗旨

《殯葬管理條例》開宗明義即揭示：「為促進殯葬設施符合環保並永續經營；殯葬服務業創新升級，提供優質服務；殯葬行為切合現代需求，兼顧個人尊嚴及公眾利益，以提升國民生活品質」，因此衛生署對於醫院附設之殮、殯、奠、祭設施，訂有相當完備之管理辦法，目前有這些設施之醫院都在此規範下，依據促參法或採購法之相關規定將這些設施委外經營，因此近幾年服務品質大幅提升，連以往最為人詬病之搶遺體現象，在醫院幾乎不再發生，所以醫院附設殮、殯、奠、祭設施是最符合殯葬條例精神，禁止反而背離條例精神。

四、小結：醫院是否應設置殮、殯、奠、祭設施，應通盤考量

基於，往生者家屬權益維護及殯葬服務品質提升之考量，當下應置重點於落實醫院管理，以提升使服務品質，至於醫院是否應設置殮、殯、奠、祭設施，應通盤考量公、私立殯儀館設制及環保、交通等問題。問題甚為複雜，倘若爾後殯儀館設施空間改善、便利性增加了，選擇醫院處理後事者自然減少；反之則增加，這些問題交由市場機制自然能獲得解決，而非一味的以強制手段介入，因此建議維持禁止醫院新設殮、殯、奠、祭設施；但是已核准設立者，在不擴大規模之前提下，得讓其繼續使用，或使用太平間、助念、暫豎靈。

參、殯葬設施供需分析

近年各大新聞媒體醒目的標題報導：殯儀館冰櫃爆滿，許多遺體無空間冰存，甚至有兩百具遺體塞走道，現況依然如此。這樣的新聞，聽來匪夷所思卻每年重複上演，雙北市大都會區擁有完善的殯葬設施與完整的殯葬法規，為何會出現冰櫃不足的窘境？除了天候的異常寒冷之外，究其原因與造成影響如下：

一、華人習俗農曆過年不辦理喪事，累積過量遺體

華人習俗農曆過年期間多不辦理喪事，過年期間累積許多遺體只進不出殯儀館，造成過完年後，冰櫃的存放空間不足，許多新進來的遺體無冰存空間，只能「露宿」冰櫃外頭等待，不僅沒有善待亡者，更令失親家屬情何以堪（莊淇鈞，2016；柯思安、馬郁雯，2016）。

二、因累積過量，遺體延後出殯，造成殯葬設施不足與增加治喪成本

除了上述冰存空間嚴重不足的問題外，許多出殯禮廳與火化爐更早被預訂一空，若是要幫近期剛離世的往生大德選擇出殯時間與空間，只能往更後面的時間挑選。不僅增加家屬的治喪成本，無形中也浪費更多社會成本。

三、因累積過量，遺體延後出殯，影響人力調度降低服務品質

再來還有一個問題，不論是公立殯儀館或私人的禮儀公司，平日都有固定的編制與人力，來服務與協助一定的案件數量。然若是短時間許

多亡者大德都累積在同一時間出殯,勢必造成公私部門殯葬設施一位難求,也升高人力調度的困難,最終降低服務品質。

四、沒有最嚴重,只有更嚴重

另外我們還要思考一個與此有關,且未來很可能持續發生的問題,並套一句現在流行的用語「沒有最嚴重,只有更嚴重」;那就是依現行《殯葬管理條例》,預定民國106年7月1日以後,各醫院不得附設殮、殯、奠、祭設施。可預判以目前全台灣大型醫院都有附設殮、殯、奠、祭設施,這些設施的經營者,目前已依據政府法規、醫院規定、民間信仰與家屬需要,協助亡者辦理治喪事宜。也在過程中,除了提供優質服務安慰失親家屬,無形中更支援公立殯葬設施,如冰櫃區、祭拜區、禮廳與靈堂的使用空間。

試問,若是在目前各大醫院的殮、殯、奠、祭設施業者已協助提供大量的服務與空間,都還會造成今日過年期間,各公立殯儀館空間不足、冰櫃區爆量的窘境,那麼在106年7月1日以後,當這些醫院的禮儀業者退出醫院後,全台灣的往生遺體恐怕不只是擺滿殯儀館,更可能自放在家中或「露宿街頭」。

五、若是再考慮台灣老年化因素,後果不堪想像

最後大家以為這樣已經是最可怕的情況了,其實不然,因為眾所周知,台灣已進入老年社會,未來的死亡人口增加速度只會加快,若是把台灣死亡人口持續增加的因素又加到上面的情況,未來恐怕「不得善終」。

表6-1　殯儀館統計概況表

年底別 End of Year			殯儀館Mortuary Homes（八十四年以前未訂公務報表）					
			殯儀館 （處）	土地面積 （平方公尺）	總樓地板面積 （平方公尺）	禮廳數 （間）	冷凍庫最 大容量 （屜）	全年殯 殮數量 （具）
九十四年 2005	計	Total	38	598,491	116,004	235	3,024	51,628
	公立	Public	37	566,091	114,004	231	2,984	51,586
	私立	Private	1	32,400	2,000	4	40	42
九十五年 2006	計	Total	39	973,473	123,417	248	3,081	49,550
	公立	Public	38	941,073	121,417	244	3,041	49,491
	私立	Private	1	32,400	2,000	4	40	59
九十六年 2007	計	Total	42	1,008,442	133,127	261	3,217	54,021
	公立	Public	41	976,042	131,127	257	3,177	53,921
	私立	Private	1	32,400	2,000	4	40	100
九十七年 2008	計	Total	42	1,008,442	133,132	267	3,210	54,668
	公立	Public	41	976,042	131,132	263	3,170	54,618
	私立	Private	1	32,400	2,000	4	40	50
九十八年 2009	計	Total	43	1,028,192	136,443	262	3,257	57,432
	公立	Public	41	980,956	130,961	252	3,169	56,826
	私立	Private	2	47,236	5,482	10	88	606
九十九年 2010	計	Total	45	1,065,065	142,577	271	3,285	59,951
	公立	Public	42	1,007,551	133,704	259	3,165	58,015
	私立	Private	3	57,514	8,873	12	120	1,936
一〇〇年 2011	計	Total	50	1,112,136	153,715	308	3,484	68,336
	公立	Public	46	1,054,173	145,121	282	3,344	65,320
	私立	Private	4	57,963	8,594	26	140	3,016
一〇一年 2012	計	Total	51	1,122,213	154,784	250	3,621	74,324
	公立	Public	47	1,064,250	146,190	224	3,475	71,193
	私立	Private	4	57,963	8,594	26	146	3,131
一〇二年 2013	計	Total	52	1,152,562	171,433	252	3,718	73,715
	公立	Public	47	1,080,903	149,824	226	3,542	70,490
	私立	Private	5	71,659	21,609	26	176	3,225
一〇三年 2014	計	Total	54	1,084,084	172,253	253	3,818	88,014
	公立	Public	47	1,003,498	145,408	223	3,570	84,621
	私立	Private	7	80,586	26,845	30	248	3,393

資料來源：內政部統計處網站，http://sowf.moi.gov.tw/stat/year/list.htm

116

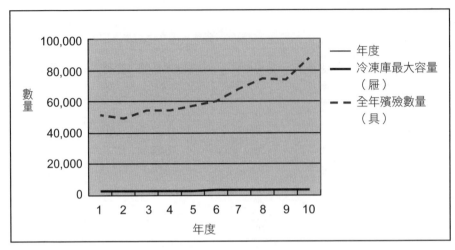

（死亡數量大幅增加，但冰櫃卻微幅略增，冰櫃嚴重不足）

圖6-1　台灣近十年冰櫃與殮殯數量曲線圖

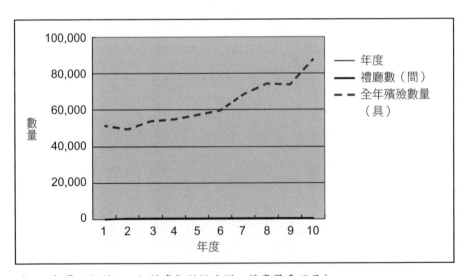

（死亡數量大幅增加，但禮廳卻微幅略增，禮廳嚴重不足）

圖6-2　台灣近十年禮廳與殮殯數量曲線圖

表6-2　台灣預估未來至民國149年出生與人口數預估表

年度 ＼ 人數	出生（中推計）	死亡（中推計）
104	171,000	161,000
105	169,000	164,000
106	168,000	167,000
107	166,000	169,000
108	165,000	172,000
128	129,000	253,000
131	123,000	270,000
134	120,000	289,000
137	118,000	308,000
149	108,000	341,000

資料來源：整理自行政院經建會2010至2060台灣人口推計。

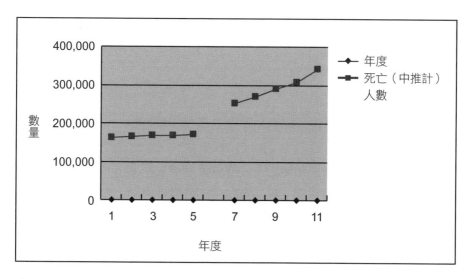

（死亡數量巨幅暴增，但殯葬設施卻難以興建，殯葬設施嚴重不足）

圖6-3　台灣預估未來至民國149年出生與死亡數預估圖

六、行政機關即使同意設立殯葬設施專區，實際上卻蓋不成

若是政府行政部門同意設立殯葬設施專區，但因屬鄰避設施，又因現在民意高漲，即使法規合法、政府備案同意，業者在興建時恐將遭遇民意阻撓，過去新北市三峽殯葬專區、苗栗縣後龍殯葬專區不了了之即是顯例（謝佳君，2011；鐘聖雄，2012）。

肆、法理分析

一、雖禁設太平間，但第63條、64條、66條仍強調太平間的必要性與重要性

《殯葬管理條例》第65條：「醫院不得附設殮、殯、奠、祭設施。但本條例中華民國100年12月14日修正之條文施行前已經核准附設之殮、殯、奠、祭設施，得於本條例修正施行後繼續使用五年，並不得擴大其規模；其管理及其他應遵行事項之辦法，由中央衛生主管機關會商中央主管機關定之。」

二、《殯葬管理條例》肯定太平間之設置與功能

1. 《殯葬管理條例》第64條：「醫院依法設太平間者，對於在醫院死亡者之屍體，應負責安置。醫院得劃設適當空間，暫時停放屍體，供家屬助念或悲傷撫慰之用。醫院不得拒絕死亡者之家屬或其委託之殯葬禮儀服務業領回屍體；並不得拒絕使用前項劃設之空間。」
2. 分析：從第64條可知，醫院設太平間者對於亡者之屍體應善盡管理責任；並基於憲法保障人民宗教信仰之自由，與本條文悲傷撫慰之用，因此該適當空間，應保留宗教信仰功能。病房為醫療維生及家

屬陪伴病患之用，病患往生後應採生歿分離原則，使往生者及家屬擁有獨立不受干擾之空間（太平間），並維護病房其他病患及家屬安心之權益。太平間主為提供往生者停靈助念之用，各醫院所秉持法條及人道考，均應妥為規劃使用空間，提供家屬使用：但為維護家屬治喪意願及權益，並符合殯葬法規內三等親具領大體之規定，以確保直系尊卑親屬權益，並依照家屬意願協助安排後續離院事宜（殯葬業者搬移大體須由三等親內家屬陪同）。

三、刪減太平間功能可能引發之問題

近日有葬儀業者向院方提議，若爾後醫院太平間有往生大德，可不經過醫院太平間，直接由護理站出院。如此做法除造成院方程序困擾，更可能引起醫院管理的問題。茲說明遺體直接從護理站離院之缺點：

1. 亡者之醫療費用若未繳清，又急於從護理站離院，該醫療費用不易催收。
2. 亡者剛離世，家屬悲傷心情未定，若急於從護理站離院，家屬心情難以平復。
3. 亡者剛離世，家屬千頭萬緒，若急於從護理站離院，無法從容思考後續安排。
4. 亡者剛離世，若急於從護理站離院，無法適時適當為其助念或祝禱。
5. 過去曾有案例，亡者離世後又醒來。若急於從護理站離院，將無法即時協助亡者，將造成難以彌補的遺憾。

四、太平間具有資訊公開與保障家屬權益之功能

1. 《殯葬管理條例》第66條：「前二條所定空間及設施，醫院得委託

他人經營。自行經營者，應將服務項目及收費基準表公開展示於明顯處；委託他人經營者，醫院應於委託契約定明服務項目、收費基準表及應遵行事項。」

2.分析：從《殯葬管理條例》第66條可知，經營醫院太平間者需將服務項目及收費基準表公開展示，顯見該業者具備資訊公開保障家屬之功能。

五、太平間具有維護秩序管制遺體的作用

1.《殯葬管理條例》第63條：「殯葬服務業不得提供或媒介非法殯葬設施供消費者使用。殯葬服務業不得擅自進入醫院招攬業務；未經醫院或家屬同意，不得搬移屍體。」

2.分析：第63條，各醫院經政府採購法公開招標優良殯葬業者委外管理太平間業務，均嚴謹訂定執行作業規則，院方護理站自病患往生通知、辦理離院手續、協助家屬安排停靈助念及離院，全程均依照院方通知及家屬同意，全程陪同家屬協助之，以保障家屬權益及維護往生者尊嚴。各醫院太平間之殯葬設施均已向當地縣市政府衛生局及衛生福利部報請核備，均為合法設施。

六、小結

　　現行醫院設有太平間者，皆為依法設置並經相關公開招標程序，對於遺體負責安置與停放之用，可充分協助醫院相關管理程序。依理協助，落實太平間之自主管理，現行醫院設有太平間者，可善盡管理與保存遺體之責任。另提供亡者緊急之協助。依情服務，尊重宗教信仰與悲傷撫慰，現行醫院設有太平間者，可提供家屬助念或悲傷撫慰之用。

伍、事理分析

一、現今醫院往生室標案嚴謹,政府評鑑優等並受醫院監督,好品質

　　過去太平間因缺乏專業管理,給人陰冷恐怖的印象。然經過多年的努力,醫院訂定嚴格的招標管理資格與程序,入選廠商多為經過政府評鑑優等通過國際認證等資格,且服務期間因必須配合醫院各項規定,因此目前的往生室已大幅提升服務品質,甚至成為外國媒體與機關團體參訪台灣的殯葬文化重點項目。

二、現今醫院往生室專業培訓,人員通過國家考試且須回訓,好專業

　　目前處於消費者導向的時代,為提供家屬滿意的服務,人員需受專業訓練考取國家證照。並為不斷創新與符合消費趨勢,往生室業者每年亦投資可觀的教育訓練費用,目的是希望家屬獲得專業的服務。

三、現今醫院往生室設備完善,可充分協助家屬治喪需求有,好服務

　　為協助失親家屬,往生室業者致力於各項軟硬體設施的創新與服務,如設置助念祝禱室、悲傷輔導室、家屬休憩圖書室等,目的是在治喪期間提供家屬溫馨舒適的空間與環境,以協助家屬順利度過悲傷困境。

四、現今醫院往生室規定詳細，價格以及服務項目必須公告，最公道

依據《殯葬管理條例》第66條，經營醫院太平間者需將服務項目及收費基準表公開展示，顯見太平間業者資訊公開，有效保障家屬最公道。

五、殯葬服務業委外經營，無法替代性

針對到院前死亡、意外死亡等現場專業法務流程協助，為醫療院所礙難執行之過程，家屬權益無從保障。病患往生後，若無院方合約業者依照作業流程協助家屬，將造成不良業者伺機從中介入，喪家悲痛之餘，尚須面對搶屍的恐懼，實為不堪。家屬於臨時緊急狀況，無法於第一時間獲得諮詢及協助，在銜接醫護專業、家屬安心上有所缺憾。於發生大型（區域性）感染死亡案例，若無專業禮儀人員依照防護措施標準作業流程執行，院所應無足夠能力24小時全天候待命執行及現場處理。部分目前仍無法解決軟硬體配套方式，人生最後終程無法得到妥善照料，如同年初遺體無法冰存、停棺／助念室／禮廳空間不敷使用、火化機嚴重不足等，仍待解決。

陸、情理分析

一、台灣民眾多數於醫療院所死亡，業者用心服務令家屬動容

台灣因醫護發達醫療設施完善，多數家屬選擇讓亡者在病危或彌留後，於該院往生辭世。也由於往生室經營者的用心服務，推出臨終關懷、尋求社會救助、尊體SPA服務等都讓家屬感恩動容。

二、台灣民眾多數於醫療院所死亡，家屬可就地治喪提升效率

為使家屬在治喪期間免於奔波於住家與殯儀館，因此多年前的台灣殯葬改革，將過去冰冷恐怖的太平間，創造為溫馨祥和的往生室，設有宗教豎靈室、遺體冰櫃區、家屬休息室等，也為讓家屬在治喪期間無後顧之憂，大幅提升治喪效率。

三、台灣民眾多數於醫療院所死亡，亡者可免於舟車勞頓之苦

過去華人社會有所謂「落葉歸根」或「冷喪不入庄」的習俗，簡單說「落葉歸根」即是亡者去世後，遺體回到原生家庭或故鄉。而「冷喪不入庄」則是村人為避免死於外地者，有不明傳染病遂禁止屍體回歸家鄉。但又因前述「落葉歸根」的觀念，導致有亡者明明已死於醫院，但又想「落葉歸根」，只好假裝還沒死，並安排救護車將「已死但卻要假裝還沒死」的亡者運回自宅，就如電影《父後七日》所描述一般。如此做法不僅耗費社會資源徒勞無功，對於亡者更是舟車勞頓毫無意義。所幸目前的醫院往生室在經過業者的努力經營下，已成為死後未出殯前的撫生慰歿理想治喪場所。

柒、結論

一、你知道台灣往生室是華人殯葬文化的精華嗎？

依據學者研究，目前台灣的殯葬文化與二千多年前的周公制禮作樂甚為接近，近似程度更超過中國大陸。也可以說台灣的殯葬文化是中華文化去蕪存菁後的精神體現。尤其大陸在文革之後，許多過去精彩的文化內涵已不復見。因此隨著兩岸文化交流日益頻繁，許多大陸各省的民政主管

也陸續到台灣參訪進步的殯葬設施與豐富的殯葬文化。當中重要的參訪重點即是醫院的往生室經營管理。

二、知道往生室退出醫院將犧牲民眾應有的權益嗎？

其實台灣現有的五星級往生室並非一蹴可及，實為經歷很長的陣痛期，從早期的陰冷冰暗太平間到今日專業經營管理，提供各界溫馨舒適的治喪空間。然而因少數葬儀社在無法取得醫院往生室經營資格後，透過行政與立法部門的串聯，促使《殯葬管理條例》的修法，第65條之修法（醫院不得附設殮、殯、奠、祭設施），亦抹滅這幾年台灣往生室過去改革的成果，包含：失親民眾的肯定、銜接醫殯服務、填補殯葬設施不足，更甚者台灣之殯葬服務將倒退二十年前的水準，無形中更因落選者的一己之私，而犧牲了廣大民眾治喪選擇的權利。

三、願意台灣殯葬文化再走回頭路嗎？

台灣的殯葬發展大致可分為幾個階段：

1. 第一階段為日治時期：農業社會，親友共同協助喪事；這時候的社會生產型態為農業社會，殯葬服務模式屬於各項禮儀用品販售階段，喪家有治喪需要須各別到殯葬用品店分別購買，並在親朋好友左鄰右舍的協助下辦理喪事。
2. 第二階段為光復後到70年代：工商社會，出現葬儀社專辦；此時期台灣因政治轉型逐步開放，以及因十大建設與十二大建設完工，已逐步由農業社會邁入工商社會。此時人口由農村往都市集中，過去親朋好友協力喪家辦理喪事漸漸被新成立的葬儀社取代。
3. 第三階段為70年代～現代：殯葬服務業成為做服務、積功德的生命服務業；此時期台灣因經濟工商發展更臻成熟，許多企業紛紛轉型

成為服務業，而殯葬業亦在此時期配合醫院政策與民眾期待下進行諸多改革，如：將冰冷陰暗的太平間提升為溫馨服務的往生室、業者推出拒收紅包、引進生前契約等措施，最終殯葬服務業朝向集團式經營管理。也由於上述殯葬服務業在諸多改革措施中，因產官學各界努力，如今台灣的殯葬禮儀服務已由過去民眾嗤之以鼻、棄如敝屣的刻板印象中，蛻變提升為做服務、積功德的生命服務產業。

4.平心而論，往生室從太平間提升到現今五星級的服務水準，確實在各個層面提供醫療院所、喪親家屬、社會大眾、殯葬設施許多的方便與服務。

四、回歸理性──勿讓「慎終追遠，變成距離太遠」，「老有所終，變成難以善終」

以公正、公平、公平之角度，尊重民意，尊重往者，符合宗教習俗，勿讓「慎終追遠，變成距離太遠」，「老有所終，變成難以善終」。近期因應《殯葬管理條例》第65條「醫院不得附設殮殯奠祭設施」，與財政部發布修正《促進民間參與公共建設法》之後，各醫院依規定辦理召開公聽會，並且宣布，未來將只保留冰櫃與助念室，引發多數的內湖區民代與里長們的反彈。

過去台灣的殯葬設施服務與整體形象是為人詬病，包含：陰暗冰冷的太平間、缺乏合理完善的管理制度、無人性關懷的僵化流程、不尊重亡者家屬的宗教信仰等。但近幾年，在產官學的合作與努力之下，台灣的殯葬文化與服務已從過去的傳統落後與黑色模糊，蛻變為嶄新創意與新時代生命的功德行業。其中太平間的設施與服務尤其進步神速。以台北市內湖區三軍總醫院為例，過去政府為照顧軍人、軍眷，設有軍醫院所。在早期的汀洲三總院區，因受限於場地環境，無法提供大台北軍人、軍眷完善的服務。但後來遷至內湖三總院區後，政府與院方致力於改善硬體設施與服

務空間，並依據促參法進行招標，獲選之太平間業者具備政府評鑑連年優等、通過政府各項殯葬證照考試、人員訓練與服務品質優良，甚至獲選行政院公共工程金擘獎之殊榮。最重要的是內湖區因地理環境特殊，且距離台北市第一、第二殯儀館位置偏遠，若貿然將內湖三總懷德廳廢除，不僅造成內湖、南港地區民眾，未來治喪空間與時間上的不便徒增市民成本，也喪失政府照顧軍人軍眷之美意。

值此，重要時刻，受民眾所託，勿讓「慎終追遠，變成距離太遠」、「老有所終，變成難以善終」，祈請大有為新政府能重新審視醫院附設往生室之重要性與必要性。

現今醫院往生室提供的功能	過去太平間給人的印象
一、醫療院所委託專業禮儀公司 1.專人管理冰櫃區，定期巡視，有效保護與保存大體。 2.輔導員工考證照，專業獲國家肯定。 3.配合院方規定與家屬需要，提供家屬滿意的服務。	一、醫療院所無委託專業管理人 1.只設置簡單冰櫃區，但缺乏專人專業管理。 2.無專人管理，更無國家認證。 3.無專人管理，若有喪事發生，葬儀社忙著爭搶案件。
二、喪親家屬 1.提供家屬莊嚴神聖的助念祝禱空間。 2.提供家屬溫馨寧靜與悲傷撫慰的治喪環境。 3.專人24小時管理，喪家若要探視去世親人，只需登記即可。 4.都市民眾住家空間狹窄，往生室正好可提供民眾舒適的豎靈空間。 5.都市民眾住家空間狹窄，往生室正好可提供民眾宗教法事空間。	二、喪親家屬 1.太平間無適當的助念祝禱空間。 2.為探視去世親人必須忍受太平間冰冷陰暗的停屍環境。 3.太平間因缺乏專人管理，喪家若要探視去世親人，手續繁雜。 4.太平間多半無豎靈空間，若有的話也很簡陋。 5.太平間多半無宗教法事空間，若有的話也很簡陋。
三、社會大眾 為探視亡者到往生室時，只需經過喪家陪同即可，無須包紅包。	三、社會大眾 為探視亡者到太平間時，必須包紅包給太平間兼任管理員。
四、殯葬設施 1.填補豎靈空間不足。 2.填補冰存位置不足。 3.填補出殯環境不足。	四、殯葬設施 1.無豎靈空間或不足。 2.無冰存位置或不足。 3.無出殯空間或不足。

五、説明

1. 台灣現有五星級往生室的經營管理，首先改革殯葬陋習紅包文化，尤其在經過醫院嚴格的評選後，更能提供家屬圓滿的服務品質。其次可提供家屬莊嚴的助念祝禱空間與溫馨舒適的治喪環境，也讓都會區民眾有適合的宗教法事空間。
2. 另外，往生室也適時填補豎靈空間、冰存位置、出殯環境不足的現況。
3. 往生室的經營管理能有今日豐碩成果殊為不易，切莫因少數業者的利益，而犧牲多數民眾優質的治喪選擇權益。

捌、建議：對現存於醫院的殯葬設施應考慮其必要性

透過上述的各項分析，我們已從近幾年每年不斷重複上演的農曆春節或是農曆七月的冰櫃爆量，或禮廳靈堂訂不到，可清楚得知目前的殯葬設施已不敷使用。在可預見的未來若是考量老年化社會死亡人口急增的因素，又會使目前已不足的殯葬設施供給更顯困難。

政府部門即使有心增設殯葬專區，在民意高漲的年代，恐怕一事無成。最後受害最深的就是已失去親人的家屬，要忍受殯葬設施嚴重不足又難以增設的困難，教家屬與民眾情何以堪。

尤其目前已存在於醫院的殯葬設施確實通過政府評鑑優等、人員通過國家考試、設備完善、價格及服務項目公開；又因該業者用心服務、家屬可就地治喪提升效率、亡者可免於舟車勞頓之苦，因此政府與立法機關應慎重新考慮醫院的殯葬設施，應考慮其必要性與重要性。

一、醫院已設有殮、殯、奠、祭設施者，得其繼續使用

基於為往生者服務，尊重家屬，由醫院自主管理，醫院已設有殮、殯、奠、祭設施者，得其繼續使用。

二、修法《殯葬管理條例》第64條

醫院依法設太平間者，對於在醫院死亡者之屍體，應負責安置。

該太平間之業者，需依醫院規定增設冰櫃，以安置屍體，並對屍體之進出善盡管理責任。

該太平間之業者，需通過所在縣市政府殯葬評鑑合格，符合縣市政府。

該太平間業者須依禮儀師管理辦法，聘任一定比例，具備內政部禮儀師證書之員工。

醫院得劃設適當空間，暫時停放屍體與牌位暫存區，供家屬助念或悲傷撫慰與宗教信仰之用。

醫院不得拒絕死亡者之家屬或其委託之殯葬禮儀服務業領回屍體，並不得拒絕使用前項劃設之空間。

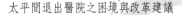

參考文獻

莊淇鈞（2016）。〈過年不辦告別式　遺體「爆滿」塞走道〉。《蘋果日報》，2016/02/17，http://www.appledaily.com.tw/realtimenews/article/new/20160217/797283/

柯思安、馬郁雯（2016）。〈過年不辦告別式　北北基遺體「爆滿」塞走道〉。《中時電子報》，2016/2/17，http://tube.chinatimes.com/20160217004044-261403

謝佳君（2011）。〈拒殯葬特區落腳　三峽人連署〉。《自由時報》，2011/4/7，http://news.ltn.com.tw/news/local/paper/482429

鐘聖雄（2012）。〈後龍居民反殯葬園區　控縣府把警察當廠商保全〉。《公視新聞議題中心》，2012/6/14，http://pnn.pts.org.tw/main/2012/06/14/%E8%8B%97%E6%A0%97%E5%BE%8C%E9%BE%8D%E6%AE%AF%E8%91%AC%E5%9C%92%E5%8D%80-%E9%81%AD%E6%8E%A7%E5%A4%A7%E5%9F%94%E3%80%81%E6%96%87%E6%9E%97%E8%8B%91%E7%BF%BB%E7%89%88/

從喪禮文化觀點探討
遺體處理意涵

郭璋成

仁德醫護管理專科學校生命關懷事業科兼任講師

摘　要

喪禮源遠流長，最早文獻記載於《儀禮》內〈士喪禮〉、〈既夕禮〉和〈士虞禮〉三篇，這是周代的禮制；後世如唐代〈顯慶禮〉和〈開元禮〉的制定，宋代朱熹〈文公家禮〉等之流傳。有鑒於漢民族對死亡視為禁忌活動，又喪禮文化是一種複雜心理情感所致並對死亡及遺體直接體驗，尤其喪親者面對著死亡後遺體腐敗及冷冰遺體所產生未知恐懼心理狀態，因現況社會的變遷及生命關懷與死亡尊嚴理念的提升，亡者的遺體安置與最後容顏已受到現代社會的重視。遺體處理範疇屬喪葬禮儀文化之一，而喪葬儀式更以遺體為主體，人類無死亡亦無遺留身體可言更無喪禮文化承襲，然而死亡後遽然形成魂與魄兩造，又因遺體現象牽制後續歸位問題。如《禮記‧祭法》曰：「王為群姓立祀：曰泰厲。諸侯為國立祀：曰公厲。大夫立祀：曰族厲。」所謂厲，是指慘遭橫死或無人祭祀的野鬼。《左傳‧昭公七年》子產曰：「匹夫匹婦強死，其魂魄猶能憑依於人，以為淫厲。」依文解字：「鬼有所歸。乃不為厲」《禮記‧祭義》說：「氣也者，神之盛也；魄也者，鬼之盛也。」足見處理魄（遺體）所產生問題可深化喪禮文化之意涵。

關鍵詞：喪禮文化、遺體處理、喪親者、厲

壹、前言

喪葬禮儀是漢族文化中的人生四大禮（冠禮、婚禮、喪禮、祭禮）之一，也是族群相當重視的喪禮文化禮儀，而遺體處理範疇包含遺體美容、遺體修復技術、遺體防腐、遺體清洗、更衣、入殮等工作，亦屬喪禮儀式內涵之一，由於遺體處理屬高度的人文文化趨向及人性思考課題，更

有漢民族傳統文化禮儀意涵與終極關懷存在，因此，有必要從喪禮文化禮儀面向探究遺體處理應有之意涵。遺體處理屬近代名詞，目前尚未記載有關在於喪禮之意涵為何？本研究試從遺體處理範疇角度反思應具備之喪禮文化意涵，如此，亦不喪失禮儀儀式要旨及遺體處理在喪禮流程之定位，除了能調整普遍性對死亡認知的偏執思考之外，本研究之「遺體處理」意涵則是偏向探索喪禮文化意義面向，因此，遺體處理應具備文化意涵是現況殯葬禮儀流程之下衍生出昔日從未思考過的新課題。遺體處理本應著重於生者與亡者之間的生命終極關懷與孝道傳承，而遺體處理更屬專業領域造就出殯葬文化新課題，其專業問題需具體表現出高度的喪禮文化意涵，以求在喪禮中的明確文化意義定位。

貳、喪禮文化

　　遺體處理對喪禮文化影響深遠，且直接對喪親者的心理悲傷具療癒功能，遺體處理在先秦或秦漢朝代又稱「沐浴禮儀」亦是我國喪葬制度中重要儀式之一，遺體處理雖屬近代名稱但其實務操作即殯葬禮俗中屬於「殮」的部分，以現代禮俗而言，包含洗身、穿衣、化妝、入殮等，由於沐浴儀式是家屬直接與亡者的遺體接觸最後禮俗儀式，因此，沐浴儀式就顯得非常重要。再者「沒有死亡亦無遺體」無遺體而其喪禮文化亦無成立之可能，遺體處理與喪禮文化形成一體兩面互為影響，從漢民族靈魂概念中得知人進入死亡後可區分魂與魄，而引魂需歸於宗祠受子孫祭祀，而魄附於遺體之上歸葬於土，入於葬後亦稱靈鬼，而其魂受祭祀後才能稱祖先，魄雖歸於土但其主因乃惡死或意外者不得入宗祠受祭祀影響出魂成厲，究竟魂影響魄或魄受魂之牽動等？及影響原因為何？諸如等問題則引發研究者研究動機出現。目前現況對喪禮文化雖有專書陳述脈絡可尋，但尚無兩者之間文獻記載，尤其是殯葬實務操作上對此領域亦無明確定

論，台灣早期禮俗「冷喪不入庄」即此涵義❶，對意外死亡者其魂魄成野鬼其遺體不得進入家中，遺體恐有煞氣鄉民會力阻其屍進入庄頭，此意外死亡之魂魄亦無法歸祖見宗。

喪禮文化為儒家思想體系發展而出，有其特殊的思想與地位。喪禮文化禮儀非簡易之事，依孔子問老子之禮即含蘊喪禮，《禮記·曾子問》內有孔子述老子喪禮四事。尤其是喪禮文化的禮義課題，因此，我們需依禮儀文化的脈絡爬梳加入現況認知，否則實難探究喪禮文化與遺體處理貫通性意義何在？特別是喪禮文化制度往往受社會制度所約制，且常伴隨社會文化制度之變化而有所遷動，因此，欲於探究喪禮文化與遺體處理互動關鍵，則需深入喪禮禮義文獻內涵闡述意義。以致明確彰顯來龍去脈，使喪禮之意義正確引述。再者儒家《中庸》思想中「事死如事生，事亡如事存」的觀念存在喪葬禮儀之中極度深遠，影響中國歷史上下五千之久，因此，則需遵行喪禮脈絡或近代有遺體處理專書作演繹。

漢民族的民俗信仰，認為人的魂魄不滅，所以生者對人死亡之後的魂魄有各類的祭祀方式。在民俗信仰中認為人死後就成鬼，鬼分為兩類，一為祖靈，亦為子孫的祭祀對象。另一為厲，因無子孫祭祀在陰間為無嗣孤魂，如自殺、夭折、橫死的凶死亡魂。祖靈得以庇佑子孫，厲則會作祟人間❷。對於此種厲，一般人通常以有萬應公或百姓公，萬應公祭祀對象是厲，其目在建祠並以祭祀為手段將厲轉換為陰神而受祭祀，此種信仰也成為台灣地區相當普遍的信仰崇拜。而此觀念深具影響喪禮文化或喪禮儀式，更聯繫遺體處理之方式，喪親者面對親人死亡後的遺體方法即深受靈魂觀念所牽制，從漢族喪禮文化依《儀禮》所記，「屬纊」、「復」、「赴」……「虞祭」、「卒哭」與「祔祭」等幾項主要步驟而知，其喪禮文化應以遺體之處理為主軸，所謂沒死亡即無遺體存在，無遺

---

❶ 中華民國殯葬禮儀協會（2014）。《臺灣殯葬史》，頁220。台北：中華民國殯葬禮儀協會。

❷ 阮昌銳（1990）。《中國民間信仰之研究》，頁263。台北：台灣省立博物館。

體則無喪禮文化傳承，因此，對喪親者而言雖親人已死亡而其親情與家庭位置依舊不變，此時之遺體仍然是家庭成員之一，不因其死亡發生有所改變，也將延續至牌位與墓園存在之象徵，並受子孫祭祀尊敬，此種傳承重於血緣、重家族、重孝道的宗法社會融合死亡喪禮文化之中，研究者認為喪禮文化之能夠傳承歷代而來，其中主要是禮儀意義為主脈，如失去主脈意涵則儀式會流於形式或消失殆盡。由於遺體處理屬「殮」的範疇，也維繫著喪親家屬心理悲傷、失落狀態，往往遺體處理前後對家屬悲傷療癒影響頗重，因此，面對親人的死亡真實與心理狀態有其探究死亡心理層面必然性。並探討遺體處理前後帶給喪親家屬正負面生命意義。希冀由喪禮文化為啟程再承繼禮記、儀禮的文化思想脈絡，匯聚於探討遺體處理對喪親家屬的喪禮文化思想影響，以達成文化禮儀承襲的人性化新課題。

　　文化禮儀承襲孝悌為主，尤其現況喪禮注重生命尊重與人性化，而「遺體處理」在喪親家屬意義認知的存在性意義如何？其因死者的身體常是生者表達真誠和真情的關鍵，在此立論下，家屬如何從「遺體處理」為前提經驗對喪禮文化禮儀實質內涵之意義性而探究「遺體處理」之倫理性。

參、相關議題

　　弗洛伊德（Freud, Sigmund）的《夢的解析》（*Interpretation of Dreams*）一書中引用布達赫的論述：

> 「在夢中，我們白天中的勞作與娛樂、歡樂與痛苦是從來不重複的。而且相反，夢的唯一目的是讓我們從中得到解脫，即使有時我們的頭腦裝滿了一些事情，或我們受痛苦的折磨，或我們的精力全部投入一件關注的事情，夢也是以某種象徵的方式

進入我們的頭腦。」❸。

　　而人類經歷死亡後其魂與魄所依附所在，在於主要世間的生活場域和遺體的歸屬處，如此概念在原始認知思維中是相當普遍化而且影響生活作息。死亡狀態對人類始終神秘及遙不可知，因此在原始信仰認為靈魂會暫時性依存在自己的遺骸內的思想根基，故荒落的宅園或葬地都是鬼靈依附之地。

　　秦漢時代對於「魂與魄」的解釋。《呂氏春秋・禁塞》篇說：「費神傷魂」❹。高誘以「魂，人之陽精也，陽精為魂，陰精為魄。」❺註解；《淮南子・主術訓》說：「天氣為魂，地氣為魄。」❻「精」與「氣」亦可為一體，魂與魄主要在於陰陽二氣交織而成，而魂與魄亦屬於精神性狀態。如《禮記・檀弓下》記吳季子葬子云：「骨肉復歸於土，命也。若魂氣則無不之也！無不之也！」❼。《左傳》魯昭公二十五年樂祁說「心之精爽，是謂魂魄。魂魄去之，何以能久？」❽而立定了魂與魄之論述。而《郊特牲》說：「魂氣歸於天，形魄歸於地，故祭，求諸陰陽之義。」❾亦即人死時魂升天而魄入地，魂與魄之觀至此完備，漢族重於祭祀以求陰陽和諧。因魂為輕升天屬陽氣，魄為重入地屬陰氣，漢民族將天地分立時，輕而清者名為陽氣，升而為天；而重者名為陰氣，降

---

❸ 呂俊、高申春、侯向群譯（2000）。弗洛伊德著。《夢的解析》，頁66。台北：米娜貝爾。
❹ 陳奇猷校釋（1985）。〈孟秋紀第七・禁塞〉。《呂氏春秋校釋》，頁401。台北：華正書局。
❺ 同註7，頁404。
❻ 劉安（1985）。〈主術訓〉。《淮南鴻烈解》，頁270。北京：中華書局。
❼ 〔漢〕鄭玄傳、〔唐〕孔穎達疏（1966）。〈檀弓下〉。《禮記正義》，頁11。台北：台灣中華書局。
❽ 〔晉〕杜預注、〔唐〕孔穎達正義（1966）。《春秋左傳正義》，卷51，頁4。台北：台灣中華書局。
❾ 〔漢〕鄭玄傳、〔唐〕孔穎達疏（1966）。〈郊特牲〉。《禮記正義》，頁12。台北：台灣中華書局。

而為地。《儀禮・士喪禮》中的「復」便是喚起亡者魂歸入魄的儀式，從上述文獻可知魂靈屬輕而且被動亦可變動，魄靈屬重不可變動。《周禮・天官・夏采》鄭玄注：「復謂始死招魂。」[10]魄較重故沉，在人剛死時呼魂使魄之「復」，魄靈本附於遺體而需呼應魂靈而至使魄靈甦醒；魂較輕而易散逸，固需「招」使之前來享受祭品。而魂與魄觀念演變成「鬼」約於漢代初期。《禮記・祭義》說：「氣也者，神之盛也；魄也者，鬼之盛也。」[11]而對於魂魄與鬼之論，孔穎達《正義》曰：「以魂本附氣，氣必上浮，故言魂氣歸於天。魄本歸形，形既入土，故言形魄歸於地。聖王緣生事死，制其祭祀，存亡既異，別為作名，改生之魂曰神，改死之魄曰鬼。」[12]至此漢族死後無人祭祀之魄以「鬼」為代稱。以「鬼」字來看，鬼字的出現極早。上推商代甲骨文「鬼」意為「頭特大之形。害人不得。人所歸為鬼。」[13]為一象形字，說文解字：「鬼有所歸。乃不為厲」[14]此「鬼」應為實有而且害人不得。人所歸為鬼。如「鬼」無法有所歸乃為厲，此點證明所謂「鬼」亦無法害人，重點在於「厲」始令人畏懼之感。漢族重視祭祀也讓死亡後之魂有所依歸方不失為「厲」。說文解字：「厲為惡。為病。為鬼。即癘之假借也。」[15]足見其「厲」乃是「鬼」但是本質上是惡習為重。如「魄」無法受祭祀則成「厲」，而「厲」為惡足以危害世間之人。

---

[10] 〔漢〕鄭玄注（1966）。〈天官・夏采〉。《周禮鄭注》，頁8。台北：台灣中華書局。

[11] 〔漢〕鄭玄注（1966）。〈祭義〉。《禮記鄭注》卷14，頁10。台北：台灣中華書局。

[12] 〔晉〕杜預注、〔唐〕孔穎達正義（1966）。《春秋左傳正義》，卷44，頁7。台北：台灣中華書局。

[13] 黃翬梁（2006）。甲骨周金文正形注音簡釋彙編，頁453。台北：文史哲出版。「鬼」字，又作「 」。

[14] 〔漢〕許慎撰、〔清〕段玉裁注（1981）。《說文解字注》，頁434。上海：上海古籍出版社。

[15] 同註20，頁446。

肆、喪禮文化要義

　　生死乃生命之兩極，故自古以來被視為禮之大節。孔子曰：「生事之以禮，死葬之以禮，祭之以禮。」⓰荀子亦具述曰：「禮者，謹於治生死者也。生，人之始也；死，人之終也。終始俱善，人道畢矣。故君子敬始而慎終。終始如一，是君子之道，禮義之文也。」⓱喪禮體現送終的意義，故對父母的喪葬亦與生時的侍奉一樣，被看作孝道的一部分，所謂「事生，飾始也；送死，飾終也。終始具而孝子之事畢，聖人之道備矣。」故初喪之際以「復」為始：「皋某復」、「天望而地藏也，體魄則降，知氣在上，故死者北首，生者南鄉，皆從其初」、「魂氣歸于天，形魄歸于地。故祭，求諸陰陽之義也。」⓲遺體處理在殯葬禮俗中屬於「殮」的部分，以現代禮俗而言即屬於初喪之部分，包含洗身、穿衣、化妝、入殮等，由於遺體處理是家屬直接與亡者的遺體接觸最後禮俗，因此，遺體處理就顯得非常重要。而其殯葬禮儀行為共有三大主軸：殮、殯、葬。「殮」係指屍體之整飭、沐浴、更衣、存放。「殯」係指未舉行葬禮之前的奠儀行為。「葬」係指安葬死者。「殮」其中遺體處理在喪禮服務流程中的做法，在不同時代變遷而有所更迭。

⓰《論語·為政》（1966），〔清〕程樹德撰，《論語集釋》卷三，頁81。北京：中華書局。
⓱《荀子·禮論篇第十九》（1988）。《荀子集解（下）》卷一三，《新編諸子集成》，頁358、371。北京：中華書局。
⓲姜義華注譯、黃俊郎校閱（1997）。《新譯禮記讀本》，頁338。台北：三民書局。

一、喪禮文化以孝悌為主軸

　　遺體處理若能得宜，不但能「撫生者之心，安亡者之靈」，更能使喪親者日夜晨昏奉祀過往親人，以達成漢族喪禮「生，事之以禮；死，葬之以禮，祭之以禮」之原則。尤其現況社會的喪葬儀式流程以靈魂超拔與遺體處理為首要，而此兩種作業流程行為皆有一套作業系統，其又聯繫著喪禮文化之「慎終追遠」意識內涵支撐，外在普遍見諸於祖先祭祀行為，其祭祀之意旨，而內涵之中更融合了祖先靈魂觀念與孝悌之血統合一的觀點，由於此種深邃的觀念而形成喪葬禮俗，而此形態注入之後，更強化了靈性觀念。現況的喪葬儀式更加添鬼魂與祖先祭祀的民俗禮節觀念而成，此兩種祭祀都是相當禁忌的民俗信仰文化，有其一套完備操作儀式，逐漸形成一種俗體，表達喪親者對亡者、社會與自身的全面性詮釋。同時在儀式進行中也對亡者魂與魄的恐懼心態產生，因此，便設置了許多對遺體祭拜方式，以這些祭奠來修飾和亡者之間的陰與陽之關係，或尋求解決與死者之間的內疚，從靈魂觀念中都認為亡者尚在陽間遊蕩。再者活人的意識中也仍存在著「靈魂」的觀念，而且也深深地影響於每個人的生活與認識之中。同時也將相信自己進入死亡後能擁有靈魂不滅的渴求，從情感認知上更希望亡者靈魂依存，這是活著之人相信「靈魂續存」概念的心理認知。舉行「喪禮儀式」是殯葬流程中非常重要的儀式。如遺體處理、招魂裝殮、超渡亡靈，都在表明生者們的一個理念，能讓亡者的生命透過這些喪禮儀式之後安然從此地過渡到彼岸，完成死亡中最關鍵性的渡過階段，同時也向親友宣告此人已離世！亡者的靈魂就可以順利地達到彼岸。這裡的靈魂觀念致使人們更不敢隨意處置屍體，尤其是因意外而造成的損傷性遺體，殘缺遺體影像往往使喪親者滯留永久印象，也造成無法彌補的心理傷痛。

(一)喪禮文化與禁忌

禁忌是人類生存後普遍性存在的現象，尤其是喪禮文化的儀式呈現更具顯然，漢民族有強烈的慎終追遠概念，而具體表現則為一種祭祀祖先行為，祖先祭祀是魂魄與遺體血緣關係的結合觀念，由於死亡後魂歸祖先而魄歸葬法，因此，墓穴放置工具、武器、用品等陪葬物品，即能了解「死後依然持續過著一定生活」，魂與魄依然互相作用，況且更具生前的力量能護佑及影響活在世間之人，並具備強大能力以左右世間親人，而其中主要關鍵點在於善終與惡死，任騁（2000：482）陳述死如泰山及鴻毛，死於遠離家鄉、孕婦分娩而死、死時屍首不見、身首異處、被殺害、淹死、燒死等都視為惡死非常禁忌，亡者要受自身痛苦，還會危害後代子孫[19]。其「魄」其骨肉必歸於土故言歸之，歸者，鬼也，也是始化鬼靈。由於靈魂觀念引導民眾不再隨意處理遺體，而是需經過一定儀式並透過葬禮活動以表示對亡者的生命尊重，又如希望亡者的靈魂得到「超渡」並在冥冥之中護佑後代子孫。雖喪禮乃為文化傳承而且是家屬表現與亡者之間親屬關係連接及態度，民間普遍信仰確信只有嚴格尊崇引魂渡化及遺體處理才能使亡者靈魂得到「撫慰」，否則生者也無法寧靜生活。內政部編輯《現代國民喪禮》（2011）所述喪禮的主角就是亡者，亡者既然是主角就應以亡者重，但是喪禮執行者卻是家屬，往往家屬首先接觸死亡現象的就是遺體，因此，隨死亡禁忌也影響家屬心理層面，更使執行禮儀儀式深受死亡禁忌左右，尤其是意外死亡造成損傷性遺體之外，引發心理悲傷也更恐懼於魂與魄之歸屬，深怕魂魄無法歸位而影響世間親人的正常生活。

(二)喪禮禮義探討

禮運：「故禮義也者，人之大端也。」陳述禮義為做人之根本更強

---

[19] 任騁（2000）。《中國民間禁忌》，頁482。台北：漢欣。

調養生送死是為了鬼魄神魂得其所長，禮義乃做人之根本。人若無為人根本亦如禽類，所以又說：「義理，禮之文也。無本不立，無文不行。」[20]又「禮也者，猶體也。體不備，君子謂之不成人。設之不當，猶不備也。禮有大有小，有顯有微。」[21]而禮需備三要素「禮義」、「禮器」及「禮文」，以禮義為最重要。禮義者「禮之所尊，尊其義也。失其義，陳其數，祝史之事也。故其數可陳也，其義難知也。知其義而敬守之，天子之所以治天下也。」[22]而禮能夠為準則與尊重是因為含蘊精確之意義存在，若失去禮的道理則如人失去靈魂一樣，剩餘空殼毫無意義的生活。喪葬文化重視禮義之內涵其彰顯孝悌之禮義，失禮義則如盲人行路毫無方向，禮義指導喪禮方針尤其是遺體處理範疇，若無禮義為基礎誠如失魂之身。馮友蘭指出殯葬禮儀承襲儒學而行，更是忌諱於身軀殘缺，古來就有保留死者「全身」的觀念，如死時身軀殘缺都視為惡死。曾子曰：「身也者，父母之遺體也。行父母之遺體，敢不敬乎！」吾身為父母之遺體，為孝子欲盡孝道需全身而歸之，不但須不虧其體而且須不辱其身。唐玄宗云：「父母全而生之，已當全而歸之，故不敢毀傷。」[23]其意指自己死亡之時，應保持身體髮膚之完整，以見父母或祖先於九泉之下。這種臨終前及死後需保有身體髮膚之完整，以免愧對於祖先，也是極為重要的禁忌事項。又遺體處理妥善是現況禮儀人員應注意問題，因為遺體對喪親者而言就是至親之人，代表家庭位階及此生所付予的辛勞，尤其是家族感情連結是無可取代，因此，遺體處理不但直接影響喪禮文化觀點，更使喪親者悲傷層面提升。由於漢民族喪禮文化以孝道承襲為主，彰顯禮儀文化脈絡，並重視文化傳遞，禮儀文化教育最明顯的功能就是將一個文化模式、價值觀念、社會規範等由一代傳到下一代。透過教育歷程的傳

---

[20] 同註24，頁356。

[21] 同註24，頁363。

[22] 同註24，頁387。

[23] 馮友蘭（2013）。《中國哲學史》，頁365。台北：臺灣商務。

承，禮儀文化脈絡得以保存，社會產生穩定與進步才能使禮儀文化延續不斷，而人類一切發展與變遷是以文化為根基。而鄭志明（2007）更指出「文化是歷史的痕跡，而人類歷史發展到一定時期後的歷史文化是人類所獨有，並隨著人類的變遷而渠道而成。」[24]其二者謂禮器，「義理，禮之文也。無本不立，無文不行。」「禮也者，合於天時，設於地財，順於鬼神，合於人心，理萬物者也。是故天時有生也，地理有宜也，人官有能也，物曲有利也。故天不生，地不養，君子不以為禮，鬼神弗饗也。」[25]而在祭祀中其禮器則是器物的擺設將具體陳列物品呈現禮的意義，在於引導意念使行禮者及觀禮者能從器、物、境所架設出的狀態中體會行禮目的。從《禮記集說》有兩種涵義：使學禮者成德器之美；及行禮者明用器之制。[26]先立根本精神再依義理而造禮儀制度，內涵包括時、順、體、宜、稱等要求。又從運之體而用行焉；成乎器者用也，而要以其體。其三者禮文又禮的結構可分道德感性禮理與具體理性儀節器服的禮文，《禮記・禮器》說：「禮也者，合於天時，設於地財，順於鬼神，合於人心，理萬物者也。」[27]「禮」源本於「俗」而來，孔子說：「夫禮之初，始諸飲食」[28]。「俗」就是生活慣性而成歷史文化及行為習慣的沉積而來。其《禮記》中「禮」的初創原則，具有創造繁文縟節符號而成，乃是將具備符號形式加以抽象的過程中，將抽象而化約為普遍性理念；唯其成為普遍性之概念後，才能不局限於時期，進而展現為人類共同情感之範疇。同時「禮」也是人類共同的「理」念。「禮理」的要旨表現為「稱」。何謂「稱」？《禮記・禮器》云：「古之聖人，內之為尊，外之為樂，少之為貴，多之為美。是故先生之制禮也，不可多也，不可

---

[24] 鄭志明（2007）。《殯葬文化學》，頁71-73。台北：空大。

[25] 同註24，頁356。

[26] 同註24，頁355。

[27] 同註24，頁356。

[28] 同註24，頁338。

寡也，唯其稱也。」❷在履行禮制之時，要恰如其分而行，過多或不足都是不合適的。為何《禮記》行禮需要「稱」呢？欲從功能論之，人行禮不「稱」其「身分」，那樣「禮」的「分別」意義便會喪失。在春秋之時，所謂「禮崩樂壞」即是如此。當時的貴族不按身分，不理制度，就一己所好，做出僭越禮樂制度的行為。孔子見季氏演《八佾》之舞於庭，即憤而起，主因是季氏之行舉，不「稱」其「身分」。此外，在「理」之內還包含了「情」。由《禮記‧檀弓下》孔子和子路的一段對話：「子路曰：『傷哉貧也！生無以為養，死無以為禮也。』子曰：『啜菽飲水盡其歡，斯之謂孝；斂首足形，還葬而無槨，稱其財，斯之謂禮。』」❸恆古以來，養生送死是為人的基本「孝道」主脈。在上文裡，子路以貧而歎無法盡養生送死之義，所以，孔子認為禮文背後的理義才是禮的本質。只要父母在時，以盡其歡；父母亡時，稱財而葬，這就是禮的本意，也就是「禮之美」。「禮」是由三個要素所構成，首先最為重要的是「禮義」，指行禮之後所能夠或所期望達到的目的；其次是行禮時所須使用到的器物，亦即是「禮器」；第三個要素是「禮儀」，也可稱為「禮文」，即行禮時的儀節秩序。

　　從《周禮》、《儀禮》和《禮記》三禮之中有關喪葬禮儀內涵的相關陳述中發現，喪葬文化在儒家思想中有其特殊地位存在，從三禮喪葬文化所遵循的基本倫理原則及喪葬禮儀規範、道德教化功能等即可理解喪葬文化的特殊性。因此，有其必要概略整理。

二、儀式功能探究

　　漢族傳統喪葬儀式亦包含宗教儀軌在內的規範和文化禮儀現象，而儀式作為一種傳承文化的秩序形式卻也影響與存在於日常思維。喪葬儀式

---

❷同註24，頁360。
❸同註24，頁360。

功能其背後存在的意涵規範得以延續至今有其重要的社會性凝聚功能，對於人際關係維持及群體整合與強化人倫秩序，並且具有心理建設性的作用。儀式，為宗教規範生死或傳統儀式意義的活動的總稱。儀式活動具有一定的時段、特定的場合，具個人或團體行進共有特殊目的關聯活動；可以由個體或群體組織進行能力活動。喪葬與宗教儀式整體活動不只是協助一個人安詳的離世；同時也能為喪親者帶來死別分離與事實接受，儀式可以幫助療癒因為割捨不下所帶來的心理失落。從魂魄層次的儀式中所用的表達語言是詩詞、音樂及圖騰、符號和象徵意象。^㉛在這裡語言非不足表達其意，盡其可能以臨近靈魂的現象來進行表達；領域中可引述佛教徒、西方宗教和傳統民間信仰，藉由典禮和儀式來將我們原本處於恐懼境域中的死亡恐懼轉化到平靜心靈層次。又如臨終儀式可以呈現許多種宗教信仰，依個人的宗教背景主導其臨終時應採用何種儀式；每一種信仰都有其信念和表徵，這些信念和表徵往往就決定了死亡本身的程序與在臨終處置的地位。雖喪葬儀式由儒家傳統所獨有，但是多元化的社會中亦能展現多元性宗教同時容納了有別於儒家的宗教儀式傳統。又如淨化的儀式，「水」普遍上被視為一種清理和淨化的象徵。由於水是四大元素之一，它還具有再生與療癒的特質。

　　向松柏解釋：「這是因為人們相信只有付出一定的代價而獲得的東西才有它特殊的力量，洗浴不僅出於屍體潔淨方面的需要，而是有著更為重要的信仰方面的意義，這就是通過為死者沐浴，讓生命之水接觸死者的身體，為其注入生殖的力量，促成其早日再生。」^㉜。喪禮從「事死如事生，事亡如事存」之原則來看，其喪事之進行，在於活人的生活準則附加於死者應過的生活，由於生活中人人皆有潔身其身軀之習慣與整理容顏，因此，為死者淨身並處理遺體即為第一優先，希望藉由身體之潔

㉛林美容主編（2003）。《信仰、儀式與社會》》頁297-338。台北：中研院民族所。

㉜向松柏（1999）。《中國水崇拜》，頁42。上海：上海三聯書店。

淨，淨化生命中之汙泥，返回祖先之列，更如出生之初潔淨無瑕，達成始終如一之狀態。「人」喜愛潔淨，更需初終之後，潔淨自己身體，自古至今，自君而士，凡是人類皆是，從出生至死亡始終如此。以乾淨之水以求淨化亡者，使亡者進行淨化儀式之際，能洗淨世間汙染已以便歸併祖先，以完成後代子孫的孝心。許多宗教儀式用水來做洗禮而使臨終之際得以淨化；它可以用來幫助臨終者為靈魂作另一階段的旅程而準備，如灑淨「聖水」或是「符水」以及遺體處理的清淨。另外塗抹以聖潔其遺體和靈魂之聖油以特定的禱詞而完成，這些儀式對親人和他家屬具有個人意義的儀式意義。而死亡儀式謂之親人去世之後，禮儀從業機構或人員從旁協助喪親者辦理喪葬禮儀事務，依據亡者生前的宗教信仰和慣例作為指引。死亡儀式步驟可以包含：亡者房間做儀式性的改變，淨化亡者的遺體、更衣及入殮，並且為喪奠禮做準備以表示對亡者的尊崇，藉由規劃喪禮的流程及進入服喪的階段，而喪葬程序亦分殯葬禮儀與宗教禮儀，以協助喪親者度過殯葬時期。

而祭祀儀式功能運用祭禮或奠禮程序將亡者歸入祖宗之列，以祭祀的方式表達孝道與養育的倫理價值，因此也表現深具人文意義，由祭祀儀式所代表的宗教傳統則具有明確死後世界的觀念與祖先崇拜意涵，表現出強烈的祭祀儀式特性。這個祭祀傳統所舉行的祭祀儀式，要旨在於協助亡者取得歸屬祖先之權益及從祭祀儀式中由宗族親友集體透過祭禮程序，定向亡者進入祖先之位轉化點，其「魂體」與「魄體」規屬家族祖先之列，並且驅除其他邪靈進入祭祀儀式中。同時也利益著生者的禍福，亡者生前的道德及死後的福蔭都將影響子孫是否能夠繁榮昌盛。除此之外，這些儀式所使用的文書、儀軌也同時表達生者對亡者的恐懼心以及強迫其安居彼世界，與生者處於陰陽隔離的想法，所謂「生死各歸，不得互礙」。

傳統喪葬儀式具有盡哀、報恩、教孝、有節度調適遺族心情、強化遺族與親友之情誼等多項基本功能，這些功能則是喪禮的意義之所在；今

人因為不明其意。假如能使國人普遍認清喪禮之意，正本而清源，則在殯葬出現中許多問題便可迎刃而解。再者儀式並非只有一種固定的內容，不同時代可有不同的理解；上述的盡哀、報恩、教孝、有節度調整遺族心情、強化遺族與親友之情誼等，表面看似天經地義的道理，其實只是人類情感理解的一種方式，背後實際隱藏一套有關生死心理的文化觀念。

喪禮儀式，在民間亦演變成相當重要的民俗文化，即使化繁為簡仍為人們所重視。不僅於此亦為相當重要一環。喪葬儀式除了深受漢族所傳佛教、道教及儒學影響外，部分儀式或祭禮也融合巫術文化，因此其民俗文化呈現出相當具文化特質。除此之外，因地區不同所衍生的喪葬習俗和禁忌等都為各地呈現不同文化特質。

伍、遺體處理要義

由於遺體處理學是一門綜合性的專門技術學科，包含美容化妝與造型、醫學美容、外科縫合技術、特效技術、色彩學、修復技術及公共衛生、遺體資訊等課題；由於技術層面尚不足補注遺體處理所彰顯倫理意義與喪親家屬所產生的心理悲痛。尤其專業化的技能進幾乎把倫理課題忽略，目前社會強調專業知能而省略倫理實踐意涵，如此專業技能行徑有失偏頗與認知，倫理實踐能帶來社會福祉與規範亦不淪落獨特偏執專業方向。

一、遺體處理範疇

若從整體殯葬活動給予區隔遺體處理學範疇，可分為廣義與狹義二義。廣義範圍亦為了執行處理遺體之一切殯葬禮俗活動。汎指一切殯葬行為達成處理遺體為主要目的而進行之活動。因此其範疇應包含殯葬業務服

務與宗教儀式服務；更如《殯葬管理條例》第46條揭示具禮儀師資格者應執行職務範圍，均為了進行處理遺體為範圍。而狹義範圍亦解釋為遺體處理。亦如遺體美容、遺體修復技術、遺體防腐、遺體清洗、更衣、入殮等工作。

　　遺體處理的範疇在殯葬禮俗中屬於「殮」的部分，以現代禮俗之言，包含洗身、穿衣、化妝、入殮等，遺體處理是家屬最直接與亡者接觸最後的禮俗流程，因此，遺體處理就顯得非常重要。從殯葬活動行為的實務經驗可知，普遍性能引發喪親者悲痛情緒反應則歸納如下時間點：首先親人進入死亡之初，由於殯葬業務流程起於接駁遺體，此期臨見死亡之初喪親者之心理悲痛刻繪入微，尤其是非預期死亡之案件，喪親者往往無法建構現實與內心所知概況，使實況失焦引發內在認知衝突與矛盾。在現實情結與否定認知中陷入悲傷與失落。其次，遺體經修飾遺容後擇時入殮納藏遺體，經蓋棺後從此無法再見親人容顏。由人體完整形態轉變為骨灰，尤其是整個歷程在喪親者面前做轉化。由上述所知「遺體」的轉變形態確實能連貫喪親者心理悲傷反應。喪親者因為不同的死亡原因，悲傷反則會有產生異常狀態。其次是心理的失落、哀悼等亦不同。尤其是喪失親人後所可能導致的生理、心理和行為等異常反應。

　　傳統中國喪禮，主要依《儀禮・士喪禮》、《儀禮・既夕禮》、《儀禮・士虞禮》、《儀禮・喪服》及《禮記・喪大記》、《禮記・奔喪》、《禮記・問喪》、《禮記・服問》、《禮記・喪服小記》、《禮記・三年問》諸篇所記，規範出「遷寢」、「廢床」、「易衣」、「屬纊」、「復」、「赴」、「幠衾」、「楔齒」、「綴足」、「沐浴」、「襲衣」、「飯含」、「為銘」、「設重」、「小殮」、「大殮」、「備明器」、「停殯」、「筮宅」、「卜日」、「出殯」、「反哭」、「虞祭」、「卒哭」與「祔祭」等幾項主要步驟。[23]在生者盡力搶救，無

---

[23] 林素娟（2009）。〈喪禮飲食的象徵、通過意涵及教化功能——以禮書及漢代為論述核心〉。《漢學研究》，第27卷第4期，頁3。

力回天之後，仍必須等到隔天，才能襲衣入殮，由於遺體下葬對生者與死者生命狀態的過渡均有重大意義，遺體尚在象徵親人仍在，因此不論沐浴或整理髮鬢、剪爪（鬒體）、飯含，皆「大象其生」、「事死如生、事亡如存」。而在入殮之前預為死者淨身，這是因為人體會因死亡後產生各種變化。為保持死者美好的容顏與生命中的最後人性尊嚴，因此在襲衣入殮之前預為死者淨身，成為處理遺體的第一步工作，《荀子・禮論》中即載明：「始卒，沐浴、鬒體、……象生執也。不沐則濡櫛三律而止，不浴則濡巾三式而止。」㉞淨身工作如修剪指甲、梳理頭髮、擦拭身體等整潔身體，都像生時一樣以敬飾之，藉著淨身的工作，保持死者美好的形象與尊嚴，使能潔淨地善終而歸；另一方面，死者整齊清潔的容顏，使生者或來弔唁者，不至於對遺體的變化而產生厭惡之感，而保有對死者的敬愛之情。

從上述文獻資料得知喪禮流程是因死亡事件的發生才出現禮儀儀式，應以亡者為核心所發展出而成的生命禮儀，一切以「處理遺體」為基準，而其喪葬流程亦在使處理遺體過程中其行儀及執行有無偏差，確定亡者獲得應有生命禮儀尊嚴，在子孫行進如儀的儀式中彰顯遺體應有的權益。

二、依現行遺體處範圍

汎指一切殯葬行為都是達成處理遺體為主要目的而進行之活動謂之，因此其行為係指殯葬業務服務。

1. 事前諮詢：提供禮儀流程諮詢、宗教儀式選擇、契約價格說明，並解釋禮俗與了解家屬需求，及其他應注意事項，如死亡證明如何取得及臨終應注意事項（可依宗教給予區分事項）。

㉞〔唐〕楊倞注、〔清〕王先謙集解（2000）。《荀子集解・考證》，頁661。台北：世界書局。

2.事中安排：依契約所訂立標準履行或更添事項，如接體（自宅或殯儀館）、做七（旬）、殯殮葬會場之布置、發引路線、安排葬法事項、靈骨處理等。

3.事後服務：即後續關懷如提醒百日祭祀、對年合爐、宗祠祭拜或對喪親家屬無法走出悲傷者，亦能提供心理諮詢。❸⑤

陸、魂與魄的探討

　　《禮記》中：「鬼神之為德其盛矣乎！視之而弗見，聽之而弗聞，體物而不可遺，使天下之人齊明盛服以盛祭祀，洋洋乎如在其上，如在其左右。」漢民族所謂之「鬼與神」是否如「魂與魄」等同？又其「厲」何故而生？《墨子》陳述而說明：「古之今之為鬼，非他也，有天鬼，亦有山水鬼神者，亦有人死而為鬼者。」上述之意可以延至先秦時代萬物皆有靈性之概念，而其之「鬼」是謂之「神」否？其中人為萬靈之一，故其死後亦稱「鬼」之。亦否即「鬼」的原始意義單指人的魂魄，而是應泛指人、神或動物之靈？到戰國時代文獻中，鬼之形成概念才有進一步的釐清。相同的說法在《禮記》中亦可見：「大凡生於天地之間者皆曰命，其萬物死皆曰折，人死曰鬼，此五代之所不變也。」鬼既是人死後的一種存在現象，則和魂與魄的觀念必然緊密相關。《左傳·昭公七年》闡釋：「……人始化曰魄，既生魄，陽曰魂。用物精多，則魂魄強，是以有精爽，至於神明。匹夫匹婦強死，其魂魄概能憑依於人，以為淫厲……」以上述之論點其為「魂」與「魄」是兩種可以在死後存在之「鬼」，並且「魂魄強」的狀態之下便以形成「神明」，故此，魂與魄及所謂的神明，其差別在於強度的分別，就以「是以有精爽」為重點。而遺體之下則

---

❸⑤內政部全國殯葬網，http://www.ttcs.org.tw/~church/25.1/06.htm（檢索日期：2017/4/10）。

架構魂、魄與厲及神明範疇之生死觀，這也含蘊宗教學之生死概念。

一、喪禮文化是一種複雜的心理情感及對死亡的認識和對遺體的體驗

　　面對著死亡後遺體腐敗及冷冰冰的遺體所產生未知心理恐懼。人經死亡後則出現兩種形態需做處理，安置遺體與引魂歸屬，尤其漢民族具有靈魂概念，首要安置遺體因為喪親者首先面對是親人經死亡時遺留之身體，遺體所呈現的形態亦能影響喪親者心理悲傷，死亡事件發生後喪親者直接面對是冰冷遺體，其悲傷心理狀態完全專注在遺體狀態上，遺體之完整性狀態會聯結喪禮文化儀式，這是普遍民眾心態認知性，無死亡亦無遺體更無喪禮文化脈絡可尋，由遺體的損傷性若未能恢復生前身體形貌，將直接影響後續引魂歸宗儀式（意外死亡則打枉死城，病症死亡則無此儀式），死亡後遺體產生腐敗以至於腫脹呈現的現象，讓喪親者從遺體狀態連帶想像死亡後魂魄的呈現形態。但是其中最關注的問題乃為遺體形態與安置牌位的關聯性，渡邊欣雄（2000：103）指出靈魂分「魂」、「魄」，人死亡後「魄」附和於遺體尤其是骨骼之內，而「魂」則游離肉體之外的牌位後則能受後代子孫祭祀，祭祀牌位屬「陽」，遺體形態屬「陰」，而「陰」之遺體中的「魄」卻能影響子孫繁榮。立於此論點，對於意外死亡非善終之親人遺體，可否經遺體處理後能回歸進入祖先之位。首先先確立「鬼」之意涵，依《說文解字注》釋：「人所歸為鬼」。鬼有所歸乃不為厲。鬼者歸也，鬼若有歸宿，則不會變厲。如能有所歸宿受後代子孫祭祀則為祖先。其重點在於「陽壽未盡」意外死亡者其鬼難以安心，死於非命或死不瞑目就成「厲」，究竟是「魂」或「魄」對於死於非命造成死不瞑目而變更「厲」，但是基於上述明顯說明「魄」附和於遺體，可藉由「魄」附和之遺體以修復技術後再回歸「魂」體的牌位，以修正死於非命或死不瞑目的狀態。否則親人死亡後「魂」無所歸宿及承受後代子孫祭祀，則由「魄」而變更為「厲」。

從「遺體」與「魂」、「魄」關係可依如**圖7-1**所示。

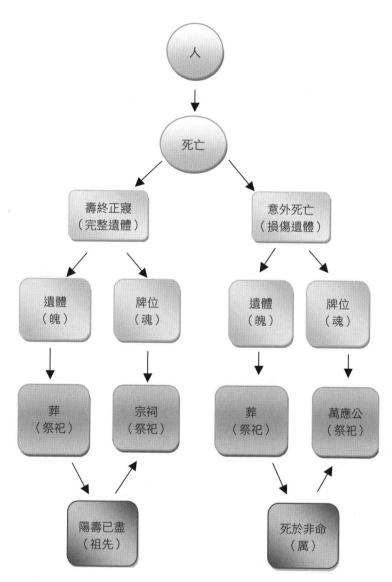

圖7-1　魂與魄關係

資料來源：研究者自行繪製。

二、從研究遺體處理與「魂」、「魄」的觀念

　　從研究遺體處理與「魂」、「魄」的觀念中而知人死亡後「魄」附和於遺體，而「魂」則游離肉體之外的牌位後則能受後代子孫祭祀，牌位屬「陽魂」，遺體屬「陰魄」，而「陰」之遺體中的「魄」卻能影響子孫繁榮與禍福。立於此論點，研究後發現意外死亡非善終之親人遺體，可經遺體處理後能回歸進入祖先之位。而其重點在於「陽壽未盡」意外死亡者其魄難以安心，死於非命或死不瞑目就成「厲」，所以「魂」對於死於非命造成死不瞑目而變更「祖先」，基於上述明顯說明「魄」附和於遺體，可藉由「魄」附和之遺體以修復技術後再回歸「魂」體的牌位，以修正死於非命或死不瞑目的狀態。依可受後代子孫祭祀由「魂」轉移歸宿及承受後代子孫祭祀。因此，經研究發現普大眾心理均設置如**圖7-2魂魄與遺體認知現象**。

柒、結論

　　遺體處理受社會知識提升與時代變遷影響後已非昔日單純的技能行為，而是連接殯葬心理學及悲傷療癒功能，再者，遺體處理又貫通魂與魄的殯葬文化死亡觀。而殯葬儀式本具有多類功能，其中包含生教育功能需與死亡教育功能等，對該兩項功能的理論研究和實踐探索有助於遺體處理功能的發揮。綜合遺體處理對文化教育功能的理論得以展露實踐殯葬文化的特質。

一、對於生命的本質的探究

　　死亡常常作為生命的否定項目用來描述生命的本質的結束，遺體處理也是喪親者感受對亡者所追求一種「真、善、美」的生命圓融狀態，遺

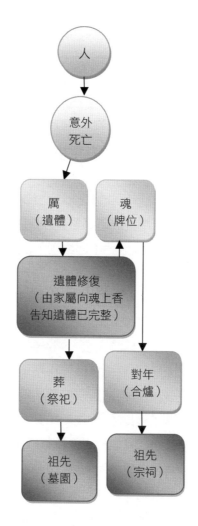

圖7-2　魂、厲與遺體關係

資料來源：研究者自行繪製。

體處理中的善，是指透過遺體處理專業行為中達到生命的「完整性」，體現了人類追求善終的結果。透過死亡的圓滿讓生命過程無憾，而遺體處理是「生命善終」功能對殯葬文化教育功能的延伸，又能發揮生命教育對於生命本質的理解。生命的本質常常從生物學、社會學、醫學等三個視角加

以描繪與定義，具有內在死亡認知功能能夠保持穩定性並透過生命系統延續，使生命獲得了生物和社會、醫學的統一認知，死亡是生命得以自我更新的必然途徑。遺體處理教育功能的發揮需則需要靠殯葬文化對生死的明晰辨識，也對生命的本質負起文化傳承的保障。

二、漢族喪葬儀禮向以儒家喪禮為主要依據

而儒家所制定的喪禮流程規範多為順應喪親時的哀慟之情，其運用禮制內涵表達外在宣洩、節制喪親之痛，並以喪服之制度確認家族成員的尊卑差序，以維護家族倫理秩序，不因亡者的去世而有所破壞。內對於亡者的遺體祭拜處置，儒家傳統主要運用一系列的祭禮以虞祭、卒哭之祭、班祔、禫祭等安頓魂與魄，將其逐漸祔入祖先之位，使其得在宗廟祭祀之中獲致祭祀。儒家傳統即透過此祭祀奉祀的方式，重新列席將亡者維繫在陰陽兩界共同組成的家族成員之中。儒家傳統運用一系列祭禮將亡者歸入先祖行列，以祭祀的方式表達孝悌的倫理價值，因而深具喪葬人文意義，由祖廟所代表的文化傳統則具有明確規範死後世界的觀念與宗祠崇拜，表現出強烈的殯葬祭祀文化特性。尤其是傳統所舉行的儀式性祭拜，主要在經儀式作為協助亡者取得祖先位置與謝土權、除靈權、離世權等，而這些儀式作為同時是重於生者的現行利益，因為亡者生前的行為及死後的命運都將影響子孫禍福。死亡對於宗教文化觀來說並不代表真正的結束，而是死後世界的另一種延伸，反而給人無限想像空間與附有深厚情感的寄託，也因為相信如果死者在死後能夠有好的生活，對生者來說更是極致的安慰。喪葬禮俗儀式使得「死別」事實變得更具真實性，也使得哀悼的過程正當化，並為生者帶來適應未來更新的生活，因此喪葬禮俗儀式的意涵不僅是服務亡者，並且整照顧到喪親者。

三、錐心泣血之慟永難忘懷

喪禮中的「遺體處理」屬於「襲殮」儀式範疇，親人臨終後喪親者則首次接觸遺體，其情緒上下起伏難以控制，有時因無法放下親人遺體，更不忍心將親人遺體暴露而產生惡臭氣味，因此，才以「襲殮」侍奉生者的遺體，並以敬慎態度為死者設置喪葬儀節。尤其是意外事件產生損傷性遺體更讓喪親者悲慟永無止息。林素英[36]（1997）指出家屬的悲傷目標是永懷亡者，對亡者付出更深刻的感情以達成喪禮盡哀的心態。其實這悲痛更是一種親情哀思，尤其是複雜的內心分裂狀態，喪親者可能面對親人非預期的死亡造成殘缺遺體。

> 「我先生是口癌症去世，末期他傷口是沿著淋巴系統漫延胸腔，過世接完遺體由禮儀人員清潔時傷口半個胸部，兒子、女兒也嚇一跳，因為平常傷口不讓孩子看，孩子一直問怎會這樣！怎會這樣！……先生平常喜歡乾淨出門衣褲都是整齊，沒想到是這樣離開……」

喪親者可遇的常態，如萍芸所云孩子未能注意其傷口如此嚴重潰爛，又在短期之內親人勿促離開，這使喪親者無法接受，甚至無法承認親人離開，死亡狀態出現就是遺體，而喪親者直接面對的就是冰冷的遺體，往往使喪親者無法接受亦是冰冷遺體。

四、凝視遺留身軀否認死亡

喪禮儀式能夠協助我們對死亡的事實有所認知、向群眾公開說明死者的生平、讓悲傷在結合文化價值觀的情境中有所表達、使哀悼者獲得支持、對於生與死的信念與看法欣然接受，並且對日後的生活維持連貫性且

---

[36] 林素英（1997）。《古代生命禮儀的生死觀》，頁70-72。台北：文津出版。

抱持希望。喪葬儀式首要任務是應該提供恰當的方式處理死者的遺體。而其悲傷階段之觀察和劃分也有不同的論點，剛失去親人那幾天會產生驚嚇，其特質是自我失控、能力減低、缺乏動機、不知所措、迷惑、失去知覺、麻木、生氣、極度的悲傷、否認死亡。 婉曉與國俊在親人死亡之際亦無法接受突然發生之事故，尤其是國俊的爸爸對大兒子上班中發生公安事件更無法承受。

> 「爸爸在媽媽過世後就一個人住在中壢，我跟妹妹都在外工
> 作，遇有休假一定回家看爸爸，爸爸身體還好，平時也沒聽過
> 生病，怎會……【哭泣】法醫說是猝死，爸爸平常好好的四天
> 沒見怎會……怎會……身體跟臉孔都浮腫認不出……那不是我
> 爸爸」（D1011）

婉曉在親人剛死亡之初同樣心理無法接受，非預期死亡在毫無心理準備的情況下發生死亡事實，喪親者目睹親人遺體之初，尤其是損傷性遺體造成支離破碎狀態更使喪親者永難忘懷，非預期死亡造成損傷性遺體，所帶給喪親者不但是無法接受突然發生之死亡事實，而且往往發生事故之際記憶只停滯在未發生事故前段。

五、轉化生命尋求遺體處理

在喪禮儀式中的喪親者因其他因素沒親眼見到或觸碰逝者遺體，在喪禮過後感到遺憾；而在喪葬儀式中藉由遺體處理為逝者梳洗身體或修復遺體，則有助於喪親者體認失落事實、宣洩悲傷。換言之，協助生者接受失落的真實感，其方法之一是透過死者的遺體並體認死亡真實存在。讓家屬決定是否看遺體是十分重要，這可以是一個最後向逝者致意的經驗，即使在車禍或意外死亡的情況，亦可再妥善安排遺體修復後讓喪親者瞻仰遺容。因為親眼所見，使喪親者更接近死亡失落的真實感。

「我進入屋內……找到爸爸、媽媽、弟弟【失聲、哭泣】……
我……爸爸、媽媽身體彎曲著手腳都變形了啊，身軀黑褐色…
我看不清楚是爸爸或媽媽，阿……弟弟……兩肢腳燒焦不見
了，手嚴重變形……頭的後腦……燒掉了……【哭泣】……」

　　非預期的悲傷造成損傷性遺體，是指突然的死亡，沒有準備的失
落，如意外身亡、車禍或外傷等。人們在這種沒有心理準備的狀況下，親
人的突然死亡或突然接獲親人的死訊，這種死亡的衝擊，常帶給喪親者不
預知的悲傷反應，令生者措手不及或心理上難以平撫的創傷。

　　「遺體處理」被賦予的象徵意義是在「盡孝」、「恢復逝者生前容
顏」與「尊重遺體」的脈絡中形成，三者皆指向喪親家屬透過「遺體處
理」對逝者身體的妥善照顧得到慰藉。值得探討的是「遺體處理」的意
涵已經在「喪禮文化」中被展現出，以及為家屬所採納與認同。其次，
家屬在「遺體處理」的參與、陪伴過程中其所感知的獨特經驗，「遺體
處理」屬於死亡與遺體的特有意義，在現有的文獻資料中，以「喪禮文
化」的角度來詮釋「遺體處理」的意義仍有所欠缺，應如何在「遺體處
理」所予以「喪禮文化」的既有意涵，讓喪親家屬在體驗中所詮釋的重要
意義與脈絡，完整的呈現出「喪禮文化」作為現代「遺體處理」的新意與
價值，以及如何透過「遺體處理」的進行，療癒喪親家屬的悲傷。

參考文獻

一、專書部分

〔宋〕聶崇義集註（2006）。《新定三禮圖》。北京：清華大學出版社。

〔明〕徐溥撰、〔明〕李東陽重修（1986）。《明會典》（景印文淵閣四庫全書本）。台北：台灣商務印書館。

〔南宋〕朱熹注（1994）。《四書章句集注》。台北：大安。

〔唐〕房玄齡（1978）。《晉書》。台北：鼎文書局。

〔唐〕楊倞注、〔清〕王先謙集解（2000）。《荀子集解・考證》。台北：世界書局。

〔唐〕蕭嵩等撰（1986）。《大唐開元禮》（景文淵閣四庫全書本）。台北：商務印書館。

〔唐〕魏徵（1950）。《隋書》（據清乾隆武英殿刊本景印）。台北：藝文印書館。

〔清〕王夫之撰（1967）。《禮記章句》。台北：廣文書局。

〔清〕呂子振輯（1975）。《家禮大成》。台北：西北。

〔清〕來保、李玉鳴等奉敕撰（1978）。《欽定大清通禮》（景印文淵閣四庫全書本）。台北：台灣商務印書館。

〔清〕來保、李玉鳴等奉敕撰（1978）。《欽定大清通禮》（景印文淵閣四庫全書本）。台北：台灣商務印書館。

〔清〕胡培翬（1993）。《儀禮正義》。江蘇：江蘇古籍。

〔清〕胡培翬（1993）。《儀禮正義》。江蘇：江蘇古籍。

〔清〕張惠遠（1995）。《儀禮圖》。上海：上海古籍出版社。

〔清〕戴翊清撰、張汝誠輯（1985）。《家禮會通》（雍正甲寅序刊本）。台北：大立。

〔清〕戴翊清撰、張汝誠輯（1985）。《家禮會通》（雍正甲寅序刊本）。台北：大立。

〔漢〕許慎撰、〔清〕段玉裁注（1981）。《說文解字注》。上海：上海古籍出版社。

〔漢〕趙曄撰、〔元〕徐天祐注（1979）。吳越春秋，《四部叢刊‧史部》（上海涵芬樓景印明弘治鄺璠刊本）。台北：臺灣商務印書館。

〔漢〕鄭玄注、〔唐〕孔穎達。《禮記正義》（十三經注疏本附校勘記，阮元重刊宋本）。台北：藝文印書館。

〔漢〕鄭玄注、〔唐〕賈公彥疏（2001）。《儀禮注疏》（十三經注疏本附校勘記，阮元重刊宋本）。台北：台灣書房出版有限公司。

〔漢〕鄭玄注、〔唐〕賈公彥疏（2001）。《儀禮注疏》（十三經注疏本附校勘記，阮元重刊宋本）。台北：台灣書房出版有限公司。

中華民國殯葬禮儀協會（2014）。《臺灣殯葬史》。台北：中華民國殯葬禮儀協會。

內政部（1994）。《禮儀民俗論述專輯（第四輯）》。台北：內政部。

內政部（2012）。《平等自主‧慎終追遠：現代國民喪禮》。台北：內政部。

方向東（2008）。《大戴禮記匯校集解》。北京：中華書局出版。

王士峯、阮俊中（2007）。《殯葬管理學》。台北：空中大學。

王夫子、蘇家興（2010）。《殯葬服務學》。台北：威仕曼文化。

石世明譯（2001）。J. H. van den Berg著。《病床邊的溫柔》。台北：心靈工坊文化。

任騁（2000）。《中國民間禁忌》。台北：漢欣。

何兆珉、陳瑞芳（2004）。《殯葬倫理學》。北京：中國社會出版社。

吳美慧譯（2000）。Marie De Hennezel著。《因為，你聽見了我》。台北：張老師文化。

呂欣芹（2005）。《自殺者遺族悲傷調適之模式初探》。國立台北護理學院生死教育與輔導研究所碩士論文（未出版）。

李淑珺譯。Ted Menten著。《道別之後》。台北：張老師文化。

李開敏（1997）。〈悲傷輔導〉。《安寧療護雜誌》，第3期，頁13-17。

李開敏等譯（2004）。J. William Worden著。《悲傷輔導與悲傷治療》。台北：心理出版社。

汪芸譯（1994）。Carl A. Hammerschlag。《失竊的靈魂》。台北：遠流出版。

阮昌銳（1990）。《中國民間信仰之研究》。台北：台灣省立博物館。

宗蕊、徐軍、李振萍（2013）。《遺體整容與化妝》。上海：科學普及出版。

林君文譯（2004）。Mary Roach著。《不過是具屍體》。台北：時報文化。

林美惠（2010）。《朱子學與死亡倫理現象學》。台南：復文圖書。

林素英（1997）。《古代生命禮儀中的生死觀：以禮記為主的現代詮釋》。台北：文津出版社。

林綺雲等（2000）。《生死學》。台北：洪葉文化。

林綺雲等（2004）。《生死學：基進與批判的取向》。台北：洪葉文化。

芮傳明、趙學元譯（1992）。Emile Durkheim著。《宗教生活的基本型式》。台北市：桂冠圖書。

姜義華、黃俊郎（1997）。《新譯禮記讀本》。台北：三民書局。

洪祖隆、黃松元（1994）。《死亡心理學》。台北：空大。

徐福全（2008）。《台灣民間傳統喪葬儀節研究》。台北：徐福全。

高淑清（2008）。《質性研究的18堂課：首航初探之旅》。高雄：麗文文化。

尉遲淦（2004）。〈從殯葬處理看現代人的悲傷輔導〉。《中華禮儀》，第12期，頁17-26。

尉遲淦（2013）。《殯葬臨終終關》。台北：國立空中大學。

張定綺譯（1993）。Mihaly Csikszentmihalyi著。《快樂，從心開始》。台北：天下文化。

張燕譯（1993）。Helen Nearing著。《美好人生的摯愛與告別》。台北：正中書局。

張靜玉等譯（2004）。Charles A. Corr、Donna M. Corr、Clyde M. Nabe著。《死亡教育與輔導》。台北：洪葉文化。

章薇卿譯（2007）。Robert A. Neimeyer著。《走在失落的幽谷──悲傷因應指引手冊》。台北：心理出版社。

許玉來等譯（2002）。Kenneth J. Doka著。《與悲傷共渡──走出親人遽逝的喪慟》。台北：心理出版社。

陳向明（2002）。《社會科學質的研究》。台北：五南圖書。

陳貞吟譯（1998）。David Kessler著。《臨終者的權益》。台北：寂天文化。

陳榮華（2006）。《海德格存有與時間闡釋》。台北：台大出版中心。

傅偉勳（1993）。《死亡的尊嚴與生命的尊嚴》。台北：正中書局。

彭榮邦、廖婉如譯（2010）。Kathleen D. Singh著。《好走──臨終時刻的心靈轉化》。台北：心靈工坊。

渡邊欣雄（2000）。《漢族的民俗宗教》。天津：人民出版。

鈕則誠（2008）。〈殯葬倫理學的應用〉。《中華禮儀》，第18期，頁6-11。

鈕則誠（2008）。《殯葬倫理學》。台北：國立空中大學。

馮友蘭（1994）。《中國哲學史》。台北：臺灣商務。

黃天中（1991）。《死亡教育概論I——死亡態度及臨終關懷研究》。台北：業強
　　出版社。

黃雅文等譯（2006）。Lynne Ann DeSpelder、Albert Lee Strickland著。《生命教
　　育：生死學取向》。台北：五南圖書。

黃雅文等譯（2006）。Lynne Ann DeSpelder、Albert Lee Strickland著。《死亡教
　　育》。台北：五南圖書。

黃鳳英（1998）。〈喪親家屬之悲傷與悲傷輔導〉。《安寧療護雜誌》，第10
　　期，頁69-83。

楊敏昇（2009）。《遺體處理學》。台北：全磊企業。

楊敏昇、陳姿吟（2012）。《遺體處理與美容》。台北：國立空中大學。

楊鴻台（1997）。《死亡社會學》。上海：上海社會科學院。

趙可式（1997）。《安寧伴行》。台北：天下文化。

劉震鐘、鄧博仁譯（1996）。Robert Kastrnbaum著。《死亡心理學》。台北：五
　　南出版。

潘淑滿（2003）。《質性研究：理論與應用》。台北：心理出版社。

鄭玄（1979）。《十三經注疏・儀禮注疏》。台北：藝文印書館。

鄭志明、尉遲淦（2008）。《殯葬倫理與宗教》。台北：國立空中大學。

聶崇義集注（無日期）。《三禮圖》（線裝書）。上海：同文書局。

二、論文部分

王別玄（2009）。《韓愈碑祭文中的生死觀研究》。南華大學文學研究所碩士論
　　文（未出版）。

江達智（1993）《春秋、戰國時代生育及婚喪禁忌之研究》。國立成功大學歷史
　　語言研究所碩士學位論文。

李佳倫（2013）。《隔代教養孫子女對祖輩逝世調適歷程之敘說研究》。國立台
　　南大學碩士論文（未出版）。

李佳容（2001）。《親人死亡事件心裡復原歷程之研究》。國立彰化師範大學碩
　　士論文（未出版）。

李佳穎（2011）。《套裝的死亡旅程通往何方？當代臺灣死亡儀式商品化研
　　究》。國立清華大學碩士論文（未出版）。

林于清（2006）。《成年喪親者的悲傷復原經驗之研究》。國立嘉義大學碩士論
　　文（未出版）。

三、網路部分

引自內政部全國殯葬入口，http://mort.moi.gov.tw/frontsite/statute/dcaStatuteAction.
　　do?method=doListAll&siteId=MTAx&subMenuId=501（檢核日期：2016/7/15）

http://www.ttcs.org.tw/~church/25.1/06.htm（檢索日期：2017/4/10）

8

產業變革趨勢——以「遺體修復產業」為例

黃勇融

中華民國遺體美容修復協會理事長

摘　要

本論文將對遺體修復產業進行「五力分析」，分析出遺體修復產業於整體經濟中，所面臨的產業外威脅程度及各利害關係人，如：產業內競爭者、潛在競爭者、供應商、客戶、替代品的彼此關聯。以現今殯葬改革創新及科技化、環保議題，探討遺體修復產業未來之改革及創新趨勢。

壹、前言

生、老、病、死為人生必經過程，人活著亦意謂著：為死亡做好準備及學習面對，隨著人類死亡所帶來的殮、殯、葬服務需求，使得各相關產業不斷蓬勃發展，近年來隨著國人對於生死的認知，加上官方不斷進行改革及創新，如：禮儀師證照推行；乙、丙級喪禮服務技術士認定；環保葬法及簡葬的提倡，使得國人往生品質已具相當之水準。

在國內整體殯葬服務品質，不斷進行漸進式創新的往上提升之時，對於遺體修復產業一直處於被忽略的一個環節，在實務上，遺體修復人員擔任著特殊遺體服務或處置工作，扮演著相當重要的角色，舉凡特殊性遺體的接運、重建、填充、縫合、洗身、穿衣、化妝等，必須具備更專業的遺體處理知識及素養才能適任。

遺體修復產業一直處殮、殯、葬的第一個環節，為最直接面對往生者及家屬親友的第一線殯葬服務人員，隨著殯葬改革的趨勢，修復產業亦需進行改革及創新，才能為未來遺體修復產業帶來更大的存在價值。

貳、文獻探討

　　「SWOT分析」及波特的「五力分析」,是最常用來作為產業趨勢分析的工具,著重於具體將產業中各面向的影響程度或特殊要因呈現出來,對於產業面臨現況及產業改革創新的建議分析,極具研究參考價值。

參、研究方法

　　針對遺體修復產業進行「五力分析」,分析出遺體修復產業於整體經濟中,所面臨的產業外威脅程度及各利害關係人,如:產業內競爭者、潛在競爭者、供應商、客戶、替代品的彼此關聯。

　　透過遺體修復產業進行「SWOT分析」,將產業中內在環境的優勢、劣勢,及外在環境所帶來的機會、威脅,由產業內的四個面向,分析出產業中的利基點及改革點。

　　比對上述二樣產業分析工具之分析結果,將各項問題點或產業所面臨的困境,採質化方式逐條比對。對於分析比對出之條列結果或可預期之必然,探討出遺體修復產業改革具體作為及創新研發建議。

肆、趨勢分析

一、五力分析

(一)產業內競爭者

　　泛指因從事同性質工作,而進行競爭的人或組織團體。

對於目前遺體修復產業而言，此類之競爭者皆有各自的專長、市場或區域等，於目前之自由市場中，皆有各自的利基市場，亦因各自區隔之明確，並無相互影響力，如：專接社會團體或個人委託之個人或組織、專為授課而架構出之學生需求市場、專接特定區域的組織或因個人專長所延伸出來的專利專用。

此類之競爭者，以產業界內的知名度為競爭導向，使得國內在遇到許多大型災難或特殊案件時，常以義務服務之名義進行競爭，間接造成產業中的惡性競爭，使修復產業的獲利能力被打壓，降低遺體修復產業的存在價值，使民眾誤以為台灣的遺體修復為義務免費或廉價贈品，此類作為實為破壞產業存在的惡習。

(二)潛在競爭者

指有機會或可能涉入產業中的競爭個人或組織。

目前投入台灣的遺體修復產業人員，已具一定相當之專業水準，成為進入產業中之自然障礙，且培訓一位遺體修復人員，需一定專業訓練及實作經歷，並需克服許多常人所無法克服的視覺、嗅覺及膽量的挑戰，在未具專業水準或差異化的特殊修復專長情況下，其他產業或外來之競爭者，不易進入遺體修復的產業中，故此類影響力，亦屬於低影響力。

(三)供應商

此處所指之供應商，泛指整體供應鏈中，下游供應商或供應者，對於供應品或分包品的議價能力，所產生的影響力。

遺體修復產業是一門著重於技術上的特殊產業，對於材料及工具之取得及使用，除了國外具專利或特殊用途的特殊材料及工具外，本身對於材料及工具的供應，具一定的控制能力，另國內產業中從業人員，除了具專業技術外，對於自身修復所需使用或常用的材料及器具，亦具有相關的研發能力，使得此類供應商的議價影響能力，明顯偏低。

(四)客戶

客戶為整體供應鏈的最末端，對於供應品或服務的議價能力，具舉足輕重的影響力。

台灣的修復產業目前處於壟斷市場，所謂壟斷是指客戶取得資訊不易，或無法以經驗獲取，或無資訊可取得，如：廠商評價、施作品質、價格透明、做法流程等，對於修復的資訊完全處於封閉狀況，當遇有遺體修復需求時，大多是必須性及以殯葬業者之推薦為主，使得客戶的議價或影響能力降低及處於被動立場。

(五)替代品

替代品指以其他或相關產業，來取代或替代掉原來產業的影響程度。

遺體修復產業於目前並無任何產業可以替代之，僅有部分科技化修復輔助器具部分取代，如：機器手臂縫合、3D列印等科技，主要之修復部分亦必須由人力施作，如：重建、填充、重組等，為目前科技所無法取代之專業技術，是故使得遺體修復產業，成為自古至今殯葬過程中為必須且無法替代的特殊產業。

經由產業五力分析後可獲知，遺體修復產業目前在國內各方面的影響力，皆屬於低影響或無影響的產業，為一個壟斷且無法替代的必須產業，對整體修復產業而言，是一個極具發展的利基市場及產業，但就市場機制而言，對於消費者或客戶則存在著不透明、不公開的不對等市場機制，適度的增加優質競爭者、公開修復資訊透明、鼓勵投入研發相關科技等，有助於遺體修復產業進入良性競爭，並促進產業界內改革創新進步。

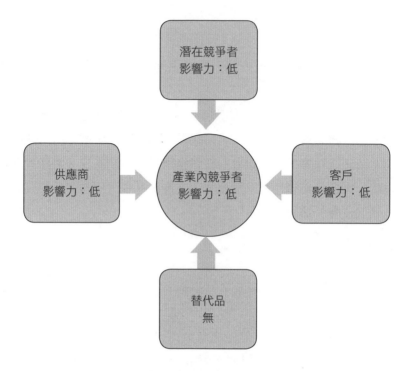

圖8-1　遺體修復產業的「五力分析」圖

二、SWOT分析

(一)優勢

遺體修復產業內在優勢，或稱之為利基市場優勢：

◆從事產業人數稀少

遺體修復人員的養成主要分為三個階段，初級從業人員由學習至從業至少需半個月至一年時間，主要工作負責正常遺體的處理，其中又以遺體的洗身、穿衣、簡易化妝工作占大宗，中級從業人員則需經二年以上養成時間及一年以上實務經驗，方能進行遺體簡單的縫合、修復工作，高級的從業人員至少需經三年以上的培訓時間，始能進行更複雜的遺體修

復,對於損壞性遺體進行專業修復工作的從業人員更是稀少,台灣目前具實際遺體修復能力人數,嚴重不足,為遺體修復產業的成長,保有很大的優勢及就業空間。

造成遺體修復人員稀少的原因,除了本身養成不易,許多的學習人員在初級進入中級時,因事前教育不足而產生適應不良,進而選擇了放棄,造成人力斷層,另外對於修復概念及正確的施作方法的推廣,亦明顯不足,無法給予最基礎、最專業的教育學程,使得具資格的遺體修復從業人員,有逐年減少的趨勢。

◆無法取代專業技能

對於修復專業技能,除了首先要能克服面對生死的心理障礙,面對損壞性遺體所帶來的生理克服障礙,也考驗著修復人員的專業技能,中華文化從古至今,對於養生送死的觀念也一直保留至今,對於死後保留全屍的遺體處理觀念,早已深植內心,也有著無法取代的視死者如生者所代表之象徵意義,為使得遺體保有最人性化的對待,最妥善及適切的處理,則為遺體修復產業一直存在的最大價值。

(二)劣勢

遺體修復產業內在劣勢,或稱之為所面臨的改革點:

◆人員素質參差不齊

國內遺體處理市場,每年所帶來之商機極為鉅大,平均每一國人往生,簡單以淨身及穿衣計算,至少需花費在遺體處理上之金額為2,000元,其中並不包含特殊性遺體所需的修復費用,從業人員在供不應求的情況下,則容易產生魚目混珠、素質參差不齊的情事發生,許多不具遺體處理專業或專業度不足的從業人員,草率處理或處理不當,使得往生者大體所應有的權益,嚴重受損,近年來隨著喪禮服務技術士證照的推行,雖有明顯的改善,但遺體修復部分,仍無相關證照或規範,使得許多從業人員

誤以為具丙級喪禮服務技術士證照，就代表得以進行專業的遺體修復，嚴重影響遺體修復產業所代表的專業度。

遺體修復本身需由公共衛生基礎教育開始，讓所有從業人員確實了解遺體及環境所帶來的重大影響主要意涵，進而轉變為防護及復原的技能，反觀許多未瞭解遺體修復所代表意義的從業人員，不但不能有效保護自己，亦可能將感染性廢棄物或汙染源，採非專業之處理或隨意處理，極有可能造成環境破壞的隱憂。

◆ 工作環境設計不良

遺體修復產業本身，屬於需長時間曝露於高危險工作環境的行業，而目前《殯葬管理條例》規範，遺體處理必須於殯葬設施中為之，反觀現在各殯葬管理所、殯儀館，對於遺體修復工作環境，設計上仍大多為封閉式空間，未能保持通風或以負壓式設計，對於長時間處於病菌感染的作業人員或相關人員，有著極大公共衛生及個人健康的隱憂。

◆ 產業欠缺研發創新

遺體修復產業長久以來，大多以土法練鋼方式，進行漸進式改良而非創新，從最原始的非環保素材，漸漸改善成環保素材的修復材料，對於遺體的研究及修復原理，尚不如其他國家，唯有不斷開發、研究、創新才能使修復產業立於一個符合時代趨勢的長久產業。

◆ 人員欠缺工作機會

遺體處理及修復人員培訓養成過程，比禮儀師有過之而無不及，需經歷許多殯葬從業人員或禮儀師，難以想像的實務遺體服務或修復經驗過程，但此類優秀之修復人員，在產業內不具遺體處理專業或專業度不足的從業人員大量投入衝擊下，往往無工作保障，亦無固定收入，不如禮儀師受《殯葬管理條例》規定在一定規模必須聘請一定數量之保護。

(三)機會

遺體修復產業面臨的外在機會：

◆ 官方推動環保簡葬

近年來政府不斷倡導環保簡葬，使得國人漸漸接受環保植、花、灑葬，消費者在葬的方法開始進行節約及改變葬法，相對於殮及殯的方面，則有更大的接受度及成長空間，國人開始重視遺體修復的重要性，之前只要遇到嚴重受損的遺體，大多以直接送火化處理之，無遺體修復的預算考量或動機，而現在則會考慮將環保葬省下的經費，花在修復遺體上，除了可以達到悲傷輔導的實際功效，也使得遺體修復產業有可預期性成長及助力。

◆ 悲傷輔導獲得重視

因應禮儀師制度的推動，臨終關懷及悲傷輔導亦逐漸受到重視及推廣，殯葬服務已不單是對於往生者的服務，也轉向親友的悲傷進行輔導及支持，而遺體修復本身具有極大的悲傷輔導功效，將往生者遺體進行重建，降低親友的失落感，是最有效的悲傷輔導，反之，若重建之效果不彰或不當的遺體處理，則會造成親友的二次傷害。

◆ 網路資訊取得容易

隨著資訊時代的來臨，網路及手機已成為現代人獲得資訊不可或缺的一部分，遺體修復資訊亦可以跟著網路資訊的發展，進行技能推廣及資訊透明化，不但可以讓消費者或客戶了解遺體修復的重要性，更可以取得相關訊息。

(四)威脅

遺體修復產業面臨的外在威脅：

◆ 科技化的技術開發

隨著全球化科技時代的來臨，許多原本以人力為主的產業，漸漸被科技取代，如：汽車生產線、組裝生產線等勞力密集產業，而殯葬服務產業近年來亦有相同現象，如：全自動的洗屍體機器設備、醫療用縫合機器手臂運用、3D列印應用在遺體修復上等，在面臨科技時代的來臨當下，更應創新技術及結合科技輔助的必然性。

◆ 國外相關產業進入

全球已進入一個世界村的環境概念，許多的產業或許之前在台灣未曾聽聞過，但不代表世界上並無該產業的存在或發展，而台灣是一個融合性極高的國家，已進入的產業有中國的防腐技術、日本的湯灌技術或稱遺體SPA，未來可能面對的相關產業可能更多，遺體修復產業未來將面臨創新出本地化、在地化的台灣特色殯葬修復文化。

透過產業內「SWOT分析」後，明顯可得知人員素質、工作環境、研發創新、工作機會及國外產業進入，是遺體修復產業中較為劣勢的部分，也是產業改革及創新的趨勢，如能適度對於產業內的劣勢，進行符合趨勢的改革作為或研發創新差異化的具體，則能為遺體修復產業帶來成長的契機。

三、改革創新策略

透過**圖8-2**所分析出來的各個面向，可進行比對出各項具體改革創新策略：

(一)a.或b.＋e.

以內在優勢結合外在機會，改革市場的不透明狀況，利用網路資訊的取得容易，將修復產業內優秀的人、事、物等資訊，適當推廣給消費者知道，例如：架設專業網站、成立專業粉絲社團、定期辦理推廣課程或參

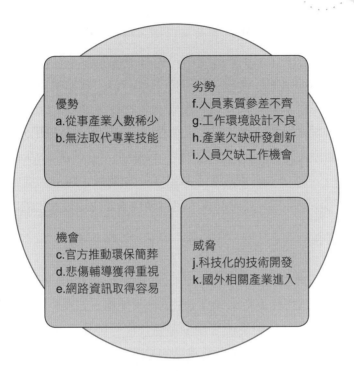

圖8-2　遺體修復產業的「SWOT分析」圖

與推廣活動等，讓消費者得到正確的訊息及觀念，此舉不僅可得到廣告推廣作用，亦可恢復正常市場機制。

(二)a.b.＋c.d.

以內在優勢結合外在機會，以遺體修復的專業技術，配合政令進行環保葬法的推廣，並強化悲傷輔導的實際功效，適時將遺體修復的觀念，及施作的必要性導入殯葬服務過程中，使遺體修復產業可以在社會趨勢中順勢成長。

(三)改革f.g.h.i.

所謂危機即是轉機，將內在劣勢創新為優勢，其具體做法為由產業

面臨實際劣勢中，訂定出理想改革目標，再針對改革目標進行過程分析或標準化，如**表8-1**，其中之作為必須為可達成的具體做法，在設定或制訂時，結合產、官、學界各方共同進行評估，評估範圍包含：問題討論、目標制定、具體作為、施行辦法及可行性討論等，由官方鼓勵推行改革，結合學界專業建議，配合產業界支持，並可適時採用5W1H的思考方式，將關係人（Who）、應在何時（When）、在何處（Where）、做什麼（What），並將為什麼要做（Why）、如何做（How）進行全面性討論，不但可以全面提升產業品質，更可獲得資源運用最大化的功效。

(四)創新j.k.

將外在威脅作為創新參考，其他產業中有著許多成熟又普及的專業技術或產品，值得修復產業進行學習或參考使用，如現今廣為使用的遺體縫合技術，早期為外科手術專用之縫合技能，經業界中先進引進，結合遺體特性及變化，逐漸變為目前常見的遺體內外縫法，所以當產業中遇到有可能變為威脅的資源，能夠早期進行所謂逆向工程，將其原理、成功之

表8-1　遺體修復產業改革作為表

產業面臨實況	改革目標理想	具體作為
人員素質參差不齊	人員素質標準化	A設定基礎標準 B標準教育訓練 C技能檢定認證 D修正提升標準
工作環境設計不良	工作環境標準化	A安全規格制訂 B改善現有規格 C規格使用維護
產業欠缺研發創新	獎勵研發創新	A訂定獎勵辦法 B研發創新發表 C鼓勵優質創新
人員欠缺工作機會	增加就業機會	A取得待業名單 B轉介相關組織

法、威脅之處等，進行產業內研究開發，或結合產業特性進行創新，則可為產業本身帶來差異性創新，甚至是全新技術或產品的破壞性創新，如同蘋果手機完全破壞掉舊有手機的概念及架構。

四、資料比對分析

經各項資料比對結果，可得知目前遺體修復產業正處於被動趨勢，欠缺自我主動改革的動力及創新的環境，素質不一的情況亦日趨嚴重，除了未有專業的教育訓練機制，及缺乏自我主動能力提升外，正漸漸使得優秀專業人才流失，雖然此舉讓遺體修復人數減少，成為目前仍在就業人員的利基，但在不專業人員比專業人員多的情況下，實難確保產業即有技術及應有品質得以保留。

(一)以人為本的專業訓練

綜合各項分析資料，可得知人一直是遺體修復產業最大的資源，目前的遺體修復人員，長久以來一直存在於以累積經驗的產業，而未經過正式教育訓練，類似早期的殯葬服務業，只知道遇到時就做，但不知為何或該如何做才是最適當，及作業時需注意事項，唯有提升從業人員的素質及改革目前訓練機制，才能做到所謂專業級修復服務，提升遺體修復產業的水準，才能避免如**圖**8-3所示，劣幣驅逐良幣的情況發生。

依馬斯洛的人類需求五層次理論中，當人類的基本生理需求及安全需求，未能獲得滿足時，對於最高層次的自我實現需求，則無法進行實行，創新改革於目前修復產業為漸進式，當從業人員能在安全的工作環境，穩定不斷的進行遺體修復工作，則會使其追求自我實現需求的創新思維。

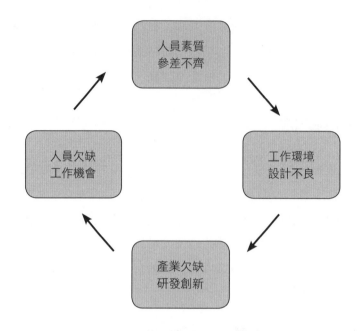

圖8-3　當前遺體修復產業處境

(二)證照制度的開發與考核

　　遺體修復產業本身必須具備相當的專業度，如：公共衛生學、遺體處理學、人體構造學或解剖學、外科手術縫合學、色彩學、基礎美容化妝學等，許多從業人員在未經完整的教育訓練，則立即投入服務行列，對於個人健康、服務品質、公共衛生存在著相當大的隱憂及風險。

　　證照制度是國內行之有年的就業資格考核制度，有效的將各行各業的從業標準及應有倫理，予以規範及管理，目前遺體修復產業，雖為占有優勢的產業，但因從業人員的標準不一或專業欠缺，使得產業的專業度及就業人口逐年下降，給予產業中人員，考核資格的認證及鼓勵優秀人才，則為改革遺體修復產業，不可或缺的重要趨勢。

(三)鼓勵創新的推廣與獎勵

台灣在世界舞台，最被國外人士稱道的是修復界的軟實力，所謂之軟實力，就是台灣人不畏懼失敗及肯做的精神，經過產業分析工具的外部及內部的比對分析後，發現要有效改革遺體修復產業，鼓勵業界內創新。

產業創新是改革產業的具體作為及方向，在目前全球化的資訊廣為運用及科技化的助力之下，結合環保意識，將產業中的各個環節予以適度規劃，就遺體修復產業而言，將目前既有技術予以推廣，建立正確的公共衛生觀念，將有意投入產業的人員，經專業教育機制，培訓成專業的修復人員，使其有滿足生理需求的能力，再鼓勵進行產業創新作為。

創新又可略分為改良式創新及設計性創新，改良式創新即將現有之技術、程序、資源等，做一調整或改變，使用更具效益的方法或物料，投入產業中，使產業本身更具競爭力。

設計性創新則可參考目前國內外具威脅性或前瞻性的想法、觀念、技術及產品等，作為研發設計的原型，結合產業特性，進行更精確的發展設計，開創出新的技術及產品等。

五、討論與建議

改革創新為未來各產業重要趨勢，國內遺體修復產業亦同，藉由「五力分析」的整體產業影響力分析，可得知本產業為一個必然存在的壟斷市場，自然障礙高，無替代品或產業，但進行更進一步的產業內「SWOT分析」時，則將產業內目前所遇到的問題點，逐漸呈現出來，分析呈現的面向皆嚴重阻礙本產業的變革，針對產業內各變數則予以提出預防改革措施及各項具體做法。

分析趨勢後，遺體修復產業首先針對產業內人的變數、技能的標準化及主動創新提出的意願，進行改革或鼓勵後，才能使產業進入一個常

態，進而結合未來科技化邁入創新改革的時代趨勢。

　　本案仍有研究限制，首先為各界的觀點有不同立場，不同的客觀會有所差異，其次為產業之趨勢變化，仍為不可預期的未來，唯有透過目前所可見的問題分析比對，找出問題點予以進行創新改革規劃，未來可針對趨勢變化，求解更新之變革方法及作為。

9

殯葬設施一元化之策略研究——宜蘭福園及壽園兩種模式之分析

馮月忠

馮月忠建築師事務所負責人

福壽文創學院院長

壹、前言

　　生命有起源也有終點，殯葬設施是因應人生最後一階段的需求而發展出來的公共設施。我國傳統素以慎終追遠為美德，重視養生送死之道，幾千年來的文化傳承對於先人的身故後事格外重視，為了彰顯對亡者的尊敬，每每以華麗儀式弔祭，更四處找尋風水吉地，興建豪華氣派的陵園，希冀親人遺骨葬於靈山寶穴，能帶給後世之人更多的庇蔭。然而台灣地區地小人稠，土地資源有限，活人的生存空間已倍感擁擠，若再依照傳統因襲的喪葬觀念來進行喪葬行為，崇尚厚葬華墳之風，將使殯葬問題日益嚴重。

　　政府的殯葬政策開始實施於民國25年的《公墓暫行條例》，中間有民國44年「公墓公園化十年計畫」，主要的功能在於使殯葬能符合衛生的基本要求。當傳統葬法出現嚴峻的挑戰時，隨即便修有民國72年《墳墓設施管理條例》，確立以火喪為主的喪葬政策，再有民國74年「改善喪葬設施十年計畫」，主要目的在於提高殯葬設施服務品質，並配合宣導改進葬俗，倡行合乎時宜之喪葬禮儀，端正社會風俗等。為提升殯葬的管理與服務品質，另於民國91年修正《殯葬管理條例》，以促進殯葬設施之環保化、永續化及強化土地有效利用，提升國民生活品質，逐漸改善台灣的殯葬文化，也使火化的比率逐年提高。

　　為改善喪家殯儀館一個地方，火葬場一個地方，安葬場一個地方的服喪困擾與不便，始有將殯葬設施，如殯儀館、火葬場、納骨塔、停車場等及廁所等相關設備集中設施於同一墓園內，以減輕身心俱疲的喪家奔波之苦的提案設計，旨為改善：(1)當街停靈作法會，延請僧道誦經，製造噪音且有礙交通；(2)深信良辰吉日，停柩時間過長，對於衛生健康造成威脅；(3)出殯時，花車、樂隊及各種陣頭齊列，陣容龐大且事前多未報備行經路線，致使沿途交通混亂，付出更多的社會成本等問題。爰此，先

有台灣宜蘭福園的第一座，再衍至各縣市陸續去完成「殯葬一元化」之園區。

貳、四種殯葬設施一元化的發展情形

殯葬設施一元化非我國獨有，因其整合性、便利性、永續性及功能性的優勢價值，已是先進國家殯葬政策的主流作為。惟各國各有其不同的風土民情及道德文化，以致在實施殯葬設施一元化的政策規劃上，會出現一些差異。為異中求同，或他山之石可以攻錯，或從學習中攝取寶貴經驗之考慮，本處擬先解析德、日及中國大陸的殯葬政策與作為，再予說明我國的殯葬政策，最後再做四種殯葬政策在一元化的思維作業上之發展性比較。

一、三個國家經驗殯葬設施政策之解析

有關德國、日本及中國大陸殯葬設施政策，王上維有較完整深入之研究[1]，本文將從中梳理三個國家殯葬設施在管理、經營、設置標準及流程年限等面向策略，說明如後。

(一)德國殯葬設施政策

德國屬聯邦制國家，在憲法中僅明訂戰爭陣亡士兵遺體由國家設置軍人公墓予以安葬外，其餘則由各邦訂定安葬法加以規範，並由地方政府訂定實施章程執行之。

墓園之經營與管理，則明訂公墓設置為市鄉鎮公所義務，至於私立

[1] 王上維（2002）。《殯葬管理法令之研究：兼論德國、日本、中國大陸制度之比較》，臺灣師範大學三民主義所碩士論文。

公墓得由教會、宗教或公法團體分擔部分義務，私人或民間企業一概不准經營。

德國規定設置或擴充公墓等殯葬設施之地點，應距離商業區、工業區或住宅區若干公尺以上，且距飲水設施、地下水位距離，則由衛生、水源管理單位鑑定之，其地點不得設置於洪泛區、水源保護區。

殯葬建築設施規定，應包括對外通道、墓道、抽排水設施、停屍間、祈禱室、管理大樓等，團葬設施方面，墓地淨面積占公墓總面積比例應不超過35～40%，墓區應力求景觀良好、廣植花木、綠化面積廣闊，有些墓區並置殯葬館、火化場、納骨塔等設施，視為殯葬一體專用區，安葬規劃需當地無公墓設置，需經當地議會通過認可，方可准許設置。

火葬式墓基，使用年限在二十至三十年間，使用面積1平方公尺左右。土葬式墓基，使用年限依地質土壤調查結果，參酌氣候條件，測知屍身腐化所需時間，再由當地衛生主管機關視各種條件，鑑定埋葬場所之使用年限，使用面積4平方公尺。

西方信奉基督教，葬禮一般都在教堂舉行。家裡如有人去世，先要與教堂商定舉喪日期，並要用適當的方式通知親友。此外，屍體要用清水洗淨，他們認為水有著無限的神力。它能淨化人的軀體、淨化人的心靈和靈魂，並能祛邪鎮妖。人降臨塵世要洗禮，離開塵世也要洗屍，洗刷塵世間的一切罪孽。

在教堂舉行葬禮的這一天，親朋好友手持鮮花或花圈陸續來到教堂。葬禮的進行，首先由牧師或神父主持追思禮拜，參加葬禮者按事先的安排唱聖詩、贊詩、奏哀樂、禱告、宣讀由喪家提供的死者生平。教堂葬禮只是整個葬禮的前半部分，後半部分是在墓地舉行，只有死者的家屬、近親和親密的朋友參加，一般好友在參加完教堂葬禮後即可離去，不必去墓地。

在德國，葬禮多以土葬為主，親朋目送靈柩在事先指定好的墓穴中安葬。人們圍繞在墓穴周圍，為死者禱告，願他安息、靈魂升入天堂。應

邀參加親友家的葬禮，唯一可送的禮物就是鮮花。可送成束的鮮花，也可送用鮮花做成的花圈（德國人不用假花做花圈）。在鮮花的飾帶上要寫上死者、弔唁者的名字，以及「安息吧」、「永別了」之類的題詞。

(二)日本殯葬設施政策

中央屬厚生省主管殯葬，政策事項之研訂，行政管理由地方政府訂定條例據以執行。基本上，日本有市町村經營之墓地，有委託民間財團法人及宗教法人經營之公墓，但不允許民間墓園委託經營。

墓地設置場所之限制，應距河川、海或湖泊有20公尺以上；距住宅、學校、保育所、醫院、辦公室、店鋪等及以上用地約100公尺以上，且為高而乾燥、無虞汙染飲用地之土地，若是專供埋葬骨灰之墓地，則須經都道府縣長斟酌公共衛生及其他公共福社後認為無妨害者，方不適用距離限制規定。

日本的「有關基地等之構造設備及管理基準」等條例，對墓地、納骨堂或火葬場之構造設備基準，亦有相關規範。另明定火葬場應設骨灰寄存、遺體冷藏（凍）室、剩餘骨灰保管處及管理所。而一般墳墓墓基用地通常在3～4平方公尺，草坪式墓1平方公尺，惟對使用年限多未加以限制。

日本因病往生者，有97%於醫院往生，此時院方會將遺體清潔梳洗，並著裝完畢，等待工作人員將其接到告別式會場；若是在自宅中往生者，七成左右的家屬會將遺體送到齋場（殯儀館）淨身、著裝、化妝，或由齋場派車至喪家中為往生者淨身服務；因意外往生者，會聘請專業解剖師及化妝師協助，盡可能讓遺體恢復完整。傳統壽衣簡單清爽，採右斜肩左開式穿法，與在世者和服之穿法相反，以便於區分。近年來已有許多家屬不另購壽衣，而改讓往生者穿著其生前最喜愛的衣服，他們認為如此較為生活化。整裝完畢後，將遺體安置於預先選定的棺木中，接下來就進行通夜（守靈）儀式，等待明日（若逢有引日則順延一天）的告別式。日本

喪葬流程如**圖9-1**所示，總計三天內完成。

(三)中國大陸殯葬設施政策

國務院民政部門負責全國的殯葬管理工作，縣級以上地方人民政府民政部門負責該行政區域內的殯葬管理工作。原則上，由地方人民政府經營殯葬服務業務，沒有私立殯葬設施，並禁止在以下地區建造墳墓：(1)耕地、林地；(2)城市公園、風景各勝區和文物保護；(3)水庫及河流堤附近和水源保護區；(4)鐵路、公路主幹線兩側。

中國大陸墓地設施尚未規定完備的標準，大體上只有部分完成殯葬一元化，如：八寶山殯儀館、上海寶興殯儀館等。至於使用年限，由省、自治區、直轄市人民政府按照節約土地，不占耕地的原則規定，安葬單人或雙人骨灰的墓穴面積不超過1平方米，多人墓突面積不得超過3平方米。

中國大陸硬性規定從死亡三天內即需火化。其殯葬流程如下，主要有五大步驟，即接運遺體→整容、脫穿衣→告別儀式→遺體火化→骨灰安放。

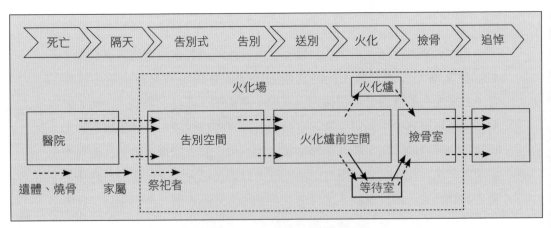

圖9-1　日本喪葬活動流程圖

資料來源：修改自建築設計資料109葬齋場、納骨堂2。

二、我國殯葬設施的基本政策

　　有關我國殯葬設施政策，依內政部《殯葬管理條例》❷，我國採中央立法作為全國實施通行之基本依據。地方政府據以訂定不違背中央法規又符合地方需要的單行法規來加以執行。公立公墓係由社政或民政單位負責，我國允許私人或團體設置私立殯葬設施，或受政府委託經營公立殯葬設施。

　　政府為了有效解決殯葬設施管理問題，早在民國25年起即著手辦理各項計畫，並頒訂多項改革措施，諸如「公墓暫行條例」、民國44年的「墓地改善計畫」、民國65年的「公墓公園化十年計畫」、民國72年頒行《墳墓設置管理條例》、民國74年的「改善喪家設施十年計畫」等相關墓政法規。近期於民國91年頒行的《殯葬管理條例》，即大力倡導並為促進殯葬設施符合環保並永續經營。

　　關於設置、擴充公墓或骨灰（骸）存放設施地點基本規定：(1)應選擇不影響水土保持、不破壞環境保護、不妨礙軍事設施及公共衛生之適當地點為之；(2)與公共飲水或飲用水之水源地之距離不得少於1,000公尺，與學校、醫院、幼稚園、托兒所、戶口繁盛地區及貯藏或製造爆炸物或其他易燃之氣體、油料等場所之地點距離不得少於500公尺；(3)與其他如河川、工廠、礦場等地點之距離應因地制宜，保持適當距離，但其他法律或自治法規令有規定者，從其規定。

　　其次，設置、擴充殯儀館或火化場及非公墓內之骨灰（骸）存放設施，規定：(1)與學校、醫院、幼稚園、托兒所等距離不得少於300公尺；(2)貯藏或製造爆炸物或其他易燃之氣體、油料等場所之地點距離不得少於500公尺；(3)與戶口繁盛地區應保持適當距離。但都市計畫範圍內劃定為殯儀館、火化場或骨灰（骸）存放設施用地依其指定目的使用，或在非都市土地已設置公墓範圍內之墳墓用地者，不受上述範圍限制。

---

❷內政部（2003）。《殯葬管理法令彙編》。

　　墓地基本設施，依《殯葬管理條例》公墓、殯儀館、火化場及骨灰（骸）存放設施之基本應有設施，均有規範。關於公墓之應有設施包括墓基、骨灰（骸）存放設施、服務中心、公共衛生設施、排水設施、給水及照明設備、墓道、停車場、聯外道路公墓標誌及其他依法應設置之設施。墓道有分墓區間道及墓區內步道，寬度分別不得小於4公尺及1.5公尺。公墓周圍應以圍牆、花墓、其他設施或方式，與公墓以外地區做適當區隔。專供樹葬之公墓得不受墓基、骨灰（骸）存放設施及公墓標誌規定限制。山地鄉之公墓，得由縣主管機關斟酌實際狀況規定應有設施，不受原本應有設施規定之限制。

　　殯儀館應有設施，包括冷凍室、屍體處理設施、解剖室、消毒設施、汙水處理設施、停柩室、禮廳及靈堂、悲傷輔導室、服務中心及家屬休息室、公共衛生設施、停車場、聯外道路、其他依法應設置之設施。火化場應有撿骨室及骨灰再處理設施、火化爐、祭拜台、服務中心及家屬休息室、公共衛生設施、停車場、聯外道路、其他依法應設置之設施。而骨灰（骸）存放設施應有設施，包括納骨灰（骸）設施、祭祀設施、服務中心及家屬休息室、公共衛生設施、停車場、聯外道路、其他依法應設置之設施。前述相關殯葬設施得分別或共同設置，其經營相同且殯葬設施相鄰者，為節省土地資源，殯葬設施應有設施得共用之；前所述之聯外道路寬度，均不得小於6公尺。

　　另外，關於公墓內應劃定公共綠化空地，綠化空地面積占公墓總面積比例，不得小於十分之三。公墓內墳墓造型採平面草皮式者，其比例不得小於十分之二。於山坡地設置之公墓，應有前項規定面積二倍以上之綠化空地。

　　專供樹葬之公墓或於公墓內劃定一定區域實施樹葬者，其樹葬面積得計入綠化空地面積。但在山坡地上實施樹葬面積得計入綠化空地面積者，以喬木為之者為限。

　　使用年限由直轄市、縣市主管機關經同級立法機關議決規定，通常

以七至八年居多，使用面積墓基法定占地面積以8平方公尺為限，但二棺以上合葬，每增一棺墓基得放寬4平方公尺。

　　台灣若家裡不幸有喪事發生，從家人死亡到出殯埋葬（火化進塔）的停喪期間，以台灣社會習慣，一般約要十天至十五天，這期間要安置遺體、豎靈、入殮、訃告並舉行告別儀式，然後出殯埋葬或火化進塔，這一流程的儀式，依個人的宗教信仰而有所不同，台灣喪葬活動流程如**圖9-2**。

三、四種經驗的比較

　　綜合以上四種殯葬規範與運作經驗，本文分管理、經營、設施設置位置、設施標準、使用年限面積及殯葬流程等六大面向，比較簡述如**表9-1**所示。

　　就管理面向，四種經驗中除德國乃聯邦國，中央並不訂統一規範，係由各邦訂定規範，再交由地方政府去訂定實施章程外，餘三種經驗均是單一國，係由中央訂定政策，但交由地方從事行政管理。就經營面向，台灣經驗是可公、私並行經營，其餘種經驗大體是採公營模式。就設施設置位置面向的規定，其規定有明確、鬆緊與否的差別，大體上德國無明確規

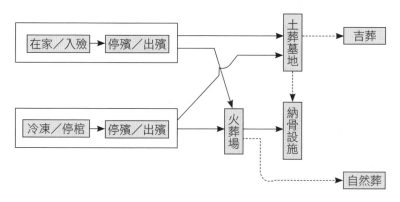

圖9-2　台灣喪葬活動流程圖

資料來源：宜蘭壽園殯葬設施整體規劃。

表9-1　四種殯葬經驗的比較表

項目 ＼ 國別	德國	日本	大陸	台灣
管理	1.戰爭陣亡士兵遺體由國家安葬 2.各邦訂定安葬規範 3.地方政府訂定實施章程	1.中央政策研訂 2.行政管理由地方	1.中央政策研訂 2.行政管理由地方	1.中央政策研訂 2.行政管理由地方
經營	公營	公營	公營	公私營
設施設置位置	未明確規定	設置規定較寬鬆	規定項目地區不得建墓	有規定，規定較嚴
設施標準	依規定為殯葬一體專用區	火葬場設施有設備標準	無規定	各項設施詳細規定
使用年限面積	二十至三十年間 1平方公尺	未加以限制 1平方公尺	依省自治區直轄市規定 1平方公尺	通常多七至八年 單棺8平方公尺
殯葬流程	井然有序	3天	3天	約10～15天

定，而其他三種經驗是有明確規定，但鬆緊程度依序是台灣較緊，次為大陸與日本。

　　就設施標準面向，台灣經驗是最有詳細規定的，而大陸經驗是較無規定的，另德國是採殯葬一體專用區制，日本的火葬場設施方有設備標準的規定。就使用年限及面積面向，日本與大陸大體無統一限制，台灣是七至八年間，德國是二十至三十年間；至於單棺面積除台灣是8平方公尺外，其餘三種經驗率以1平方公尺為主。就殯葬流程，德、台兩種經驗均有流程但無明確天數之規範，至於日本與大陸均規定於三天內完成殯葬流程。

參、台灣地區縣市個案分析

　　殯葬禮儀與殯葬設施，自古即為為政者所極為重視。原因即在於，

「政治作為」無非是以「處理眾人之事」為依歸,而民風的淳厚或澆薄、寬儉或驕奢,乃真正關係眾人生命與生活品質的重要議題,何況自然的生老病死是「政治」所無可規避的生命循環。故冠、婚、喪、祭,四者,並為古代人民日常中最為重要的生活事件,與民風養成關係也最為密切;其中,喪、祭二者關涉死生之際,一為「凶禮」,一為「吉禮」,在文明古國相較其他二者對於人民「人生觀」與「世界觀」的影響更是深遠。因此,不僅為政者對喪祭會特別重視,其相關設施也對私人宅院、公眾聚落以至於整體都市結構,也產生決定性的影響。

陳定南(1943-2006)自1981年起擔任兩屆、也就是八年的宜蘭縣長,開啟了台灣所謂「地域治理」嶄新的一頁。加上其同黨同僚作為後繼者的持續努力,冬山河整治、宜蘭與羅東運動公園、武荖坑風景區,以至於城鄉之間許許多多基礎設施……,大量高品質的自然與人為環境於縣境內重新被建立起來。當其成果斐然之際,從其形式到內容常成為台灣其他縣市紛紛仿效的範本,一般將此現象通稱為「宜蘭經驗」。

一、宜蘭殯葬一元化計畫

「宜蘭經驗」中對殯葬禮儀與殯葬設施真確切重視,表明了政治的實質意涵,「處理眾人之事」的概念,在這裡逐漸獲得復甦,並獲得更經典的實現。如果,在思維與考量眾人之事的相關價值時,將會進一步影響其對區域與城鄉的結構性規劃與設施設置的構想,那麼建築學的深刻意涵,即呼應人們對於宇宙本體及生命存有的基本認識,也將隨之得以揭露。

從1997年底完工啟用第一期員山福園(台灣大學建築與城鄉研究所規劃室)的綜合性殯葬納骨設施,到現今櫻花陵園第一期(高野景觀規劃公司)與第二期(田中央工作群與黃聲遠建築師)的山坡地納骨園區,透過高品質硬體設施、相關規章制度以及各類宣導活動,已成功轉化民間社

會長期以來早已僵固的殯葬禮俗，為政者深遠的企圖與初步的成效是顯然可見的 [3]。

二、其他縣市殯葬一元化的計畫

以下為完成殯葬一元化，大部分縣市除宜蘭經驗外，尚有**表9-2**所列之台南市、新北市、台東市、嘉義市、桃園市及雲林縣等陸續皆依循現有公墓及火葬設施增設完成殯葬一元化。

如**表9-2**所示，台南市、台東市及雲林縣均將殯儀館、納骨堂及火化場等設施，做到公墓公園化與殯葬一元化的功能，而新北市、嘉義市及桃園市也有將殯儀館、火化館（場）及納骨多元葬區等設施，進行搬遷或新建為一元化的功能。

表9-2　六大縣市推動殯葬一元化的對照表

	縣市生命園區	歷史	做法	功能設施
台南市	2006新營福園	新營第十五公墓	公基公園化、殯葬一元化	殯葬館、火化館、納骨多元葬區
	柳營祿園	柳營第一公墓	公基公園化、殯葬一元化	殯儀館、火化館、納骨多元葬區
新北市	2009羽化館	公墓用地	搬遷殯葬分區	殯儀館、火化館、納骨多元葬區
台東市	2003懷恩園區	台東市第三公墓	公基公園化、殯葬一元化	殯儀館、火化館、納骨多元葬區
嘉義市	2010嘉義市殯葬管理所	公墓用地	遷移	殯儀館、納骨堂、火化場
桃園市	中壢區	私人土地購買	新建	殯儀館、納骨堂、火化場
雲林縣	虎尾	公墓	公基公園化、殯葬一元化	殯儀館、納骨堂、火化場

---

[3] 汪文琦（2010）。《儀式、形式與城市——從殯葬設施看「宜蘭經驗」中所隱含的建築學課題》。台南：未完全建築工作室。

肆、宜蘭員山福園殯葬設施一元化之策略及特色

　　宜蘭經驗主要是有員山福園與羅東壽園兩種殯葬設施一元化的經驗倡議，此兩種各有其策略與特色，茲依時序，先介紹員山福園，再介紹羅東壽園。

一、員山福園位置選用及發展之策略

　　員山福園位於宜蘭市區西方約5公里處，屬員山鄉所轄之山麓地帶，地處蘭陽溪以北、宜蘭河上游大湖溪流域，為蘭陽平原西側最靠近平原之山坡地。基地主要為山谷平緩地，海拔高度15公尺左右，北側及東北側為陡峭坡地，海拔高度自20公尺至280公尺。計畫範圍原屬農牧、林業、水利、交通等用地之私人土地，基地下方附近有柑宅聚落等建築群，東南側緊鄰員山鄉第一公墓。員山福園坐落員山鄉大湖段大湖小段124等地號44筆，係同樣涵集有殯儀館、火化場、納骨設施及土葬區的殯葬一元化設施，用地面積697,717公頃，與員山鄉公所直線距離為2,860公尺，相關位置如**圖9-3**。本案民國82年徵收土地開發建設，迄86年底落成營運初期，尚遭遇被增收地主及附近村民之抗爭❹。

　　「員山福園」開放至今已近二十年，因整體採新式建築景觀設計，一掃民眾對墓園混亂陰森之印象，頗受宜蘭民眾好評，使用意願逐漸提高。園區內建築與景觀各成一區，但相互呼應，除考慮設施實用性及民眾心理感受外，更保留自然地形特色，創造出山水交融美麗境界。而園區服務與管理，提供了連貫性服務體系，維持良好活動秩序，讓治喪過程安詳圓滿。

---

❹楊國柱（2000）。《台灣殯葬用地區位之研究——土地使用競租模型的新制度觀點》，國立政治大學地政學系博士論文。

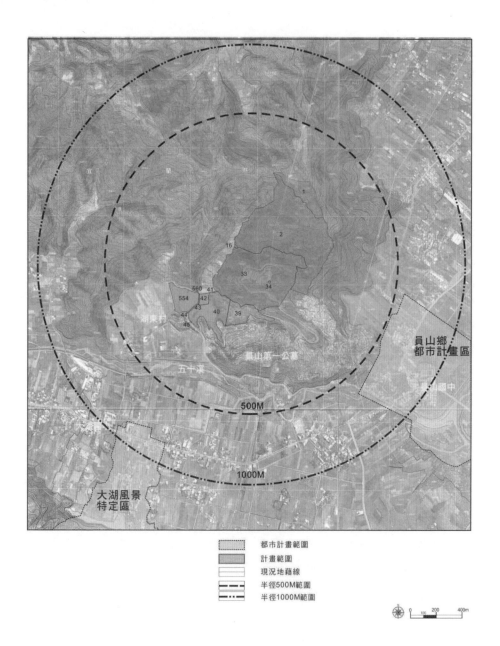

圖9-3 宜蘭福園區位置圖

資料來源：宜蘭縣北區區域公墓變更開發計畫書。

　　另鑑於民眾接受火葬之觀念日益普遍，對納骨設施之需求相對提高，因此繼員山福園之後，於88年起規劃興建櫻花陵園以供民眾納骨之用；規劃大型納骨設施，並以開放空間的設計，配合納骨機能與多功能賞景休憩公園機能，僅供納骨，復於98年啟用後，提供更多元之納骨選擇。

　　櫻花陵園位於礁溪鄉小礁溪上游烘爐地山東南麓，面積共45.6公頃（礁溪鄉匏杓崙段），目前可經由聯外道路或產業道路進入，距宜蘭市區約三十分鐘車程，南向小礁溪溪谷坡地，東向蘭陽平原，視野開闊可眺望龜山島，西臨小礁溪上游溪谷，自然環境寧靜優美。

二、開發許可之策略分析

　　員山福園的開發許可，始於民國81年，完工於105年，大體可分為三期工程之開發，茲簡述期開發許可時程與土地利用之分期如後。

(一)開發許可相關時程

- ・民國81年完成宜蘭北區區域公墓計畫（台大城鄉基金會）
- ・民國81年行政院環保署81.9.4（81）環署綜字第35892號函核准環境說明書
- ・民國82年內政部82.5.13台（82）內營字第8272328號函核准開發計畫
- ・民國82年台灣省政府社會處82.5.28八二社三字第222037號函核准事業計畫書
- ・民國84年宜蘭縣政府核准水土保持計畫書
- ・民國84年宜蘭縣政府核准雜項使用執照
- ・民國85及88年用地變更編定
- ・民國86年8月5日宜蘭縣建局管字第3816號（殯葬一元化）

- 民國94年5月宜蘭縣政府環保局審查通過對環境造成不良影響之因應對策
- 民國97年4月宜蘭縣政府環保局核准環境影響差異分析報告（調整納骨設施區位數量）
- 民國97年12月宜蘭縣政府環保局核准環境影響變更內容對照表（增加汙染防制設備及調整納骨設施區位數量）
- 民國98年12月4日府授環綜字第0980028516號（環評變更內容對照表同意備查）
- 民國99年5月7日農授水保字第0991871116號（水土保持規劃書審查核定）
- 民國100年宜蘭縣政府100.10.05-府民禮字第1000153460號函（變更興辦事業計畫原則同意）
- 民國101年4月3日內政部台內管字第1010802572號函（變更開發計畫許可）
- 民國105年4月9日宜蘭縣建管使字第00378號（第三期工程）

　　福園之發展策略先整體規劃、購地、環評、開發計畫、水土保持申請，一切依循中央的政策指導與地方需求來執行推動，並特予完成殯葬一元化設置申請執照興建完工使用，再後續陸續擴充禮廳、納骨設施。執行過程之策略，係強化溝通與階段化之運作，一者降低阻力到最低，二者依法行政，三者開發出便民與順民措施，敦親睦鄰，強化其一元化殯葬的前瞻又創新的優勢價值。

(二)土地利用之分期

　　員山福園之工程，主要可分為三期，如**表9-3**所示，第一期於86年12月完工，為期大約有六年，主要完成管理室、服務中心、冷凍室、停棺室、火化場、禮堂、停車場與土葬區等設施。第二期於93年底完工，主要是建築了禮堂、納骨廊與納骨牆等設施。第三期完工於105年，主要是增

表9-3　員山福園的土地利用的分期與工程內容一覽表

各期工程	工程內容	
第一期工程 86年12月完工	·入口管理室1間 ·服務中心1間（含辦公室、販賣部及客房等） ·冷凍室1間 ·停棺室8間（第二停棺室） ·小型禮堂2間	·火化場 ·一期納骨廊1座 ·禮堂前停車場39位 ·納骨廊前停車場33位 ·土葬區（D2、D3、D4、D5）
第二期工程 93年底完工	·中型禮堂2間 ·山下納骨廊1座	·山上納骨牆1組
第三期工程 零星工程 90-96年陸續完工	·警衛哨1間 ·二期增設納骨櫃 ·停棺室8間（第二停棺室） ·原D3土葬區改為自然葬區（含樹、灑葬）	·中型禮堂旁臨時停車 ·停棺室旁臨時停車 ·人工湖旁大型停車空間
第三期工程 105年完工	·禮堂4間 ·停棺室8間 ·冷凍室、解剖室更新	

建警衛哨、納骨櫃、停棺室、冷凍室、解剖室、禮堂與停車場，並更改部分土葬區含樹葬與灑葬之自然葬區。至於員山福園現況設施之配置情形，簡示如圖9-4。

三、現行員山福園現行殯葬流程圖

　　員山福園殯葬一元化之設計，在殯葬流程方面，主要分為殮、殯、葬三大環節，如圖9-5所示，殮的環節是從初終到冷凍室與停棺室。殯的環節是從禮堂、火化場到圍庫錢。葬的環節是晉塔、墓葬或自然葬。

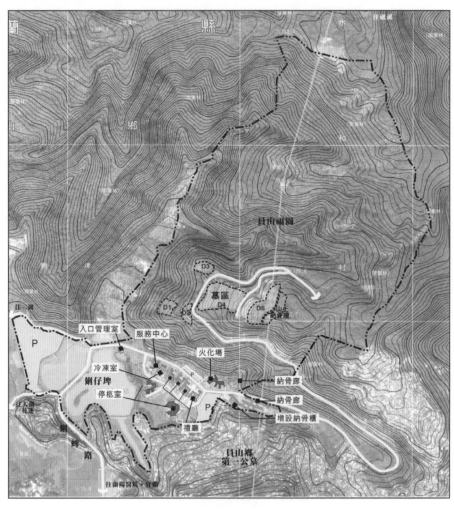

圖9-4　員山福園現況設施配置圖

資料來源：宜蘭縣北區區域公墓變更開發計畫書。

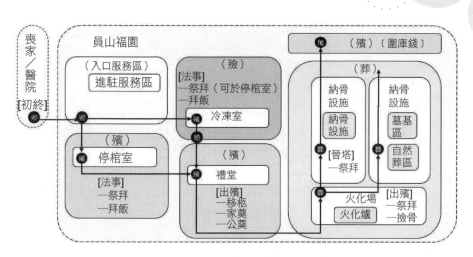

圖9-5　員山福園現行殯葬流程圖

資料來源：宜蘭縣北區區域公墓變更開發計畫書。

四、園區規劃特色

　　員山福園是一座現代化的綜合性喪葬服務設施，園區內包括殯儀館、火化場、納骨廊、墓地，這是宜蘭縣政府推動「殯葬一元化」政策下，全國第一座開發完成的實例，可提供民眾完整而便捷的喪葬服務。園區的建築與景觀，除了考慮到使用過程的活動需要及心理感受之外，還利用基地的自然地形特色，創造出一個與山水交融的環境景觀。園區內無任何宗教符號或佛像，納骨方式綜合了多元的葬法，含括有納骨牆、土葬、樹葬等方式。

圖9-6　員山福園全區照片

資料來源：宜蘭殯葬管理所。

伍、宜蘭羅東壽園殯葬一元化之策略及特色

羅東壽園相當程度受到員山福園的影響，不過因有不同的風俗民情與時空洗滌的帶動下，也發展出一些獨特的開發策略或與特色。

一、位置選用及發展之策略

羅東壽園位於冬山鄉即蘭陽平原東南方，背山面海，東隔新城溪與蘇澳為界，西與三星為鄰，南一帶山岳屏立與大同、南澳等二鄉相接，北連羅東、五結等六鄉鎮有如衛星環繞，相關位置如圖9-7所示。

冬山鄉始稱為冬瓜山，光緒元年隸屬福建省台北府，光緒12年改屬

台灣省台北府宜蘭廳，光緒21年日寇占據台灣後，隸屬台北縣宜蘭廳，旋轄於台北州羅東郡。民國34年我國抗戰勝利台灣光復，重歸祖國懷抱，民國35年劃定地方制度，仍以原有區域改稱冬山鄉，轉屬台北縣羅東區，迨民國39年10月10日行政區域劃分方屬於宜蘭縣。

　　羅東壽園係羅東鎮公所為建構完善殯葬設施，供民眾身後安奉棲身，於民國46年購置冬山鄉草鹿山11甲山坡地，計畫範圍原為山坡地保育區墳墓用地，逐年編列計畫預算經費作為示範公墓用地，民國89年完成興建現代化火化場，94年完成興建納骨設施，於95年1月1日成立「羅東鎮立殯葬管理所」，96年完成壽園園區發展遠景之整體規劃，97年為落實環保政策斥資興建火化場空氣汙染防治設備，並為因應民眾對遷葬納骨之需，著力完成納骨寶塔第二期塔位及室內裝修工程及祭拜區工程。98年、100年賡續進行完成納骨寶塔第三期及第四期塔位及室內裝修工程，

圖9-7　羅東壽園園區位置圖

資料來源：馮月忠建築師事務所。

並於每年春、秋辦理隆重法會超薦祭典以慰先靈。同時遠慮未來溪南地區殯葬服務需求，自98年起著手進行殯儀館設施計畫用地水土保持工程、火化場爐具更新規劃、線上追思網頁更新等工作；99年、100年排除內外環境艱困之不利影響，努力堅持執行辦理壽園殯儀館設施工程、火化場爐具與周邊設備更新工程，及其他相關殯葬設施與服務改善等事宜，終在101年度如期完成啟用壽園殯葬設施一元化之里程碑目標[5]。

二、開發許可之策略

羅東壽園的開發許可始於民國88年底，完工於105年底，其土地使用之分期計畫主要是分為三期工程進行之。

(一)開發許可相關時程

- ·民國88年12月23日建局管字第4679號（火葬場使用執照）
- ·民國94年4月27日建管使字第468號（壽園寶塔使用執照）
- ·民國95年宜蘭羅東壽園殯葬設施整體規劃完成（台大城鄉基金會）
- ·民國97年6月19日殯儀館設施興建計畫核定
- ·民國98年2月9日殯儀館設施水土保持核定
- ·民國101年5月15日建管使字第00494號（殯儀館設施使用執照）
- ·民國105年5月16日第二座納骨塔工程興建計畫核定
- ·民國105年11月28日第二座納骨塔工程水保計畫核定

壽園之發展策略，依序是公墓公園化、興建火葬場、納骨設施，後再委託壽園殯葬設施作整體規劃，復循申請興建計畫、水土保持、殯儀館建照申請、興建殯儀館等作業，完成殯葬一元化設施。

---

[5] 馮月忠建築師事務所（2016）。羅東鎮公所壽園殯葬園區新建第二座納骨塔工程興建計畫書。

(二)土地使用之分期

　　羅東壽園土地使用之分期工程如**表9-4**所示，主要有三，第一期旨在建造火化場，完工於88年；第二期旨在建造納骨塔與禮廳，完工於94年；第三期旨在建造了禮廳、冷凍室、解剖室、停棺室與停車場等設施，完工於101年。

表9-4　土地使用分期計畫一覽表

各期工程	工程內容		
第一期工程88年完工	火化場		
第二期工程94年完工	納骨塔（地下室禮廳1間）		
第三期工程101年完工	禮廳2間 冷凍室	解剖室 停車場	停棺室10間

三、殯葬設施的興建順位的策略

　　如**圖9-8**，壽園之殯葬設施興建順序：依序為土葬區、火化場、羅東壽園寶塔、冷凍櫃室、停柩室、禮廳、戶外停車場、第二座納骨塔。

四、園區規劃特色

　　羅東壽園為鎮級管理之殯葬設施，採分期完成殯葬一元化之園區，其原有公墓內先行興建火葬場設施，再行興建納骨塔，並於原地增設殯儀館，利用現有山坡地之優勢，採光通風良好及視野佳，納骨塔採室內規劃管理完善。並不斷研討改善精進各項殯葬設施以及實施便民服務的關懷措施，其心願目標乃為提供鄉親民眾一處尊貴、圓滿而溫馨的告別處所，還有生命終點站之永久安奉的莊嚴淨土。

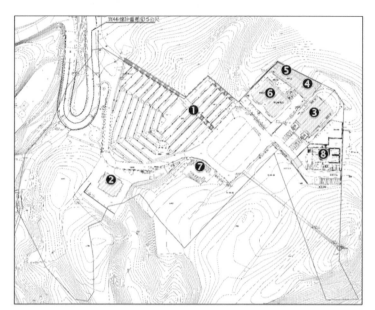

❶ 土葬區　　❷ 火化場　　❸ 羅東壽園寶塔　　❹ 冷凍櫃室
❺ 停柩室　　❻ 禮廳　　　❼ 戶外停車場　　❽ 新建第二座納骨塔

圖9-8　羅東壽園現況設施配置圖

資料來源：馮月忠建築師事務所。

圖9-9　壽園殯葬一元化園區3D透視圖

資料來源：馮月忠建築師事務所。

陸、兩種模式的比較分析

　　綜合上述兩種經驗模式，本處擬以SWOT的分析方法來比較兩種模式的優勢、劣勢、機會與威脅之情形，並從整體設施與環境兩大面向來解析之，簡列如**表9-5**。

　　就整體設施而言，在優勢（S）部分，福、壽兩園均有景觀視野性、管理完善的優點，福園更有空間大與流程動線完整的特色，而壽園另優於室內納骨設施的完備性。在劣勢（W）部分，福園已有葬區飽和、須陸續更新及納骨牆過於開放等不利因素；壽園則存在著動線不順暢、土葬遷移及現無環保葬法等不利因素。在未來機會（O）部分，福園有擴充多元葬法、強化環保葬法及往立體化與地下化發展等正向潛能因素；壽園係有擴

表9-5　兩種模式的SWOT分析

因素		S優勢	W劣勢	O機會	T威脅
整體設施	福園	1.空間大、流程動線完整 2.整體景觀優 3.管理完善	1.葬區已飽和 2.設施陸續更新 3.納骨牆採開放式	1.多元葬法可擴充 2.環保葬法 3.可以立體化、地下化發展	1.空間發展已飽和 2.納骨牆空間無法擴充
	壽園	1.整體視野佳 2.管理完善 3.室內納骨設施完備	1.分期完成動線尚不順暢 2.現有原有土葬區 3.無環保葬區	1.殯葬一元化較易擴充 2.第二支塔完成，可按供葬之服務 3.可環保葬設置	1.未來發展受環評影響 2.未來開發必須遷葬 3.土地位於三星鄉
整體環境	福園	1.位於溪北一元化 2.周邊都市化不易、周邊為山坡地、墓園	1.位於山坡地開發不易	1.改善周邊整體環境、使更親近 2.周邊墓區可遷出，整體規劃	1.為縣級單位受地方影響 2.基地周邊有私人納骨塔
	壽園	1.位於溪南一元化 2.周邊都市化不易、山坡上	1.位於山坡地開發不易 2.進出經過鄉道易抗爭	1.已設置殯葬一元化，可陸續擴充 2.整體規劃、動線改善、環境改善	1.為鎮級管理易受周邊及上級影響 2.周邊鄉陸續新建納骨設施，影響未來營運

充殯葬一元化、完成第二支塔及增加環保葬等潛在因素的機會。在未來威脅（T）部分，福園依然是存在著空間飽和、納骨牆無法擴充等問題，難於解決；壽園是有再開發之機會，不過未來發展將面臨環評、遷葬與土地爭議等問題的嚴峻挑戰。

就整體環境而言，福園與壽園均各霸一方，有其在地化之優勢，同時周邊皆不易都市化與山坡開發；不過也形成了擴充難度，況且壽園進出鄉道，每存在受抗爭之壓力。其次，面對未來，福、壽兩園均能再進一步與鄰近環境做整體；親切及綠色的配套性接軌，朝公園化與觀光化之目標前進；不過福、壽兩園也同時受到地方陳抗或周邊私人納骨塔之攻訐挑戰，難於再作質量的提升。

柒、結論

殯葬一元化園區必須作適地性的周延規劃，規劃過程中，首重充分溝通與尊重民意。主事者心態，雖推動之初仍然會產生爭議，但若能推動與民情習慣有關的新制，並與民眾作良善溝通、充分說明及村里之敦親睦鄰，促使周邊鄰里能接納，均是絕對必要的。

在殯葬設施的接納及墓園完善的管理維護運作機制方面，殯葬設施應妥善規劃及設計，平時善加管理維護，應可立即改善人們對殯葬設施的觀感，並易於形成官民間在殯葬設施規劃發展的共識，原則上，是可以環保多元化葬法來邁向落實環保墓園方向，以草木自然生長、植樹替代墓碑方式，讓附近民眾及野生動物能利用墓園，帶動出公共效益駐足及休憩的效果，使殯葬設施成為城市不可缺少的公共設施。

墓地的開發，應重視文化、歷史保存，並從事調查旅遊觀光文化展示、蒐集調查墓園內的名人陵墓、歷史意義紀念碑及強化建築物彙整或相關書冊宣傳品、紀錄墓園成為地區重要文史查考的活教材。

　　宜蘭縣完成之殯葬一元化的福園、壽園，大體上頗受宜蘭民眾好評，但同樣都面臨墓地及納骨設施接近飽和狀態，面臨必須擴充的窘境，應及早加強規劃綠色殯葬，使園區永續經營，讓遺體化作春泥，回歸大地，避免環境的破壞，節省土地的資源，提升殯葬文化及人的精神內涵，開創新世代的殯葬文化。

10

《佛說十王經》對民間信仰中地獄觀的影響

梁慧美

中國文化大學史學研究所博士生

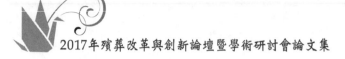

摘　要

　　自遠古以來，視死如生的文化觀延續至今。人類對於死亡一直存在著焦慮與不安的情緒。不論東西方民族，或是天主教、基督教與佛道教等，在宗教經典教義或是圖像表現中，對於死後的世界也多有闡述與描繪。據傳唐代畫聖吳道子就曾畫有《地獄變相圖》於寺觀之中，圖像內容傳神地描繪出地獄之種種可怖景象，令觀者悚然，並相互告誡不可為惡，以免死後受地獄之苦，在當時起到勸戒向善之效。然而此圖很早就消失不見，因此無從觀之。對一般民眾而言，文字與圖像間的差異性在於，圖像的呈現特別容易被大眾所理解，從而更容易產生教化的作用。《佛說十王經》在宗教理念的建構中，是對未知的生命以及死後世界做了清楚的陳述，藉由圖像以及簡單易懂的文字，為人們提供了一個如何因應死後世界的準則。內文將以《佛說十王經》與《地藏菩薩本願經》中〈地獄名號品第五〉的特色以及敦煌本《佛說十王經》的圖與讚為主要的研究範圍。

關鍵詞：地獄、十王、十王經、地獄變相圖

壹、前言

　　《佛說十王經》並非最早出現的地獄變相之說。目前研究資料之中，有關地獄變相出現最早的，當屬唐代吳道子所畫的《地獄變相圖》。據資料顯示，在「開元年間以善畫被唐玄宗召入宮中，……此後一直為宮廷作畫。尤精於佛道、人物，長於壁畫創作，據載他曾於長安、洛陽兩地寺觀中繪製壁畫多達三百餘堵，奇蹤怪狀，無有雷同，其中尤以《地獄變相》聞名於時」❶。而在《唐朝名畫錄》中對於當時的情況也做

---

❶ 維基百科，吳道子，https://zh.wikipedia.org/wiki/%E5%90%B4%E9%81%93%E5%AD%90

了深刻的描述：

> 嘗云吳生畫興善寺❷中門內神圓光時。長安市肆。老幼士庶競至
> 觀者如堵。其圓光立筆揮掃。勢若風旋。人皆謂之神助。又嘗
> 聞景雲寺老僧傳云。吳生畫此寺地獄變相時。京都屠沽漁罟之
> 輩。見之而懼罪改業者。往往有之。率皆修善。所畫並為後代
> 之人規式也。❸

　　圖像內容傳神地描繪出地獄之種種可怖景象，引發觀者悚然懼怕，
建立起相互告誡不可為惡，以免死後受地獄之苦的地獄觀，在當時起到勸
戒向善的功能。然而此圖很早就消失不見，因此無從觀之和研究，僅能由
《唐朝名畫錄》中之文字敘述來得知，實為可惜。

　　《佛說十王經》原稱為《佛說閻羅王授記四眾預修生七往生淨土
經》或《佛說地藏菩薩發心因緣十王經》，後來簡稱為《十王經》或
《閻羅王授記經》。此經為成都府大聖慈寺沙門藏川所述。此部經典，約
撰成於晚唐、五代，主要在於勸眾生要多造此經以及造像，在七七修齋時
用以報父母恩，使父母之亡靈得以升天。

　　通常民間的信仰中，人死後的亡魂將會在頭七、二七直至七七、百
日、一年和三年間，逐一經過十王殿。而亡人家屬須祈請十王並作齋修
福，寫經造像來拔除亡魂的罪業，使其不生三惡，不入一切諸大地獄，而
能夠往生天道。

　　相較於其他的佛教經典，《佛說十王經》在艱深的專有名詞及專業
術語上使用得少，內文通俗淺顯易懂，圖像簡單明瞭而直接，提供了大眾

---

❷ 大興善寺始建於西晉武帝泰始二年（265年）。隋唐時是國立譯經場，是佛教密
　宗的發源地，尊為中國佛教密宗祖庭。在公元8世紀，大興善寺也是外國僧人居
　住最多的地方，印度僧人善無畏，金剛智和不空都把此處當作自己的家，其中
　的不空大師，是將密教傳往日本的空海之師祖。維基百科，大興善寺，https://
　zh.wikipedia.org/zh-tw
❸ 〔唐〕朱景玄撰。《唐朝名畫錄》。收入文懷沙主編（2005），《隋唐文
　明》，第44卷，頁672。蘇州：古吳軒出版社。

化的需求，使其能夠傳承至今日。另一部與《佛說十王經》相類似的經典《地藏菩薩本願經》，同樣對地獄的景象有所陳述。兩部經典有其不同風格，所具重要性卻是同等的。本文中將加以探討。

貳、《佛說十王經》與〈地獄名號品第五〉的特色

《地藏菩薩本願經》中〈地獄名號品第五〉的經文內容，在於闡述普賢菩薩與地藏菩薩的對話。普賢菩薩希望地藏菩薩對閻浮提眾生說說人死後墮入地獄所受的地獄之苦為何。因為眾生所犯的惡業，多得無窮無盡，也說不盡，因此地獄也同樣是多得無窮無盡，更是說不盡。亡者將依其所犯之罪受苦於不同的地獄。其內文為：

> 爾時普賢菩薩摩訶薩白地藏菩薩言：仁者，願為天龍四眾及未
> 來現在一切眾生，說娑婆世界及閻浮提罪苦眾生所受報處地獄
> 名號，及惡報等事，使未來世末法眾生知是果報。
> 地藏答言：仁者，我今承佛威神及大士之力，略說地獄名號及
> 罪報惡報之事。仁者，閻浮提東方有山號曰鐵圍，其山黑邃無
> 日月光。有大地獄號極無間，又有地獄名大阿鼻。復有地獄名
> 曰四角；復有地獄名曰飛刀；復有地獄名曰火箭；復有地獄名
> 曰夾山；復有地獄名曰通槍；復有地獄名曰鐵車；復有地獄名
> 曰鐵床；復有地獄名曰鐵牛；復有地獄名曰鐵衣；復有地獄名
> 曰千刃；復有地獄名曰鐵驢；復有地獄名曰洋銅；復有地獄名
> 曰抱柱；復有地獄名曰流火；復有地獄名曰耕舌；復有地獄名
> 曰剉首；復有地獄名曰燒腳；復有地獄名曰啗眼；復有地獄名
> 曰鐵丸；復有地獄名曰諍論；復有地獄名曰鐵鈇；復有地獄名
> 曰多瞋。
> 地藏白言：仁者，鐵圍之內有如是等地獄，其數無限。更有叫

喚地獄，拔舌地獄，糞尿地獄，銅鎖地獄，火象地獄，火狗地
獄，火馬地獄，火牛地獄，火山地獄，火石地獄，火床地獄，
火梁地獄，火鷹地獄，鋸牙地獄，剝皮地獄，飲血地獄，燒手
地獄，燒腳地獄，倒刺地獄，火屋地獄，鐵屋地獄，火狼地
獄。如是等地獄。其中各各復有諸小地獄，或一或二或三或四
乃至百千，其中名號各各不同。

地藏菩薩告普賢菩薩言：仁者，此者皆是南閻浮提行惡眾生，
業感如是業力甚大，能敵須彌能深巨海能障聖道。是故眾生莫
輕小惡以為無罪，死後有報纖毫受之。父子至親歧路各別，縱
然相逢無肯代受。我今承佛威力，略說地獄罪報之事，唯願仁
者暫聽是言。

普賢答言：吾以久知三惡道報，望仁者說令後世末法一切惡行
眾生，聞仁者說使令歸佛。

地藏白言：仁者，地獄罪報其事如是。或有地獄取罪人舌使牛
耕之。或有地獄取罪人心夜叉食之。或有地獄鑊湯盛沸煮罪人
身。或有地獄赤燒銅柱使罪人抱。或有地獄使諸火燒趁及罪
人。或有地獄一向寒冰。或有地獄無限糞尿。或有地獄純飛及
鏃鑗。或有地獄多攢火槍。或有地獄唯撞胸背。或有地獄但燒
手足。或有地獄盤繳鐵蛇。或有地獄驅逐鐵狗。或有地獄盡駕
鐵騾。仁者如是等報，各各獄中有百千種業道之器，無非是銅
是鐵是石是火，此四種物眾業行感。若廣說地獄罪報等車，
一一獄中更有百千種苦楚，何況多獄。我今承佛威神及仁者
問，略說如是。若廣解說窮劫不盡。❹

〈地獄名號品第五〉經文之中的地獄有各類不同的樣貌，文本中敘
述的相當詳細。與《佛說十王經》中所不同的是缺少圖像，必須自行想

---

❹〔唐〕實叉難陀譯，《地藏菩薩本願經》二卷。收入丁福保編著（1983）。
　《大藏經第十三冊大集部全》，頁781-782。台北：藏經刊行會出版。

像。文字的敘述,多數不識字的民眾無法解讀,只能依靠佛門子弟或識字之人加以協助說明。

《地藏菩薩本願經》經典內容充實,收錄於《大藏經》中,列為「真經」,並成為亡者家屬為亡人誦念的重要經典之一。而《佛說十王經》則被定義為「偽經」,何以成為「偽經」不被列入在《大藏經》中,目前不可考。然而內容上均述及地獄面貌,勸人向善,孝順父母等,經典的基本教義相同,均受到民間重視。

參、敦煌本《佛說十王經》的圖與讚

隨著佛教入華之後,佛教信仰影響力不斷擴大,「地獄」的概念開始逐漸建構起來,所謂的善惡報應,以及完整的十王圖像,逐漸與民間喪葬結合,為亡人行七七齋的祭祀活動也應運而生。當唐代吳道子畫《地獄變相圖》展現在民眾面前的霎那,已讓民眾藉由圖像呈現的方式了解到行善以及孝道的重要性。因此,《佛說十王經》問世前,民間信仰中的地獄觀在當時應當已逐步建立。到了五代時期,《佛說十王經》的圖卷數量增加,應與民間信仰對地獄觀畏懼與崇敬有關。根據學者們的研究統計,《佛說十王經》的數量有四十六件之多,以下為張小剛、郭俊葉兩位學者的發現結果:

> 截至目前,藏於世界各地的敦煌文獻圖本、漢文寫本《佛說十王經》與《閻羅王授記經》已發現46件(不包括P‧3304v,因其為榜題寫本),綴合後37件,分是:日本和泉市久保惣紀念美術館藏董文員繪卷、Ch‧00404＋Ch‧00212＋S‧3961、Ch‧cii001＋P‧4523、P‧2003、P‧2870、P‧3761、P‧5580-b、散799、散535、散262、S‧5531-h、S‧2489、S‧3147、S‧4530、S‧4805、S‧4890、S‧5450-b、S‧5585、S‧6230、

S・5544-b、S・7598＋唐69＋S・2815、北8254（鹹75）、北8255（服37）、北8256（字66）、北8257（字45）、北8258（列26）、北8259（岡44）、北新1537、上博48-17、Дх・00931、Дх・00803、Дх・03862、Дх・03906、Дх・04560＋Дх・05269＋Дх・5277、Дх・06099＋Дх・00143、Дх・06611＋Дх・06612、Дх・11034。其中《俄藏敦煌文獻》中的《閻羅王授記經》，《閻羅王授記經》，張總先生整理出3件，黨燕妮博士綴合整理了6件。

筆者在查《俄藏敦煌文獻》第14冊時又發現了4件佛經殘片。❺

《佛說十王經》中的十王信仰，指的是信仰和設齋供養的冥間十王，冥間十王所指為秦廣王、初江王、宋帝王、五官王、閻羅王、變成王、泰山王、平等王、都市王、五道轉輪王，十王即是所謂的十殿閻王。民眾為了避免死後受地獄之苦，並且能夠順利轉世，祈求十王的信仰觀念和預修活動，成為民間重要的儀式之一。

敦煌本的《佛說十王經》一直以來被認為是「偽經」，未被列入「真經」之經典中，因此，相對地更顯珍貴。此經的內容對於當時敦煌的民間信仰上，提供了在敦煌石窟中所無法看見的圖像以及文字敘述資料。有趣的是，《十王經》的圖卷，在每一畫面上均寫有「偈」和「讚」來針對畫面的圖像做說明。雖然畫工的技法拙劣，用色也相當簡樸，未能如同敦煌壁畫般絢爛華麗，線條優美。正因如此，畫面能夠更貼切，更能完整地了解到民間的信仰以及對生死概念上的期望。

本研究以法國國家圖書館（巴黎）所藏《繪圖本佛說十王經壹卷》，編號為伯2870之經卷來作為討論。全卷圖文並茂，為完整的彩繪長卷。此圖卷完整地保存了經文中彩繪插圖的原貌，為現在彩色連環畫之早期樣本，在繪畫史上存有一定的價值與意義。

---

❺ 張小剛、郭俊葉（2015）。〈敦煌地藏十王經像拾遺〉。《敦煌吐魯番研究》，第15卷，頁95。

　　此卷由於圖檔拍攝清晰度不佳，致使經文的文字略帶模糊。參考由蘭州大學敦煌研究室學者杜斗城先生所編《敦煌本佛說十三王經校錄研究》，其中出現一些文字的辨識問題。由於大陸使用簡體字，故而容易產生繁體字判斷上的差異性。參酌之中，再以正確繁體字予以修正，使經文能夠更加接近完整度。在此仍感謝蘭州大學敦煌研究室學者們充實的研究，才使得敦煌學能夠如此開花結果。

　　《佛說十王經》的經卷展開時，首題《佛說閻羅王授記四眾預修生七往生淨土經》，卷首為釋迦牟尼說法圖。釋迦牟尼旁邊有迦葉和阿難分別站立於兩側，佛陀前方桌子旁有童男童女各一，另一側有一弟子，此三人跪地，雙手合十。旁邊兩側，分別為十王跪坐於榻上（見圖10-1）。由服飾及官帽判斷，此圖卷應為五代之作品。經卷中文書內容如下：

> 謹啟諷❻閻羅王預修生七往生淨土經。誓勸有緣以五會❼啟經入讚念阿彌陀佛。成都府大聖慈寺沙門藏川述佛說閻王授記四眾預修生七往生淨土經。
> 讚曰：如來臨般涅槃時，廣召天龍❽及地祇。因為琰魔王授記❾，乃傳生七❿預修儀。⓫（見圖10-1）……

---

❻ 諷，誦讀之意。《教育部重編國語辭典修訂本》（網路版），http//dict.revised.moe.edu.tw

❼ 五會念佛，中國佛教淨土宗的修行方法之一。唐代法照依無量壽經所創。由三、五至六、七人一起共修，在一坐的時段，依念佛聲調的不同分成五會，即第一會平聲緩念，第二會上聲緩念，第三會非緩非急念，第四會漸急念，以上皆念南無阿彌陀佛，第五會四字轉急念，只念阿彌陀佛。五會念畢後即誦寶鳥諸雜讚。此方法一直為後來淨土宗道場通用。《淨土五會念佛略法事儀讚本》：「五會念佛竟，即誦寶鳥諸雜讚。」《教育部重編國語辭典修訂本》，http//dict.revised.moe.edu.tw

❽ 天、龍、夜叉、阿修羅、迦樓羅、乾闥婆、緊那羅、摩睺羅迦八類佛教的護法神。《佛名經》卷二九：「一切聖賢、天龍八部、法界眾生。」也稱為「八部眾」。《教育部重編國語辭典修訂本》，http//dict.revised.moe.edu.tw

❾ 佛教用語：(1)一種佛經的體裁。為十二分教之一。指記載佛回答有關弟子等人死後往生何處的經典；(2)佛對某菩薩預言其未來成佛之事，稱為「授記」。

爾時地藏菩薩、龍樹菩薩、救苦觀世音菩薩、長悲菩薩、陀羅尼
菩薩、金剛藏菩薩、各各還從本道光中，至如來所，異口同聲，
讚嘆世尊，哀愍凡夫，說此妙法，拔死救生，頂禮佛足。

讚曰：足膝齊兒口及眉，六光菩薩運深悲。各各同聲咸讚嘆，
愍勤化物莫生疲。（見**圖**10-2）

爾時一十八重一切獄主，閻羅天子，六道冥官，禮拜發若願，
有四眾比丘，比丘尼，優婆塞，優婆夷，若造此經讀誦一偈，
我皆免其一切苦楚，送出地獄，往生天道，不令稽滯，隔宿受
苦。

讚曰：冥官注記及閻王，諸佛弘經禮讚揚。四眾有能持一偈，
我皆送出往天堂。

爾時閻羅天子說偈白佛：南無阿羅河，眾生惡業多。轉回無定
相，猶如水上波。

讚曰：閻王白佛說伽陀，愍念眾生罪苦多。六道輪迴無定相，
生滅還同水上波。願得智慧風，飄與法輪河。光明照世界，巡
歷昔經過。普救眾生苦，降魔攝諸魔。四王行國界，傳佛修多
羅。」（見**圖**10-3）

讚曰：願佛興揚知惠風，飄歸法海洗塵濛。護世四王同發願，
當傳經典廣流通。凡夫修善少，顛倒信邪多。恃經免地獄，書
寫過灾痾。超度三界難，永不見藥叉。生處登高位，富貴壽延
長。

讚曰：惡業凡夫善力微，信邪倒見入阿鼻。欲救富貴家長命，

《放光般若經·卷三》：「舍利弗問須菩提，言：『諸有住是三昧者，為已從過
去諸佛授記已耶？』」《教育部重編國語辭典修訂本》，dict.revised.moe.edu.tw

❿ 民俗稱喪事每七日設奠一次為「作七」，由頭七到尾七共需進行七次，稱為
「七七」。《教育部重編國語辭典修訂本》，dict.revised.moe.edu.tw

⓫ 杜斗城（1989）。《敦煌本《佛說十三王經》校錄研究》，頁23。蘭州：甘肅教
育出版社。

書寫經文聽受持。至心訟此經,天王恆記錄。莫煞祀神靈,為此入地獄。念佛把真經,應當自戒罰。手執金剛刀,斷除魔種族。

讚曰:罪苦三塗業易成,都緣煞命祭神明。願執金剛真惠劍,斬除魔族悟無生。佛行平等心,眾生不具足。修福似微塵,造罪如山岳。當修造此經,能除地獄苦。往生豪貴家,善神常愛護。

讚曰:罪如山岳等恆沙,福少微塵數未多。獲得善神常守護,往生豪富信心家。造經讀誦人,忽爾無常至。天王恆引接,菩薩捧花迎。願心往淨土,八百儀千生。修行滿證入,金剛三昧成。

讚曰:若人造佛奉持經,菩薩臨終自往迎。淨國修行因滿已,當來正覺入金城。爾時佛告阿難,一切龍天八部及諸大神閻羅天子、太山府君、司命司錄、五道大神、地獄官等行道大王,當起慈悲法,有寬縱可容,一切罪人,孝慈男女修,福薦拔亡人,報生養之恩,七七修齋造像,以報復父母恩,令得生天。

讚曰:佛告閻羅諸大神,眾生造業具難陳。應為開恩容告福,教蒙離苦出迷津。(見圖10-4)

閻羅王白佛言:世尊,我等諸王皆當發使,乘黑馬,把黑幡,著黑衣,檢亡人家,造何功德,准名放牒,抽出罪人不逮,誓願。

讚曰:諸王遣使檢亡人,男女修何功德因。依名放出三塗獄,免曆冥間遭苦辛。伏願世尊聽說十王檢齋十王名字。

讚曰:閻王向佛再陳情,伏願慈悲作證明。凡夫死後修功德,檢齋聽說十王名。

第一日過秦廣王:讚曰:一七亡人中陰身,驅羊隊隊數如塵。且向初王齋點檢,由來未渡奈何橋。(見圖10-5)

第二七日過初江王:讚曰:二七亡人渡奈河,千群万隊涉江

波。引路牛頭肩挾棒，催行鬼族手敬叉。（見圖10-6）

第三七日過宋帝王：讚曰：亡人三七轉恓惶，始覺冥途嶮路長。各各點名知所在，群群駝送五官王。（見圖10-7）

第四七日過五官王：讚曰：五官業秤向空懸，左右雙童業簿全。輕重豈由情所願，□昂自任昔姻緣。（見圖10-8）

第五七日過閻羅王：讚曰：五七閻羅息諍聲，罪人心恨未甘情。髮仰頭看業鏡，始諸先世事分明。（見圖10-9）

第六七日過變成王：讚曰：亡人六七滯冥塗，切怕生人執意愚。日日只看功德力，天堂地獄在須臾。（見圖10-10）

第七七日過太平山王：讚曰：七七冥塗中陰身，索求父母會情親。福業此時仍未定，更看男女造何因。（見圖10-11）

第八百日平正王：讚曰：百日亡人更恓惶，身遭枷杻被鞭傷。男女努力修功德，免落地獄苦處長。（見圖10-12）

第九一年過都市王：讚曰：一年過此轉苦辛，男女修何功德因。六道輪迴仍未定，造經造像出迷津。（見圖10-12左側）

第十三年過五道轉輪王：讚：所後三曆是關津，好惡唯憑福業因。不善尚憂千日內，胎生產死拔亡人。」（見圖10-13）

十齋具足，免十惡罪，放其天生。讚曰：一身六道若忙忙，十惡三塗不易當。努力修齋功德具，恆沙諸罪自消亡。我常使四藥叉王守護此經，不令陷沒。

讚曰：閻王奉法讚弘揚，普告人天眾道場。我使藥叉齊守護，不令陷沒永流行。稽首世尊，獄中罪人，多是用三寶財物，喧鬧受罪，識信之人，可自慎誡，勿犯三寶，報業難容，見此經者，應當修學。（見圖10-14）

讚曰：欲求安樂住人天，輒沒侵凌三寶錢。一落冥間諸地獄，宣宣受苦不知年。爾時琰魔王歡喜踊躍，頂亂佛足，退坐一面。

佛言：此經名為閻羅王授經記四眾預修生七往生淨土經，汝當流傳國界，依教奉行。

讚曰：閻王退坐一心聽，佛更慇勤囑此經。名曰預修生七教，

汝兼四眾廣流行。

佛說閻羅王授經記四眾預修生七往生淨土經。普勸有緣預修功

德，發心歸佛，轉願息輪迴，讚二首：

第一讚：一身危厄似風燈，二□侵凌齒井瞪。苦海不修舡筏

渡，欲憑何物得超昇。

第二讚：舡橋不造此人癡，遭嶮恓惶君始知。若悟百年彈指

過，修齋聽法莫交遲。

佛說十王經壹卷。（見圖10-15）❶❷

內文勸誦《閻羅王預修生七往生淨土經》，此經說明人死後往生何

處？應行何禮儀？成為民眾最容易理解地獄景象的重要經典。

在圖10-3中，見有六位菩薩站立於蓮花之上，雙手合十，誦唸此

經拯救眾生。此六位菩薩分別為：地藏菩薩、龍樹菩薩、救苦觀世音菩

薩、長悲菩薩、陀羅尼菩薩、金剛藏菩薩。

圖10-1　《繪圖本佛說十王經壹卷》，伯2870，法國國家圖書館（巴黎）藏

---

❶❷《繪圖本佛說十王經壹卷》，伯2870，法國國家圖書館（巴黎）。蘭州大學敦
煌研究室學者杜斗城先生所編《敦煌本佛說十三王經校錄研究》。本經文為經
過兩份文獻校對修正後之結果。

圖10-2　《繪圖本佛說十王經壹卷》，伯2870，法國國家圖書館（巴黎）藏

圖10-3　《繪圖本佛說十王經壹卷》，伯2870，法國國家圖書館（巴黎）藏

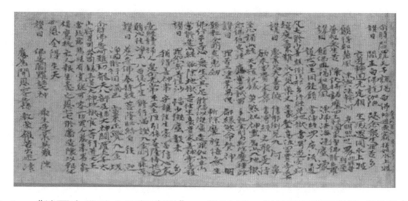

圖10-4　《繪圖本佛說十王經壹卷》，伯2870，法國國家圖書館（巴黎）藏

　　圖卷再往後展開，便看見繪有一吏，著黑衣掌黑幡，所乘為一匹黑色駿馬，配有紅色韁繩，韁繩之上有簡單飾物。馬作前仰狀態，黑幡飄揚，前後各有一僕人跟隨，畫面呈現前進的動態感。圖左側繪一亡人，在第一個七日過秦廣王面前，亡人頸上配有刑具，來到秦廣王面前接受審判（見圖10-5）。

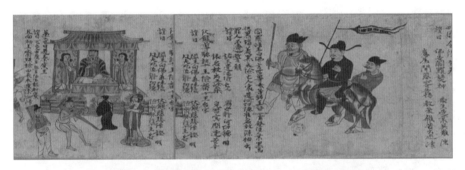

圖10-5　《繪圖本佛說十王經壹卷》，伯2870，法國國家圖書館（巴黎）藏

　　圖像繼續延伸至第二個七日，亡人所經過的第二位王為初江王。此圖之中出現一牛頭人，左手高舉，手持棍棒喝斥追逐一亡人。河流之中水流湍急狀，有三位亡人在河中行進。河岸邊，有一面目可怕之人，手上亦持棍棒喝斥水中亡人。在河流上方有座奈何橋，橋上有一位穿著整齊高貴的婦女緩緩過橋，手中虔誠地捧有經卷，平靜而從容的樣貌。在圖像中已開始強調與區分，告誡民眾讀經卷修功德，能除地獄苦並往生豪貴家（見圖10-6）。

　　至第三個七日時，亡人過宋帝王面前，開始顯出焦躁不安狀，對未來充滿害怕不知所措的樣子（見圖10-7）。

　　第四個七日時，繪亡人過五官王前。此時畫面中出現了「業秤」。於〈太上慈悲九幽拔罪懺卷八〉中對業秤所作敘述如下：「或將葷辛混雜，腥穢同廚，不潔己身，但多慢易，過中更食，宿心不精，誹謗至

圖10-6　《繪圖本佛說十王經壹卷》，伯2870，法國國家圖書館（巴黎）藏

圖10-7　《繪圖本佛說十王經壹卷》，伯2870，法國國家圖書館（巴黎）藏

真，將同邪偽，言猶虛誕，心豈虔恭。如上罪根，秤量最重，死入地獄，無有生全。」[13]業秤的兩端，分別為善與惡，依其重量來作為判斷罪惡多寡之依據，再給予應得的懲罰。下方之亡人見到業秤時，似乎對於自己所犯的錯誤已無以爭辯，驚嚇地望著業秤，雙腿無力的跪坐在地面上（見**圖10-8**）。

---

[13]〈太上慈悲九幽拔罪懺卷八〉。《道藏》第十冊，頁114。北京：文物出版社，1988年出版。

圖10-8　《繪圖本佛說十王經壹卷》，伯2870，法國國家圖書館（巴黎）藏

　　當第五個七日，過五官王時必須經過業秤的審判。到了第五七日過
閻羅王時，則出現了另一件審判的工具——「業鏡」。圖面示出五官王案
前立有一業鏡，用來反映亡人生前的行為和所造之罪業。在圖中的鏡子
裡出現亡人生前在鞭打牛，由鏡子圖像來看，此亡人身分應當是一位農
夫。而亡人似乎抗拒著面對業鏡，亡者前方著紅衣使者像是大聲喝斥，要
亡者向前面對鏡子。而亡者身後的黑衣使者，則使力的將亡者往前推往鏡
子前。左側著白長褲的兩個亡人，見到此狀，害怕的向後退。整張圖像呈
現出的壓力感與驚惶失措的舉動，帶動了畫面上的戲劇性，也說明了亡人
在過去活著時後的行為均被記錄在案，想僥倖逃過冥王審判是不可能的
⓮，更加深了教化的作用力（見圖10-9）。

　　到了第六個七日時，繪亡人過變成王前。在變成王案前，左邊赤膊
著白長褲的亡人，頸部戴枷鎖刑具。右側一男一女的亡人，穿著整齊，手
上恭敬的捧著經卷。此圖之中再次強調《十王經》的教義；亡魂必將經過
十王殿，而亡人家屬須祈請十王並作齋修福，寫經造像，以便可拔除亡魂

⓮黨燕妮，《佛說十王經》敦煌文物珍品（7），敦煌研究院，public.dha.ac.cn/
content.aspx

圖10-9　《繪圖本佛說十王經壹卷》，伯2870，法國國家圖書館（巴黎）藏

的罪業。右側畫面中的男女，因受福而享有免除受到刑罰之苦（見**圖10-
10**）。

圖10-10　《繪圖本佛說十王經壹卷》，伯2870，法國國家圖書館（巴黎）藏

　　第七七日時，繪亡人過太平山王前。亡人福業未定，尚有機會，如
圖四中經文中所說：「若造此經讀誦一偈，我皆免其一切苦楚，送出地
獄，往生天道，不令稽滯，隔宿受苦。」（見**圖10-11**）。

圖10-11　《繪圖本佛說十王經壹卷》，伯2870，法國國家圖書館（巴黎）藏

　　到了第八百日時，繪亡人過平正王前，亡人須受到更多的痛苦。畫面中的亡人，因身遭枷杻與鞭傷，已經全身虛弱無力，仍必須被綁在長柱上，看似昏厥狀（見**圖10-12**）。

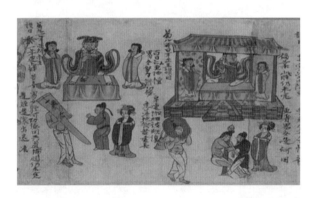

圖10-12　《繪圖本佛說十王經壹卷》，伯2870，法國國家圖書館（巴黎）藏

　　第九一年時，繪亡人過都市王前。此刻，六道輪迴仍未定，造經造像仍有機會免除地獄之苦。畫面中的婦女，衣著顏色在此時做了改變，由紅色轉為黑色（見**圖10-12**左側）。

　　第十三年過五道轉輪王。當亡人到了第五道轉輪王前，畫面上看見了繪有「六道輪迴」的圖像。佛教認為眾生過去所作的業，是造成每個生

命不同的存在狀態。而存在的狀態可分成六類，即天、人、阿修羅、地
獄、餓鬼、畜生，稱之為「六道」，眾生未解脫前，始終在其中輾轉生
死。[15]畫面中不斷出現的兩組亡人，也分別地進入了人道以及畜生道，明
明白白地告知最後判決的結果，以及修道的重要性（見**圖10-13**）。

圖10-13　《繪圖本佛說十王經壹卷》，伯2870，法國國家圖書館（巴黎）藏

　　最後一幅畫，有牛頭守火城的景象令人更加的心生畏懼。牛頭火
紅的肌肉如同火城中的烈火，在牛頭的左腿上，還纏繞著一隻紅色的火
蛇。牛頭張牙舞爪的怒罵著亡人。紅色火蛇則眼神凶惡，張口向亡人噴出
熊熊火焰。因亡人已十齋具足，可免去十惡罪，放其天生。圖像中亡人的
右側有佛陀，亡人雙手虔誠合十，在畫面下方畫有一長條狀的圖像，表示
「三寶」。正如文中所述，只要努力修齋，功德齊具，恆沙諸罪自然消
亡，不必入火承受火刑之苦，並且得以除去所有罪刑（見**圖10-14**）。
　　卷尾再次強調，若能悟得百年彈指過，修齋聽法切莫遲遲不做，甚
或忘而不做（見**圖10-15**）。

---

[15] 六道。《教育部重編國語辭典修訂本》，http//dict.revised.moe.edu.tw

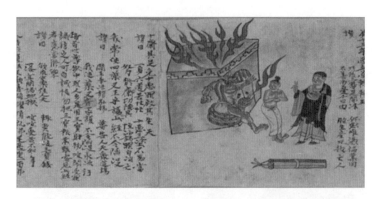

圖10-14　《繪圖本佛說十王經壹卷》，伯2870，法國國家圖書館（巴黎）藏

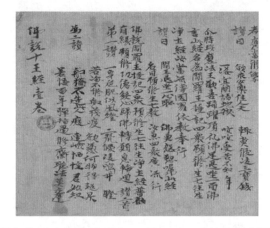

圖10-14　《繪圖本佛說十王經壹卷》，伯2870，法國國家圖書館（巴黎）藏

肆、結論

　　近年來日本人在宗教思想的傳遞上，採取與以往不同的方式呈現與教化。在今日大眾所喜愛並且接受度高的動漫電影中《你的名字》或是稍早的《神隱少女》等作品中，隱約陳述人類的貪婪以及消失的敬畏之心。

　　同樣的，在台灣的殯葬儀式之中，對亡人的法事，雖然依舊具備著一定的標準程序。不過，在面對亡人的七七法事念誦之中，究竟有多少人能夠理解這些過程中的涵義？

　　現今殯葬禮儀公司林立，家屬透過殯葬業來協助法事禮儀，只要花錢，便可完成亡人的七七法事，既可彌補心中的遺憾，也算完滿。也有人認為人死後，靈魂會到另一個與人間相似的世界，透過七七法事讓死者的靈魂得以順利到達彼岸並獲得解脫與重生。在文化意義上，藉由厚葬儀式來表達孝道時，似乎在心理層面上，認為可讓亡者安心，並為家人帶來信仰禁忌上的安全感，免除親人死亡所造成心理上的負面影響。法事的儀式便只流於形式，其中的教義與其由來，似乎對於忙碌的現代人而言，已經不再重要了！

　　晚唐、五代所留下的《佛說十王經》，在當時廣傳於民間並深植於民心，建立了基本的地獄觀。圖像內容描繪地獄中人物間相互的關係，企圖透過人物身分與神態，生動的表現故事內容。利用環境穿插，用來區別和聯繫那些互相連續而又不同的事件。圖像形式所反映的主題思想，透露了社會的內在矛盾。經文內容勸戒向善，圖像則展現出人死後墮入地獄所受的地獄之苦為何？告誡民眾讀經卷、修功德、作齋修福、孝順父母、為亡者寫經造像，能免除亡者受地獄之苦並往生豪貴家，也為自身奠下福報。

　　雖然《佛說十王經》仍繼續流傳，然而，其真諦與精神與今日已有些不同。地獄由當時的不可數變成了今日可數的十八層地獄。過去是為亡者修福，為自己造福業；今日則只要完成亡者往生的儀式，似乎就完成一切了。唯一不變的是，地獄觀仍然深植於當代的信眾之中，仍被重視與敬畏，也因此，地藏菩薩的信仰仍可見於大大小小的廟宇之中。

　　在這浩瀚的宇宙，有太多的不可解，不可說與說不盡，在佛教的教義經典中，也不斷地如是說。倘若，宗教的傳承只是一個傳說與教化，那麼又如何維繫千年？直至今日，各類佛學經典依然深受民間重視，這其中

的奧妙，又豈是三言兩語能說得清的。我們所能夠理解的僅是看得到的部分，而看不到的，才真正是變相經典深受尊崇與延續的重要因素。那不可解，如何能解？才是研究時的重要課題。

11

未來環保自然葬——
樹葬計畫

廖瑞榮
工作群管理計劃有限公司負責人

壹、前言

「生命是四季舞動的音符[1]：春是萬物初長成，夏是茁壯勤耕耘，秋是純熟經歷期，冬是頤養追憶時；人生如舞動的音符起起落落，曲終人散塵緣已盡，留給至親好友的只有追憶與歎歟；在茫茫人海中如微塵，在歷史軌跡裡，一生僅剎那即消逝；人生的樂曲終了，是餘音繞樑，亦或寂靜不起一絲漣漪，所剩的僅有回眸的烙印依舊。」

貳、台灣及其他國家推行「環保自然葬」的成效[2]

一、台灣推行環保自然葬的成效

隨高齡化的社會，世界先進國家鼓勵以環保葬節省土地資源，國外最新式的環保葬如「冰葬」、「太空葬」等，給後代子孫留下潔淨的空間概觀已成共識。

台灣二十多年來，在政府機關、宗教界、學者專家及民間有識之士的共同努力，喪葬禮俗的觀念，已從過去重視墓地、風水，到火化土葬的撒葬、海葬、植葬、樹葬、花葬……；聖嚴法師在民國98年圓寂後，將骨灰植存於金山環保生命園區，為環保葬做一良好示範（**表11-1**）；內政部更透過多重管道推廣環保葬法：

1.自民國80年開始推動「端正社會風俗——改善喪葬設施及葬儀計畫」。

---

[1] 作者對生命之定義。

[2] 全國殯葬入口網，http://mort.moi.gov.tw/frontsite/cms/newsAction.do?method=view ContentDetail&iscancel=true&contentId=MjQ2Mw==（檢視日期：2013/3/27）。

2.民國91年內政部公布《殯葬管理條例》倡導環保葬法，積極推動舊墓更新。

3.內政部透過預算補助地方公墓闢建環保多元葬區，並運用媒體宣導革新葬俗。

4.訪視、教育訓練等輔導地方基層辦理環保多元葬。

表11-1　實踐環保多元葬之名人

類別	知名人士	地點
樹葬	前法務部長陳定南 舞蹈家羅曼菲、廣告界名人孫大偉 藝術家陳綾蕙、女作家劉枋、罕見疾病兒曾晴	宜蘭員山福園 台北市詠愛園
植存	聖嚴法師的師父東初老人 聖嚴法師、新聞媒體界名人葉明勳、作家曹又方、前中油董事長陳朝威	66年海葬 植存金山生命園區
海葬	作家柏楊 哲學家方東美、推廣國語運動的吳稚暉 潘安邦、張愛玲、鄧小平、周恩來	綠島 金門

二、最早提倡、施行環保自然葬的國家及其成效

1.英國：於1993年推動環保自然葬，為最早推動之國家，2008年火化率有72.45%，將骨灰灑於土壤或植於樹葬、花葬或海葬。而後推廣至美國、北歐、日本、紐西蘭及澳洲等國家，而後中國大陸亦隨之跟進。

2.美國：受基督教信仰影響，且土地幅員廣大，2008年火化率僅34.89%，其餘為土葬，但臨海各州有規定海葬區域，灑葬與環保葬所需經費較一般傳統土葬節省。

3.日本：2008年火化率為99.85%為世界第一，提倡回歸自然、天人合一，該國多元環保自然葬非常盛行，又因臨海多選擇使用海葬。

4. 北歐瑞典、丹麥、挪威三國：規劃有紀念花園，提供多元環保葬，並設置海岸墓園，瑞典、丹麥二國2008年火化率均達75%以上。

5. 紐西蘭、澳洲：大力推動環保多元葬，澳洲2008年火化率為65%、紐西蘭為70%。該二國墓園均有環保多元葬區，且殯儀館與墓園設置數較多，民眾使用較為便利。

6. 中國大陸：經濟發展迅速，為節省墳墓用地，於北京、上海、南京、杭州等大都市之墓園內推廣火化與環保多元自然葬，火化率由2001年47.3%提升至2008年48.5%，正朝移風易俗，改變民眾傳統土葬，鼓勵選擇海葬或樹葬、灑葬。

參、樹葬流程

「樹葬」，從入殮至完成葬儀的另一種選擇模式，符合綠美化及環境保護的安葬方式；其處理過程如下：

1. 管制：屍體入殮後，隨手製作陶土標誌牌一片（約5cm*10cm*1cm，燒製成3.5cm*8.5cm*0.6cm），其上標註編號作為建檔辨識，隨棺火化製成。

2. 研磨：屍體火化後，骨灰經研磨成粉碎狀，再裝入環保紙盒內。

3. 裝載：環保紙盒（16cm*16cm*20cm）裝入研磨後骨灰，並將標誌陶片置於其上，一併封入盒內。

4. 暫厝：暫時置於儲放室，俟足500個量體後，擇日掩埋。

5. 掩埋：於樹木繁茂之林蔭或專區，在地下深1m以下之定點分期分區，將環保骨灰盒逐層排列置放，水平間隔4cm、每層覆土約10cm厚；每3m³可掩埋250個。

6. 綠化：掩埋區地面栽植草皮覆蓋，各區間以灌木樹籬區隔；間距每6m*6m內至少種植一棵高3m以上之喬木，於森林區內以恢復原林

區生態或加植樹木綠化。

7.禁止：除瞻仰台、藝術雕塑及區間通道外，區內不立碑、不作任何記號或人工設施物，且掩埋確切位置不告知使用者家屬，僅告知瞻仰區域。

8.祭祀：墓區內擇適當地點設置祭祀中心，安置所有使用者靈、牌位，或由家屬領回祭祀；每日早、晚上香，每月初一、十五舉行祭祀儀禮，每年清明、中元、重陽三季擴大超渡祭祀。

肆、環保自然葬（單一層次樹葬）規劃案例參考

1.環保葬區，面積1,369.46㎡。

　(1)依據《殯葬管理條例》第26條：其屬埋藏骨灰者，每一骨灰盒（罐）用地面積不得超過0.36㎡。

　(2)預估設置容量：1,369.46㎡/0.36㎡≒3,804位。

　(3)環保葬區工程費：1,369.46㎡*12,000元/㎡=16,433,520元。

2.個別式環保葬實例及示意圖：

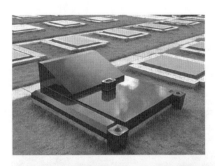

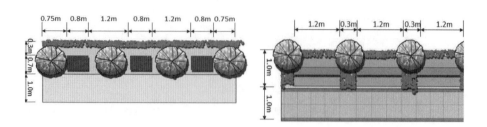

伍、「北歐樹葬計畫」參考實例

北歐瑞典韋斯特羅斯（Västerås）公墓現場參觀「樹葬」區照片[3]：

樹葬：掩埋區隔離綠籬

樹葬：掩埋區樂隊雕塑

樹葬：掩埋區通道

樹葬：掩埋區綠美化植栽

[3] 於2004/6/11-6/22新營市公所「北歐殯葬考察」，瑞典殯葬協會簡報手稿。

挪威鄉間公墓

瑞典採用易灰化環保骨灰盒

瑞典斯德歌爾摩公墓早期樹葬（立碑）　　瑞典斯德歌爾摩公墓園區步道

瑞典斯德歌爾摩公墓（樹葬、園區設施）

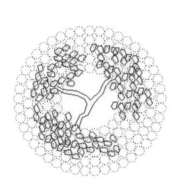

平面示意圖

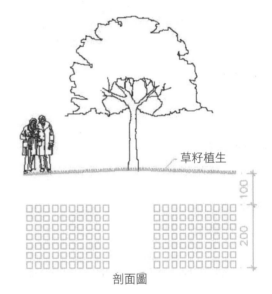

草籽植生

剖面圖

多層次樹葬

大喬木林間多層次樹葬　　　　　　　小喬木區樹葬

陸、「台南新營福園環保多元葬（樹葬、灑葬）計畫」實例參考

一、緣起

　　國人在清明時節，懷著虔敬肅穆和感恩的心，為祭拜先人費時尋找墳墓、辛苦的整理墓園；由於長久以來篤信入土為安及風水觀念，及以永久土葬為主，造成舊有公墓成「亂葬崗」，有礙觀瞻、影響生活環境。

　　配合國家建設六年計畫「端正社會風俗——改善喪葬設施及葬儀計畫」，以敬祖崇天的情懷，規劃出讓先人靈魂安息，並能供後代子孫緬懷之所在；改造舊有公墓成為公園，建造骨灰（骸）存放設施、殯儀館、火葬場等滿足民眾需要。

　　為解決墓地之不足，選擇已滿葬之舊有公墓，辦理遷葬、重新規劃

整地，降低墓地使用面積，增加興建公共設施為目標；以建造大容量之骨灰（骸）存放設施，鼓勵「火化塔葬」，將「平面墓地立體化」；並配合民間洗骨習俗，實施輪葬制度，以增加埋葬容量，減少墓地使用。

為改善環境衛生，提升生活品質，利用公墓公園化以造園手法，栽植花草樹木加強美化綠化，同時專人管理維護墓園整潔、防止濫葬，達到改善環境整體景觀之目標。為便利民眾祭拜，提供休閒遊憩，在花木扶疏中憑弔追思先人，增添完善的公共設施，使其具休閒公園的功能；在感念先人德澤中，領悟生與死的究竟問題。為充裕地方財政，解決經費不足，訂定合理的收費標準，收取規費、設施使用費，用於管理之所需，及充實地方財源，做到「取之於民，用之於民」。

自民國80年度起，內政部逐年補助地方政府，辦理各項喪葬設施的改善，至89年度全國殯儀館數量33處，禮廳188間，火化場31處，火化爐具132具，火化率66.84%，至95年度止全國殯儀館數量39處，禮廳248間，火化場34處，火化爐具176具，火化率85.83%，整體殯葬設施及改變國人殯葬習俗以入土為安之觀念，節省土地面積737萬5,725平方公尺❹。

本市配合內政部「公墓公園化」政策，致力於更新利用舊有公墓，推動公墓公園化、推行火葬，鼓勵民眾將遺骨安置在骨灰（骸）存放設施，倡導民眾利用公墓營葬、治喪利用殯儀館，以及健全喪葬設施經營管理、提升服務品質，使公墓能永續經營使用；讓人民不需揮汗掃墓，最終達到沒有喪事陣容的噪音、看不到墳墓，成為市民休憩的公園。

本市第15公墓2.3796公頃早期設置啟用，已滿葬多年；自民國88年起辦理舊墓更新，規劃納骨堂興建；民國90～92年推動公墓公園化及興建納骨堂，及整建為「新營市四合一殯葬專區」，成為台南縣首座公立殯儀館；民國93年納骨堂及管理室完工；民國94年成立「新營市殯葬管理所」，第15公墓改稱「福園」；新營市立殯儀館、火化場於97.06.10啟用。

---

❹摘錄自內政部民政司網站，〈殯葬管理〉，http://www.moi.gov.tw/dca/02funeral_001.aspx（檢視日期：2009/5/6）。

民國88年（1999），示範公墓舊墓更新，規劃納骨堂興建；民國90年（2001），第15公墓公園化規劃設計完成發包；民國92年（2003），推動公墓公園化及興建納骨堂等工程，整建第15公墓為「新營市四合一殯葬專區」，成為台南縣首座公立殯儀館；民國93年（2004），第15公墓納骨堂及管理室完工；民國94年（2005），成立「新營市殯葬管理所」，第15公墓改稱「福園」；民國97年（2008），新營市立殯儀館、火化場於97.06.10.啟用。

本次多元葬區為第15公墓內，利用原土（棺）葬清葬後部分區域，改採環保樹葬、萬人塚灑葬等多元葬法，僅止於埋葬方式及容量改變，將地下土壤汙染程度降至最低，其餘皆未更異。

二、計畫區位

都市計畫內新營交流道特定區墳墓用地。

(一)地點位置圖

依據行政院農委會農林航空測量所2009.05.01.96R020-100.tif圖檔編製。

地點位置圖「航空照片圖」S:1/5000

(二)區域位置^❺

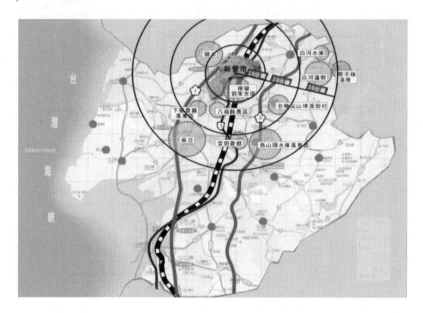

(三)區內環境

---

❺ 摘自新營市公所〈市政願景：文化悠活小鎮〉網站，http://www.sych.gov.tw/
leisure/culturedtown/page02.asp（檢視日期：2009.02.03）。

基地現況1

長榮路殯葬所入口指標

殯葬專區「福園」園區標誌

殯儀館、火葬場、6m道路、多元葬區

多元葬區南側停車場

多元葬區東南側

萬人塚、4m步道、多元葬區

多元葬區北側（萬人塚）

多元葬區、4m步道、萬人塚

資料來源：98.04.16.現場拍攝；98.04.30.現場拍攝。

基地現況2

多元葬區（樹葬）

多元葬區道路、停車場

多元葬區、4m步道

多元葬區近況

資料來源：106.04.12.現場拍攝。

三、設置需求與區域功能

　　新營市已略據都會型態，舊有公墓缺乏完整規劃利用及整理，為符合現代化都市型態「殯葬一元化設施需求」及配合政府推動改善喪葬設施計畫，形成便民作業之殯葬專區，以導正民間習俗提升市民現代化生活品質。

　　改善本市早已滿葬，一地難求之問題，逐次辦理全市公墓之舊墓更新、清葬廢止，並改善嚴重之濫葬情形。

　　以使用者付費、維持開銷及嘉惠民眾為原則，而不以營利為目的；以其達政府社會福利之目標。

四、人口分布及死亡統計

　　1.新營市鄰近鄉鎮市人口統計比較（**表11-2**）[6]

表11-2　新營市鄰近鄉鎮市人口統計比較

鄉鎮市別	人口數	男	女	全年死亡數
新營市	78,715	39,500	39,215	489
鹽水鎮	27,585	14,372	13,213	295
白河鎮	31,926	16,850	15,076	406
柳營鄉	23,147	12,130	11,017	207
後壁鄉	26,294	13,741	12,553	244
東山鄉	23,532	12,586	10,946	286
下營鄉	26,612	13,819	12,793	250
七鄉鎮市合計	237,811	122,998	114,813	2,177
台南縣總計	1,104,810	565,763	539,047	8,646
占全縣比例	21.53%	21.74%	21.30%	25.18%

[6] 摘自台南縣政府〈南瀛采風：認識南縣〉網站，http://www.tainan.gov.tw/cht/index/people.aspx（檢視日期：2009/2/2）。

2.台南縣97年1月至12月人口死亡統計[7]：合計死亡人數8,646人，其中男性死亡人數5,212人，女性死亡人數3,434人，粗死亡率千分之7.82。

五、殯葬概況

民國60年以後隨經濟發展趨勢，我國人口結構由以往正成長，逐年下滑漸呈負成長之老年化現象，喪葬問題應運而生；加以民間自古以來的地理風水、入土為安的觀念，造就各鄉鎮市公墓處處葬滿為患，甚至寸地難求。

內政部自民國73年開始倡議火化政策，以改善人民喪葬風氣，提升優質生活環境；地方在配合政策執行之下，積極興建納骨堂、殯葬設施；逐年對滿葬、疊葬、濫葬作有效的改善。

本市為配合政府推動改善一般喪葬習俗，並鼓勵全民實施火葬，進行塔葬以節省土地資源美化環境，並發揚「慎終追遠」、「老有所終」之傳統美德，於94年10月成立殯葬管理所，本所總預算自88年度下半年及89年度起，以自有財源及上級政府補助款逐年編列預算辦理殯葬四合一業務，納骨堂及管理室建物於93年完工，另殯儀館、火化場已於97年6月10日揭牌啟用；現階段亟需積極辦理環保多元葬區設置。

六、喪葬使用分析

1.推估97年底台灣地區兩性零歲平均餘命為78.54歲[8]。

2.新營市現有公墓概況（**表11-3**）。

---

[7] 摘自內政部統計處〈內政統計月報〉網站，http://sowf.moi.gov.tw/stat/month/list.htm（檢視日期：2009/2/2）。

[8] 摘錄自內政部統計處〈98年1月21日：97年國人零歲平均餘命估測結果〉網站，http://www.moi.gov.tw/stat/life.aspx（檢視日期：2009/2/2）。

表11-3　新營市現有公墓概況

公墓名稱	位置	面積（公頃）	容積（座）	目前數量	設置啟用年代	目前是否禁葬	備註（優先順序）
第一	長榮路兩側，鄰近南天有線電視台	2.3507	1,000	滿葬	早期已設置使用	禁葬	2
第二	嘉芳里。新營交流道	0.4949	350	滿葬	早期已設置使用	無	4
第三	嘉芳里。新營交流道	1.3101	900	滿葬	早期已設置使用	無	4
第四	埤寮里。中正路路底	0.6561	500	滿葬	早期已設置使用	無	3
第五	天棋肉品後方。卯舍	0.212	150	滿葬	早期已設置使用	無	11
第六	憲兵隊旁。卯舍西	0.301	180	滿葬	早期已設置使用	無	10
第七	護鎮陸橋北側	1.6313	1,000	滿葬	早期已設置使用	無	8
第八	太子宮往五興里	2.5584	1,500	滿葬	早期已設置使用	無	5
	太子國中對面	1.1824	900	滿葬	早期已設置使用	無	
第九	鐵線橋	1.2972	850	滿葬	早期已設置使用	無	7
第十	舊廍里	0.3932	300	滿葬	早期已設置使用	無	5
第十一	新結庄（秀才）	0.2919	250	滿葬	早期已設置使用	無	13
第十二	角帶里	0.4937	350	滿葬	早期已設置使用	無	9
第十三	姑爺里	1.1096	750	滿葬	早期已設置使用	無	6
第十四	十庫里。堤防旁	0.4109	280	滿葬	早期已設置使用	無	12
第十五	長榮路北方，鄰高速公路	2.3796		滿葬	早期已設置使用	無	1
合計		17.073	9,260				

3.依平均餘命推估最大使用量：現有人口數÷兩性零歲平均餘命。

死亡數=78,715÷78.54=1,003人

4.喪葬型式比較：依《殯葬管理條例》規定評估。

實際需求公墓面積（平地墓區）
＝墓基＋15%公共設施（5%服務建築設施、10%步道及道路）＋30%綠地面積

(1)棺葬：以10年輪葬，每棺需8㎡，所需土葬使用面積。

1,003人／年*10年*8㎡／棺=80,240㎡（墓基）

實際需求公墓面積=80,240㎡÷65%=123,447㎡

(2)骨灰葬：以骨灰草葬，每位需0.36㎡，所需使用葬區面積。

1,003人／年*10年*0.36㎡／位=3,611㎡（墓基）

實際需求公墓面積=3,600㎡÷65%=5,556㎡

(3)樹葬：樹林內林木間實施掩埋環保骨灰盒方式，使用埋設深度：1m～3m；灰化後處理再葬年限預估20年；面層覆土1m以上，環保掩埋盒間上、下、左、右共六面各覆土9cm厚；骨灰環保盒以16cm*16cm*21cm為參考值；地面每㎡置放容量：16疊*7層=112位。

以推估死亡數計：1,003人／年*20年÷112位／㎡=180㎡（墓基）

實際需求公墓面積=180㎡÷65%=277㎡

(4)灑葬：提供舊墓區清葬、舊有納骨堂拆遷除葬，及一般可接受灑葬植存觀念之民眾使用；於樹林草地內實施拋撒掩埋骨灰方式，使用埋設深度：1.5m～3m，骨灰直接拋撒10cm厚，再覆土10cm逐層施做；待自然灰化後再使用，預估年限30年；每位拋撒骨灰所占容量以14.9cm*14.9cm*10cm計算；地面每㎡置放容量：45位*8層=360位。

1,003人／年*30年÷360位／㎡=84㎡（墓基）

實際需求公墓面積=84㎡÷65%=130㎡

5.實際規劃設置量：

(1)樹葬區：（584.82㎡÷277㎡／輪）*20年／輪=42年（目前推估死亡數可使用年限）。

(2)骨灰草葬：777位＜1,003位／年。

(3)灑葬區：（223.35㎡+442.59㎡）=665.94㎡。

　（665.94㎡÷130㎡／輪）*30年／輪=153年（目前推估死亡數可使用年限）

(4)在改善喪葬觀念未完全破除以往習俗前，仍以多元葬區為最佳選擇；盡量縮小棺葬墓區，推廣樹葬模式，以科學新知解釋地理風水的迷失，改變民眾對「慎終追遠」真義的觀念。

七、新營福園環保多元葬（樹葬、灑葬）規劃圖

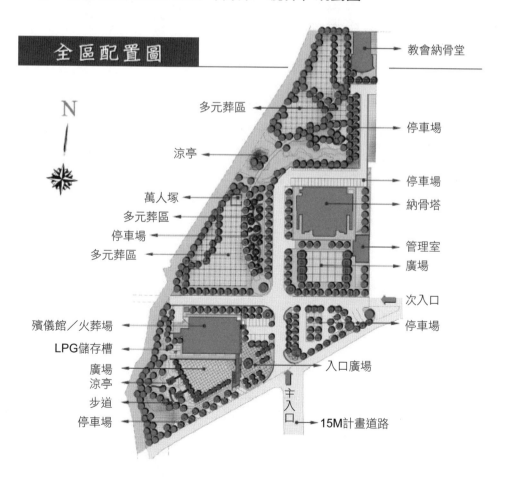

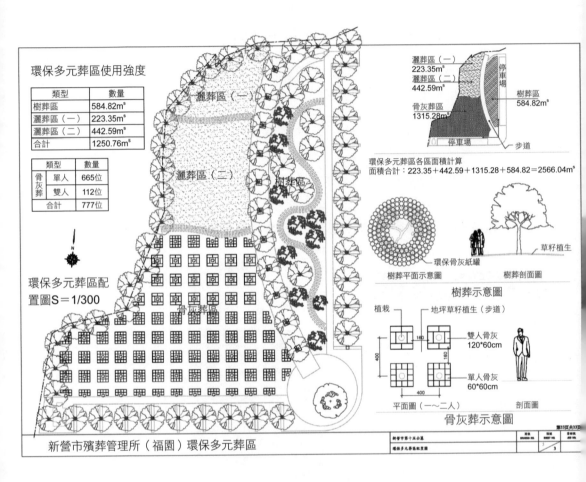

環保多元葬區使用強度

類型	數量
樹葬區	584.82m³
灑葬區（一）	223.35m³
灑葬區（二）	442.59m³
合計	1250.76m³

	類型	數量
骨灰葬	單人	665位
	雙人	112位
	合計	777位

環保多元葬區配置圖S＝1/300

灑葬區（一）
223.35m³
灑葬區（二）
442.59m³
骨灰葬區
1315.28m³
樹葬區
584.82m³
停車場
步道

環保多元葬區各區面積計算
面積合計：223.35＋442.59＋1315.28＋584.82＝2566.04m³

灑葬區（一）
灑葬區（二）
樹葬區
骨灰葬區

環保骨灰紙罐
樹葬平面示意圖

草籽植生
樹葬剖面圖

樹葬示意圖

植栽
地坪草籽植生（步道）
雙人骨灰
120*60cm
單人骨灰
60*60cm
平面圖（一～二人）
剖面圖

骨灰葬示意圖

新營市殯葬管理所（福園）環保多元葬區

新營市第十五公墓
環保多元葬區配置圖

12

《莊子》生死觀與
當代的自然葬

熊品華

國立東華大學中國語文學系博士生

壹、前言

老莊以「道法自然」為思想主軸,對一些事物的觀察與解讀,也是以自然現象為起點,尋找出自然之理路,再將這自然理路用之於人生,使人生能達到真善美之境界,惟真善美境界不在求至極偏頗,而在求自然的相對均衡而已,故「天下皆知美之為美,斯惡已;皆知善之為善,斯不善已」。

老莊「道法自然」觀,論及生死者,老子不多,只是起頭罷了,要深入探索老莊的自然生死觀,則非專從莊子著墨不可。爰此,本文擬先剖析出莊子生死觀中的自然理路,再來連結當代的自然葬概念,試圖能掌握兩者在自然概念的一致性或相關性程度;其次,期能藉莊子的生死觀來啟迪當代自然葬之構思與發展。

貳、《莊子》著作的梳理

《莊子》一書並非一人所作,而是一個「作者群」經過一段時間分別著作並輯合而成,《莊子》的成書時間是有兩個時段,《莊子》版本的記載始於《漢書》卷十〈藝文志〉云:「《莊子》五十二篇。名周,宋人」❶,因此《莊子》的「輯著階段」為漢代以前。「嬗遞階段」,如陸德明《經典釋文》。曾比較司馬彪本與郭象本,《釋文·序錄》續云:「(司馬氏本)言多詭誕,或似山海經,或類占夢書,故意去取,其內篇眾家竝同,自餘或有外而無雜,所注特會莊生之旨,故為世所貴。」原五十二篇《莊子》當中有許多如山海經、占夢書般的詭誕之詞,已被郭象所刪(直接刪除)、合(兩篇合為一篇)、分(一篇分成兩篇)。至今所

---

❶ 黃有志、鄧文龍合著(2002)。《環保自然葬概論》,自序頁2。高雄:黃有志。

見，已非《莊子》的知識系統，應可確認。

　　馮友蘭於《論莊子》中說：「《莊子》這部書是先秦道家各派的一個論文總集，並不都代表莊子學派的見解。」❷嚴北溟於〈應對莊子重新評價〉一文中說到：「個人認為：年代湮遠，史料殘缺，要嚴格確定哪篇是莊子自著，哪篇是他人所作，是難得有一致結論的。」❸張松輝於《莊子疑義考辨》裡也說：「想要指實哪一篇、哪一段為莊子所親作，幾乎是不可能的。倒不如把《莊子》作為一個整體，視為莊子師生的共同的思想材料來研究。」❹此外，如顧頡剛、張恒壽、崔大華、王葆玹、劉笑敢、任繼愈等人，大體皆曾用了訓詁、考據、出土文獻、統計分析等方法嘗試證明《莊子》各篇的作者身分，但各家意見難有完全相同的發現。以至於嚴北溟無奈表示：「我們就完全可以把《莊子》一書看做是以莊子思想為主的一部具有完整體系的道家專著，而不必對書篇作者為誰問題去做茫無結果的繁瑣考證。」❺

　　另葉國慶等人所著《莊子研究論集》也提及：「〈內七篇〉諸篇文理相似，皆是莊子所著。」❻同樣劉笑敢謂：「應該肯定《莊子》外雜篇寫作的年代，大體不晚於戰國末年。籠統來說，《莊子》內篇和外雜篇都可能摻入若干後代的文字，但是認真推敲起來，這種摻雜似乎不嚴重。」❼鑑於《莊子》一書，有非一人、非一時，又非原稿的三非特性。筆者在論述莊子的生死觀，是會比較側重在內七篇中的內容，尤其是內七篇中的〈大宗師〉有相當完整及深入的對話，指出了莊子的生死觀及殯葬觀。

---

❷ 哲學研究編輯部（1962）。《莊子哲學討論集》，頁116。北京：中華書局。
❸ 嚴北溟（1980）。〈應對莊子重新評價〉。《哲學研究》，第1期，頁40。
❹ 張松輝（1997）。《莊子考辨》，頁28。湖南：嶽麓書社。
❺ 同註3。
❻ 葉國慶等（1982）。《莊子研究論集》，頁38-41。台北：木鐸出版社。
❼ 劉笑敢（2010）。《莊子哲學及其演變》，頁69。北京：中國人民大學出版社。

參、《莊子》的生死觀

　　《莊子》的〈大宗師〉就人之生死議題，已具有相當完整的邏輯，大體是能與其他各篇相呼應，尤其是與其他的內六篇，更是能完構其基本的生死觀。故本處擬先論述《莊子・大宗師》的生死觀架構，再輔以其他各篇的補強。

一、〈大宗師〉篇的生死觀架構

　　〈大宗師〉篇首先提出「古之真人，不知說生，不知惡死。」，也就是說古代的「真人」，不懂得喜悅生命，也不懂得厭惡死亡；對生或死，皆不存在情感性的善惡；或視生、死是不重要的課題，或視生、死是等量的價值。次而提出「死生，命也❽。」認為死和生是命定，均非人力所能安排，既不強求也不抗拒，命定乃自然的設計，故順乎命，就等同順乎自然。莊子進一步指出「孟孫氏不知所以生，不知所以死；不知孰先，不知孰後；若化為物，以待其所不知之化已乎！」也就是說孟孫氏不知道什麼是生，也不知道什麼是死，不知道什麼是占先，不知道什麼是居後，他順任自然的變化，來應付那不可知的未來變化。

　　再次指出「見獨，而後能無古今；無古今，而後能入於不死不生。殺生者不死❾，生生者不生。其為物，無不將也❿，無不迎也；無不毀也，無不成也。其名為攖寧⓫。攖寧也者，攖而後成者也。」強調既已感

---

❽ 命：這裡指不可避免的、非人為的作用。

❾ 殺：滅除，含有摒棄、忘卻之意。「殺生者」與下句「生生者」相對為文，分別指忘卻生存和眷戀人世的人。

❿ 將：送。

⓫ 攖：擾亂，「攖寧」意思是不受外界事物的紛擾，保持心境的寧靜。這是莊子所宣導的極高的修養境界，能夠做到這一點也就得到了「道」，所以下一句說「攖而後成」。

受到「道」了,就能超越古今的時限;當能夠超越古今時限,便能進入無所謂生、死的境界。摒除了生也就沒有死,留戀於生也就不存在生。作為事物,「道」無不有所送,也無不有所迎;無不有所毀,也無不有所成,這就叫做「攖寧」。攖寧,意思就是不受外界事物的紛擾,而後因保持心境的寧靜,而能成就事物。提出聞道無古今、無死生之概念,但在實現成道的過程中,是會出現「將迎毀成」的干擾,再因寧靜方可成道,此修道方式就叫做「攖寧」。要之,死生不是人生命的重要議題,聞道、修道才是重要議題,它是脫越時限,無古今時限,就不存在死生了。

接著,莊子舉子祀、子輿、子犁及子來四人的朋友之道,來說明其生死觀,即「子祀、子輿、子犁、子來四人相與語曰⓬:孰能以無為首,以生為脊,以死為尻⓭,孰知死生存亡之一體者,吾與之友矣。」也就是說子祀、子輿、子犁、子來四個人在一起對話,提到說:誰能夠把無當作頭,把生當作脊柱,把死當作尻尾,誰能夠通曉生死存亡融為一體的道理,我們就可以跟他交朋友。此四人旨在追尋「無生死」的理念,並以「頭脊尻」作為「無生死」的比喻,且視孰能將「死生」視為一體,齊量並重,就可當朋友。強調可被珍惜的朋友,是能「死生一體」,且「無死生」,超脫死生的。

這四個人的對話中,有兩則寓言,一是子輿病了,子祀去慰問的對話;二是子來病了,子犁去探望的對話。第一則寓言,是「夫得者⓮,時也⓯,失者,順也⓰;安時而處順,哀樂不能入也,此古之所謂縣解也⓱。而不能自解者,物有結之。且夫物不勝天久矣,吾又何惡焉?」亦即子輿

⓬ 子祀、子輿、子犁、子來:寓言故事中假託虛構的人名。

⓭ 尻:脊骨最下端,也乏指臀部。

⓮ 得:指得到生命,與下句的「失」表示死亡相對應,「得、失」也即生、死。

⓯ 時:適時。

⓰ 順:指順應了規律。

⓱ 縣:懸掛。「縣解」即解脫倒懸。莊子認為人不能超脫物外,就像倒懸人一樣其苦不堪,而超脫於物外則像解脫了束縛,七情六欲也就不再成為負擔。

回答：生命的獲得，是因為適時，生命的喪失，是因為順應；當能安於適時而處之順應，則悲哀和歡樂都不會侵入生死，這就是古人所說的解脫了倒懸之苦。然而不能自我解脫，則是受外物的束縛。況且事物的變化長久是不能超越自然力量的，我又為何要厭惡造物者對我的安排？即強調生死是命定的，人面對「生死」就是採取「安時順應」的態度，則就不存在哀樂的問題，並無哀樂也就是「縣解」，即是解脫，何有厭惡嫌棄的道理，故生死是自然的，是平常的。

第二則寓言，是「俄而子來有病，喘喘然將死❶，其妻子環而泣之❶。子犁往問之，曰：叱❷！避！無怛化❷！倚其戶與之語曰：偉哉造化！又將奚以汝為❷，將奚以汝適？以汝為鼠肝乎？以汝為蟲臂乎？」也就是子來生病，氣息急促將要死去，他的妻子兒女圍著哭泣。子犁前往探望，說：嘿！走開！不要驚擾他將死的變化！子犁靠著門，跟子來說話：「偉大的造化啊，造物者將把你變成什麼，把你送到哪裡？會把你變成老鼠的肝臟嗎？把你變成蟲蟻的臂膀嗎？」，可見子犁超脫了死亡的恐懼與哀傷，很頑皮地肯定死亡及死後何去何從，皆是種造化，是自然的造化結果。接著「子來曰：夫大塊載我以形，勞我以生，佚我以老，息我以死。故善吾生者，乃所以善吾死也。」也就是子來不甘示弱的說，大地載我、生我、老我及死我，有良善的安排，也就是強調自然的大地載負我的形體，並且用生活來勞苦我，用衰老來讓我閒適，用死亡來令我安息。所以，善待我生命的大地，也會善待我的死亡。大地行為及自然行為，大地之善生也善死，本來就是效法自然的結果，故死乃安息不再勞佚形體了，毋須恐懼，也毋須惋惜，反即是種解脫。所以大地會良善安排

---

❶ 喘喘然：氣息急促的樣子。
❶ 妻子：妻子兒女。環：繞。
❷ 叱：呵叱之聲。
❷ 怛：驚擾。化：變化，這裡指人之將死。
❷ 為：這裡是改變、造就的意思。

「生」，也會良善安排「死」，同樣強調生死是一體的。因此，子來又提出「今一以天地為大爐，以造化為大冶，惡乎往而不可哉！成然寐❷，蓬然覺❷。」強調若能把天地當作大熔爐，把造化當作大鐵匠，則哪有我不可以去的地方？於是安閒熟睡了，又驚喜地醒過來了。換言之，子來已是坦然順應自然的造化了，且肯定自然會「善生善死」，因生死是一體的。

　　歸納上述〈大宗師〉篇的生死觀邏輯，是莊子對生死的認知，來自於古之真人的啟示，真人之不悅生及不惡死，促其設定「死生，命也」，這命定之生死，也就是自然之造化。自然造化的基本原理，是死生一體或生死一體，也可以說是死生如一，所以莊子再進一步提出「善生善死」、「無古今、不死不生」及「無生死、死生存亡一體」之自然造化的精義。面對此自然造化的原理與精義，莊子認為人面對此自然的生死造化，其態度作為應是「安時處順」，也就是有生之年，按時令作為；逢死之際，採順應的處理態度。如此，則哀樂不入，可以懸解，若無法自行解脫，也就順天即好。茲就此生死觀邏輯，建構圖示如**圖12-1**。

二、其他篇的補述

　　就自然的造化部分，〈知北遊〉篇提到「生也死之徒，死也生之始，孰知其紀！人之生，氣之聚也；聚則為生，散則為死。若死生為徒，吾又何患！故萬物一也，是其所美者為神奇，其所惡者為臭腐；臭腐復化為神奇，神奇復化為臭腐。故曰：通天下一氣耳。聖人故貴一。」也就是說，莊子認為宇宙間只不過是一氣的變化，人的生死，就在氣的變化之間，故氣聚則生，氣散則死，但聚與散，是種現象，也是生命的本原，從現象看來，有生滅之相，但滅而不滅，這種循環現象，所以說死也

---

❷ 成然：安閒熟睡的樣子。寐：睡著，這裡實指死亡。
❷ 蓬然：驚喜的樣子。覺：睡醒，這裡喻指生還。

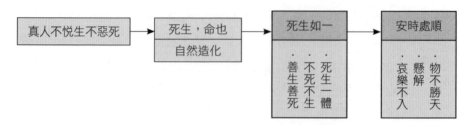

圖12-1　《莊子‧大宗師》的生死觀架構

生之始。

　　莊子談論生命變化，是從「氣」的角度來論生死，人之生死乃「氣之聚散」結果，他也了解生死之循環，萬物都一樣，且會美化生為神奇，視死為臭腐，殊不知萬物之生死循環是可以從腐敗中演化成新的生命，而新的生命最後又會腐化成無生命，所以「臭腐」與「神奇」是可以互相循環轉換，而「臭腐」與「神奇」只不過是「氣」的變通而已，故通天下之一氣而已。

　　就死生如一的部分，在莊子看來，生命是在不斷的循環，而生死亦是不斷的在循環反覆，相互轉化。如〈知北遊〉云：「生也死之徒，死也生之始。」；〈齊物論〉云：「方生方死，方死方生。」；〈德充符〉云：「以死生為一條。」；〈天地〉云：「萬物一府，死生同狀。」莊子所追求的，要能超越生死，亦能妥善順應外物的變化，並強化不喪失其本心真我，進而能夠做到「不以死為懼，不以生為喜」，「不因物喜，不以已悲」，順之自然本性，甚而將生死置之度外，死生如一的生死觀[25]。

　　莊子認為萬物是齊一的，誰是長誰是短呢？大道是沒有終始，而萬物是有死生的變化，萬物時而空虛，時而盈滿，沒有固定不變的形狀。萬物的生長，猶如快馬奔馳一般，沒有一個動作不再變化，沒有一個時間不再移動，萬物本來就是會自然變化的，如〈秋水〉云：「萬物一齊，孰短孰長？道無終始，物有死生，不恃其成；一虛一滿，不位乎其形。年不

---

[25] 徐復觀（2003）。《中國人性論史》，頁407。台北：臺灣商務印書館。

可舉，時不可止；消息盈虛，終則有始。是所以語大義之方，論萬物之理
也。物之生也，若驟若馳，無動而不變，無時而不移。何為乎，何不為
乎？夫固將自化。」

就安時處順的部分，〈養生主〉云：「適來，夫子時也；適去，夫
子順也。安時而處，哀樂不能入也，古者謂是帝之縣解。」在〈天下〉
云：「芴漠無形，變化無常，死與生與天地並與，神明往與！芒乎何
之，忽乎何適，萬物畢羅，莫足以歸，古之道術有在於是者。莊周聞其風
而悅之，以謬悠之說，荒唐之言，無端崖之辭，時恣縱而不儻，不以觭見
之也。以天下為沈濁，不可與莊語，以卮言為曼衍，以重言為真，以寓言
為廣。獨與天地精神往來而不敖倪於萬物，不譴是非，以與世俗處。」此
兩者皆強調人之來去，只有「時」與「順」的概念，這生則貴時，死則處
順，才符合道，可使死生與「天地並與」，達到與天地神交的境界。

肆、《莊子》的殯葬觀

如上述，本處也先剖析〈大宗師〉篇對殯葬的隱喻，再從其他篇中
擇要補述莊子的殯葬觀。

一、〈大宗師〉篇的殯葬構思

莊子在〈大宗師〉篇中主要是舉兩則寓言，來闡述其對殯葬的看
法，這兩則寓言，均隱含著其對人死之身後處理的價值與態度。

第一則寓言是「子桑戶、孟子反、子琴張三人相與友[26]，曰：孰能相
與於無相與，相為於無相為？孰能登天遊霧，撓挑無極[27]，相忘以生，無

---

[26] 子桑戶、孟子反、子琴張：莊子假託的人名。本句的「友」字可能是「語」字
之誤；作「相與語」講前後語意均能串通。

所終窮？」也就是說子桑戶、孟子反、子琴張三人在一起論朋友之道，講：誰能夠相互交往於無心交往之中，相互幫助又像沒有幫助一樣？誰能登天巡遊霧裡，迴登於無窮的太空，忘掉自己的存在，而沒有終結和窮盡。此乃隱設子桑戶、孟子戶及子琴張三人的交友故事，期許他們三人能在「有、無」間進行「相與、相為」的互動，無所計較，以達到「相忘以生，無所終窮」的際遇，顯示三人交往，既是神交神往，也達到忘我或坐忘的崇高境界。就此境界應已達到解脫生死了。進而就先設定「子桑戶死[28]，未葬」的情境，接著再設定孟子反和子琴張在旁是如何因應當朋友的，喻指「或編曲，或鼓琴，相和而歌曰：嗟來桑戶乎[29]！嗟來桑戶乎！而已反其真[30]，而我猶為人猗[31]！」也就是說孟子反和子琴張卻一個在編曲，一個在彈琴，相互應和著唱歌，且說：「哎呀，子桑戶啊！哎呀，子桑戶啊！你已經返樸歸真，可是我們還活著為人，還在托載負著形骸呀！」

　　此故事為強化這是老莊自然的殯葬思惟，還意圖模擬儒家看到此殯葬思惟的反應。首先，設定道家之「編曲、鼓琴及和歌」舉止被子貢看到了，謂「子貢反，以告孔子，曰：彼何人者邪？修行無有[32]，而外其形骸[33]，臨屍而歌；顏色不變，無以命之[34]。彼何人者邪？」也就是子貢回來，把見到的情況告訴孔子，說：他們都是些什麼樣的人？不重德行，也

---

[27] 撓挑：循環升登。無極：這裡指沒有窮盡的太空。

[28] 莫然有間：頃刻之間。一說「莫然」即「漠然」，指相交淡漠。姑備參考。

[29] 嗟來：猶如「嗟乎」，感歎之詞。

[30] 而：通「爾」你。反：返回。真：本真。「反其真」意思就是返歸自然，直白點就是死亡。

[31] 猗：表示感歎語氣。

[32] 修行：培養自己的德行。

[33] 外其形骸：以其形骸為外，把自身的形骸置之度外，意思是不把死亡當作一件大事。

[34] 命：名，稱述，形容。

無有禮儀，把自身形骸置於度外，面對著死屍還唱歌，容顏、臉色一點都不變，我沒有辦法來形容他們究竟是些什麼樣的人？

接著就假藉孔子之見解，來肯定道家的殯葬思惟，即「孔子曰：彼方且與造物者為人❸，而遊乎天地之一氣❸。彼以生為附贅縣疣❸，以死為決疣潰癰❸，夫若然者，又惡知死生先後之所在！假於異物❸，托於同體；忘其肝膽，遺其耳目；反覆終始，不知端倪。」也就是如孔子說：他們正跟造物者結伴，逍遙於天地一氣之中。他們把人的生命看作像贅瘤一樣多餘，他們把人的死亡看作是毒癰化膿後的摘除。像這樣的人，又何須顧及死生先後的存在！憑藉各各不同的物類，寄託於同一的整體；忘掉了體內的肝膽，也忘掉了體外的耳目；無盡地循環其終始，卻不知道它們的頭緒。

從這一則寓言，發現莊子的殯葬思惟，係人死後是「反其真」、「可與造物者遊乎天地」，故在世的人是可編曲鼓琴唱歌的，毋須修行禮儀，另死是種解脫，是在「決疣潰癰」，故身後的「肝膽耳目」是可忘遺的。

第二則寓言，是假借顏回、仲尼及孟孫才的三人互動，就孟孫才母喪談起，來闡述莊子的殯葬思想，即「顏回問仲尼曰：孟孫才❹，其母死，哭泣無涕❹，中心不戚❹，居喪不哀。無是三者❹，以善處喪蓋魯國❹。」也就是顏回請教孔子說：孟孫才這個人，他的母親死了，哭泣時

---

❸ 人：偶「為人」即相互做為伴侶。

❸ 一氣：元氣。

❸ 縣：通「懸」，疣：同「瘤」，「附縣疣」指附生的多餘的肉癤，喻指多餘的東西。

❸ 是皮膚上的腫包，癰是毒瘡。「決疣潰癰」指毒瘡化膿而破潰。

❸ 假：憑藉。

❹ 孟孫才：人名，複姓孟孫。

❹ 涕：淚水。

❹ 中心：心中。戚：悲痛。

❹ 三者：指上述「哭泣不涕、中心不戚、居喪不哀」的三種表現。

未流眼淚，心中不覺悲傷，居喪時也不哀傷。這三個方面皆沒悲哀之表現，卻可因善於處理喪事而名揚魯國。

接著孔子就回答說：「夫孟孫氏盡之矣，進於知矣❹。唯簡之而不得，夫已有所簡矣❹。孟孫氏不知所以生，不知所以死；不知就先❹，不知就後；若化為物❹，以待其所不知之化已乎！」也就是孔子說：孟孫才處理喪事的做法確實是盡善盡美，已是懂得喪葬禮儀的人。人們總希望從簡治喪卻不能辦到，而孟孫才卻做到從簡辦喪了。孟孫才被肯定，孟孫才不去探尋人何以生、何以死；也不知道生死何者是先，何者是後；他只是順應自然的變化來處理，以期待那些自己所不知曉的變化！

所以孟孫才認知到「且彼有駭形而無損心❹，有旦宅而無情死❺。孟孫氏特覺，人哭亦哭，是自其所以乃❺。」也就是那死去的人是驚擾了自身形骸，卻無損於他們的心神，猶如心神的寓所朝夕存有，並無真正的死亡。這情境孟孫才特有覺醒，故人們哭他也跟著哭，這就是他居喪的理路。孟孫才的居喪理路，基本上已能融於自然之安排，而忘卻死亡變化，進入到寂寥虛空的天道，亦即「安排而去化❺，乃入於寥天一❺。」

簡言之，莊子這則寓言的殯葬思惟，人在面對死亡後的居喪作為，有幾項具體的主張：(1)哭泣無涕，人哭亦哭，中心不戚，居喪不哀；(2)

---

❹ 蓋：覆。

❹ 進：勝，超過。

❹ 夫：這裡代指孟孫才。

❹ 就：趨近，追求。先：這裡實指「生」，與下句「後」字實指「死」相應。

❹ 若：順。「若化」即順應自然變化。

❹ 駭形：指人死之後形體必有驚人的改變。心：精神，「損心」指情緒悲哀損傷心神。

❺ 旦：日新，朝夕改變的意思。宅：這裡喻指精神的寓所，即人的軀體。情死：真實的死亡。

❺ 乃：通作「爾」，如此的意思。

❺ 安排：安於自然的推移。去化：忘卻死亡的變化。

❺ 寥：寂寥，虛空。

從簡辦喪；(3)順化生死，去形不損心即可。另上述兩則寓言所闡述的殯葬觀，發現莊子只論殯，並不重視葬。對殯的認知，是從人死乃反其真，或去潰癰，或懸解，或不知死生先後，故：(1)在情緒上，是可歌或不痛哀泣的；(2)喪禮從簡；(3)物化自然，坐忘形骸。

二、其他篇的補述

莊子另在〈養生主〉、〈至樂〉、〈列禦寇〉三篇中，各列舉一個寓言，從設定莊子較親近的「老聃、妻子及自我」將死或已死的情境著手，來闡述莊子的殯葬觀。

(一)老聃死，三號即可

莊子〈養生主〉篇提到「老聃死，秦失弔之，三號而出。弟子曰：「非夫子之友邪？」曰：「然」，「然則弔焉若此，可乎」？曰：「然。始也吾以為其人也，而今非也。向吾入而弔焉，有老者哭之，如哭其子；少者哭之，如哭其母。彼其所以會之，必有不蘄言而言，不蘄哭而哭者。是遁天倍情，忘其所受，古者謂之遁天之刑。適來，夫子時也；適去，夫子順也。安時而處，哀樂不能入也，古者謂是帝之縣解。」[54]也就是說，莊子藉秦失之口，來說明俗情哭老聃之死，是「遁天倍情」且「忘其所受」，忘了人們生死都受乎天，既受乎天，人生存在就有他的時間性，俗情的哀傷正是想逃乎天理，而違背應有的情懷，就是「遁天之刑」。因此主張人們應安於有限的時間而隨順時間去變化，就無所謂對生死的哀樂了，才能解脫倒懸。

---

[54] 郭慶藩（1982），《莊子集釋》，頁127-128。台北：華正書局。

(二)莊子妻死，鼓盆而歌

莊子〈至樂〉篇提到：「莊子妻死，惠子弔之，莊子則方箕踞鼓盆而歌。惠子曰：「與人居，長子老身，死不哭亦足矣，又鼓盆而歌，不亦甚乎？」莊子曰：「不然。是其始死也，我獨何能無慨然！察其始而本無生；非徒無生也，而本無形；非徒無形也，而本無氣。雜乎芒芴之間，變而有氣，氣變而有形，形變而有生，今又變而之死，是相與為春秋冬夏四時行也。人且偃然寢於巨室，而我噭噭然隨而哭之，自以為不通乎命，故止也。」[55]也就是說莊子對妻子之死是一開始是「噭噭然隨而哭之」，後來停止不哭，再因「通乎命」了然後，甚至以「鼓盆而歌」方式，來超越一般生死之情。透過這一段的通命、體察自然生死、氣化四時的理解，使其殯葬觀有些改變。起初莊子是喜生懼死的，後再提升到與造物者遊的「至情」感受。此轉變是莊子在轉念間從大自然的事物中領悟了生命的道理，生死不過是氣聚氣散而已，猶如四季更替[56]。因此，莊子妻死鼓盆而歌，是置死生於自然變化的代表作。他認為人本無生、無形，氣聚而生，氣散則死，如同天地四時之變化，有其自然的往復循環，故能超脫生死的畏懼，參透生死的本質[57]。

三、莊子將死，以天地為棺槨

莊子〈列禦寇〉篇提到：「莊子將死，弟子欲厚葬之。莊子曰：「吾以天地為棺槨，以日月為連璧，星辰為珠璣，萬物為齎送。吾葬具豈不備邪？何以加此！弟子曰：「吾恐烏鳶之食夫子也。」莊子曰：「在上為烏鳶食，在下為螻蟻食，奪彼與此，何其偏也！」[58]也就是說莊子自己

---

[55] 同註54，頁614-615。

[56] 吳怡（2008）。《新譯莊子內篇解義》，頁260。台北：三民書局。

[57] 柯鳳仙（2008）。《莊子論死》，頁64。華梵大學哲學研究所碩士論文。

[58] 同註54，1063。

面對死亡時，尚能平靜地接受它，展現一種「外形骸」的達觀態度。並且主張死後連葬具都不要，要直接面對青天，背靠黃泉，展示出他萬物一體、物我平等的超然態度，放下對形體的執著及世俗厚葬之包袱。莊子願以最自然原始的方式處理自己的喪禮，其喪禮幾近於「曝屍荒野」的動物葬模式。

總之，從莊子三則近親殯葬之寓言中，可以看出莊子面對死亡的態度，當面對「老聃死」，認為人受死生哀樂情感的繫累，有如倒懸一樣般痛苦。「妻死鼓盆而歌」，則是面對至親者過世時，從一開始的哀痛悲傷，經過轉念體悟出生死不過是氣聚氣散而已，猶如春夏秋冬之更替。而「莊子將死」則是面對自己的死亡，莊子表現出更為灑脫的態度，以天地萬物為棺槨、日月星辰為陪葬物，甚至願意將死後的屍體與天上的烏鳶、地上的螻蟻共享。

從上，莊子對於殯葬禮俗的看法，是大不同於傳統儒家的觀念，莊子認為人無法改變大自然的本性，只有順乎自然，卻可以擺脫世俗的規範，不拘泥於人為的禮俗，因此唯有順應大自然才是真正不變的道理。在莊子〈漁父〉篇中提到：「禮者，世俗之所為也；真者，所以受於天也，自然不可易也。」還有「道者，萬物之所由也，庶物失之者死，得之者生，為事逆之則敗，順之則成。故道之所在，聖人尊之。」

伍、我國歷年來的葬法分析

中國從歷代傳承的葬法，依時間序列，大致是先自然葬，依次為原始葬，傳統習俗葬及環保葬，未來的趨勢可能是生態葬，茲就其定義簡述如後：

1.自然葬：不假於人力加工對遺體之處理者，如將遺體拋於水中，或掘穴埋於地下，或遺於地上者。

2.原始葬：早期對遺體做簡單的人力或加工處理者，如將遺體裹於布、泥土、樹葉或草蓆後，拋於水中或地下或洞穴之中，有些會在遺體做一些防腐或保護的處理。

3.傳統習俗葬：主要是現今的土葬，係將祭祀、風水、庇蔭、孝道或靈魂等習俗觀念加入對遺體做處理者，故出現了棺木、選地土葬、丈量方位、墳墓、立碑、陪葬品、葬後祭祀等葬禮行為。

4.環保葬：將遺體做縮小化的處理後，再施以人力加工，期使對環境汙染最少化或環境保護最大化，如以火化、液態化、冰化等方法化解遺體成粉末狀，再予入塔位、樹葬、植存、花葬、海葬或碳化成鑽石等處理。

5.生態葬：將遺體火化成粉末狀後，再加入有機物或泥土之混合，以一人一樹苗模式，成為大片樹林區，區旁設置一廟祠可供追悼祭拜。

　　莊子是用「生死如一」的心態面對死亡，透過心齋、坐忘的修練功夫，而達到自我超脫的境界。透過上述莊子思想對死亡的認識，了解死亡是對自然的一種回歸，其殯葬觀主要是自然葬或原始葬。

　　傳統儒家對於殯葬禮俗的做法，是屬於久喪（三年之喪）、厚葬（孝道盡心）及「慎終追遠」的傳統土葬，是過去的喪葬主流，現今卻帶來了一些問題：(1)死人與活人爭地，過度的砍伐木材；(2)汙染地下水源，製造髒亂又不美觀；(3)社會資源的過度浪費，經濟負擔過重。以致現今火化進塔成為目前喪葬的主流，惟火化進塔並沒有徹底解決土地問題，及完成人與自然的循環融合。

　　現今因「火化遺體」後再以土葬或是靈骨塔的方式安置遺骨，對台灣這個小島來說，依然會耗盡太多土地資源。就土葬而言，一般常見的墳墓小則3～4坪，豪門家族動輒購地上百坪也很常見。目前法規已規定不得超過8平方公尺，以長遠眼光來看，即使是土葬或是增建靈骨塔都不是好辦法，因為會造成太大的土地負擔，因此近年來政府也逐步推廣環保

葬。不包括入塔的環保葬，大體上尚有「樹、花、植存、海、鑽石、生態」等六種，茲就各種葬法的優劣情形繪製如**表12-1**簡示之。

表12-1　多元殯葬法的優劣特性分析表

項目	內容 葬別	自然葬	原始葬	傳統習俗葬（土葬）	環保葬（火化、冰化、液態化）						
					塔位	樹	花	植存	海	鑽石	生態
資源投入	加工度	一	△	＋	＋	一	一	△	△	△	一
	占地面積	△	△	＋	＋	△	△	△	一	一	△
	人力投入	△	△	＋	＋	一	一	△	一	△	一
	經費投入	一	一	＋	＋	△	△	△	△	＋	△
生態汙染	水	△	△	△	△	△	△	△	＋	△	△
	空氣	△	△	△	一	一	一	一	一	一	一
	地面	△	＋	＋	一	一	一	一	一	一	一
	噪音	一	△	＋	＋	一	一	一	一	一	一
	土壤	△	＋	＋	一	△	△	＋	△	一	△
生活文明	景觀環境	△	＋	＋	一	＋	＋	＋	△	一	△
	習俗繁縟	△	＋	＋	＋	一	一	一	△	一	一
	心靈安頓	△	△	＋	＋	△	△	△	△	一	△
	祭祀適度	△	＋	＋	△	△	△	△	△	一	△

注：「＋」表示高度；「△」表示中度；「一」表示低度

　　從**表12-1**來解讀，傳統習俗葬，因著重生活文明的提升，卻在經濟投入及生態汙染面上，忽視其負面的影響，而環保葬的各種葬法，則大致與傳統習俗葬法相反，較居中的葬法是自然葬與原始葬。

陸、當代自然葬與環保葬的辯證

　　如上，自然葬與環保葬本是兩種不同的葬法，自然葬所強調的是其對遺體的處理，如萬物般，尤其是同於一般的動物，是完全或盡量的不假

人力加工的。但環保葬著重點在於其遺體的處理過程與結果，是對環境的汙染最小化或對環境保護最大化。據此二者顯然不同的是，自然葬是低人力加工，而環保葬是高人力加工的；另環保葬求人為的環境保護，而自然葬乃自然循環觀，是不特別關切環境保護的。

不過，依內政部殯葬網站的界定，「環保葬」又為「自然葬法」或「多元環保葬」，如海葬、花葬、灑葬、樹（植）葬及壁（牆）葬等等。是指其葬禮儀式中不立墓碑、不埋棺木，也不需塔位，生命始源自於大地，終究也回歸於自然，身後的遺體都是以自然方式分解後回歸大地，生命自然是以能量的方式分解後滋養返回這片大地。可以採用樹葬、灑葬、海葬、花葬、植存等方式安置遺體。

其次，內政部也以綠色殯葬試圖來涵蓋自然葬或環保葬，指出「綠色殯葬」也稱「生態葬、自然葬、環保自然葬、循環再生葬」（green burial, ecological burial, eco-burial, natural burial），是當今世界先進國家政府相續推廣的殯葬觀念，它鼓勵人民以「自然、環保、節能、簡約、可持續」的方法[59]。占用較少的土地資源，用革新、有創意和低消費方式，開創新的殯葬文化。

廣義的綠色殯葬指不刻意去抑制遺體的分解現象，甚至有意把遺體加速分解，讓遺體能夠快速且直接地被大自然回收，可以是「風葬、天葬、海葬、水葬、火葬、土葬、樹葬、沙葬、冷凍葬、水焚葬」等形式；狹義的綠色殯葬則是指先將遺體火化以後，再將遺骨、骨殖或骨灰埋入土中，其上栽種樹木、花壇、草坪加以紀念、追思和綠化環境，或是直接將骨灰灑向大自然的喪葬方式[60]。此趨勢下，傳統的土葬方式已開始不

---

[59] 〈環保自然葬介紹〉，中華民國內政部民政司內政部全國殯葬資訊，http://mort. moi.gov.tw/frontsite/nature/locationAction.do?method=doFindAll&siteId=MTAz&sub MenuId=906（檢索日期：2017/5/2）。

[60] 〈殯葬改革調查：死人活人「爭」地現象隨處可見〉，《光明日報》，2011/4/26，鳳凰網資訊，http://news.ifeng.com/society/5/ detail_2011_04/26/5992666_0.shtml（檢索日期：2017/5/6）。

合時宜[61]。

　　環保葬成為趨勢，環保葬是近年來才興起的概念，英國早在1993年就推動環保葬，後來慢慢推行至美國、北歐、日本、紐澳等國家。日本在2008年時，火化率就達到99.85%，為世界第一，同年瑞典及丹麥火化率皆達75%以上，而英國為72.45%，紐西蘭為70%，澳洲為65%。而各國因民情不同，環保葬盛行的方式也不同，例如日本靠海因此不少民眾採用海葬，而丹麥、瑞典、挪威三國除了紀念花園之外，也設置海岸墓園，供民眾提供多元選擇。

　　就台灣內政部資料顯示，國人到民國104年底為止全國火化率已達95.65%，可見經過長年推廣，「火化遺體」這概念已逐漸為大眾所接受。104年推動環保葬計9,136件，為94年之20倍，其中又以樹葬居多，顯示獲得愈來愈多民眾認同環保葬的概念。

　　到底自然葬是否為環保葬？或環保葬是否為自然葬？這兩者的關聯如何釐清？筆者認為自然葬在不立墓碑、不埋棺木、不需塔位及遺體滋養大地等部分，是同於環保葬的，不同的是環保葬是要先將遺體做火化、冰化等處理使之體積成為最小化，再作環保工程，但自然葬是毋須此作為程序的。準此，環保葬絕非自然葬，而自然葬卻是種環保葬。另外，廣義的綠色葬是可同時涵蓋自然葬與環保葬，但狹義的綠色葬卻是環保葬，並不能包括自然葬。

柒、結論：莊子思想對當代自然葬的啟迪

　　莊子的生死觀與殯葬觀，如上述，有以下幾項主張：(1)人之死生是自然造化；(2)死生如一，善生善死，且死生循環；(3)人宜「安時處順」

---

[61] 〈理想的殯葬方式〉，文山禮儀，http://www.wen-shan.com.tw/page-5.htm（檢索日期：2017/5/15）。

以對；(4)死亡是種懸解，居喪不哀，或可唱歌；(5)從簡辦喪；(6)物化自然，坐忘形骸。換言之，人之死是不可避免的自然現象，對死的態度是不懼不悅、不惡及不哀，對遺體的處理同於萬物的自然物化，從簡辦喪，不加人工即可。

因此，可大膽推論莊子是認同天葬的自然葬方式，自然葬的原始意義，如西藏的天葬就是其中的一種，還有過去的風葬也是，故自然葬的做法是現代環保葬的先趨，自然葬的現代意義，是以響應環保，愛護大自然，讓大自然生生不息。人類若能透過莊子崇尚自然、無為的精神，應能體現自然葬對現代人的意義，而環保葬中的「節葬」、「潔葬」、「樹葬」與「森林葬」，概能體現莊子的回歸自然與天地合一的生命精神。

基於文明觀察的考量，現今推廣環保葬已是當今社會的主流需求，也是未來的趨勢。此環保葬講求「節葬潔葬」，對社會而言，不會浪費社會資源；對家屬而言，也可以減輕生者的經濟負擔；對死者而言，也可以安於死。故環保葬應是最易邁向自然葬的一種葬法，只要能漸次拋去「人力加工」的元素，就愈能貼近自然葬。

環保葬是建立在火化的基礎上，將無法避免火化所帶來的各種問題。首先，建設火化場將永久占用大量的土地，直接影響可耕作土地的面積；其次，火化過程中會消耗大量的電能、柴油或瓦斯，並向大氣中排放出二氧化碳、一氧化碳、碳氫化合物、氮氧化合物、含硫化合物等大量有害物質，造成環境和空氣的汙染。再者，火化場周邊環境累積大量的灰塵，將對周遭的農業、林業和經濟社會發展帶來負面的影響[62]。

針對火化所產生的各種弊端，專家、學者和利益團體提出「深埋土葬」的概念，提出人死後不進行火化，用可降解的環保棺材裝殮，深埋葬在地底之下，其上不修墳頭、不立墓碑。由於深埋土葬不修墳立碑，所以

[62] 黃睍（2005）。〈生態葬現狀調查現狀〉，《西安晚報》，2005/4/22，新浪新聞中心，http://news.sina.com.cn/o/2005-04-22/19325725189s.shtml（檢索日期：2017/5/3）。

不占用土地也不影響耕作，而且避免了建立火葬場、骨灰堂等場所所占用的地方；也不存在火化過程中消耗大量能源和排放廢氣的問題；並且，埋在地底的遺體會在微生物的作用下，轉化成可供植物根系吸收的有機肥料，以利自然循環作用[63]。此深埋土葬宜稱為「地葬」，此有別於「天葬」。

---

[63] 張存義（2011）。〈遺體強制火化與生態葬法比較暨建議〉，《三農中國》季刊，2011/7/28，華中科技大學中國鄉村治理研究中心，http://www.snzg.cn/article/2011/0728/article_24921.html（檢索日期：2017/5/5）。

孔子仁學思想對當代
品德教育的意義

鍾建興

仁德醫護管理專科學校生活輔導組組長
華梵大學哲學所碩士生

摘　要

孔子是我國古代偉大的思想家也是教育家，他的思想博大精深，他的教育思想是以道德為根本，他希望透過教育將每位學生培養成仁人君子。孔子的仁學思想是儒家道德思想核心，是世代立身處世的行為準則，從古至今一直對中國乃至全世界產生深遠的影響。本文旨在探討當代如何運用孔子的仁學思想，將仁的觀念普遍化，深植人心。並藉此喚醒國人重視品德教育，改善社會的亂象。

關鍵字：孔子、仁學思想、道德教育、品德教育

壹、當代品德教育推動概況

品德教育的意義及目的為何？在於明心見性？人類的教化初始於宗教，而宗教教義莫不在於淨化民心、與人為善，以宗教的戒律來維護道德秩序。我國品德教育理念深受儒、釋、道家思想影響，重視道德高過才學，品德教育自灑掃應對進退至全人教育，道德是最高標準，若有不合道德標準，往往因德廢人，因德廢言。教育部每年施政方針不外乎強調落實學生事務與輔導工作、性別平等、生命、人權法治及品德教育，營造友善、健康、安全之優質校園環境；其中106年年度施政方針第八點落實性別平等、生命、人權法治、品德及環境教育；防制校園霸凌及藥物濫用，營造健康安全的友善校園。前教育部長吳清基2010年為台北醫學大學「樹立追求自我完善的大學品德教育研討會」專書作序時亦認為「教育的目的，在引導個體潛能發揮與增進德智體群美五育健全發展，並促使社會整體和諧與進步。因此學生良善品德，係屬教育之基礎工程，其內涵包括認知、情感、意志與行為；亦屬知善、樂善與行善之全人發展」。

　　在台灣溯自1949年迄約1980年左右，道德教育與政治意識形態緊密相連，除道德與政治相互混淆或受扭曲外，教學方式亦多屬威權灌輸；直至解嚴後時期至1990年代初始，校園中的道德教育乃逐漸解除意識形態的桎梏，此在義務教育階段尤為明顯，諸如1993年教育部公布國小「道德」課程標準取代了原有的「生活與倫理」，1994年亦將國中「公民與道德」課程標準做了大幅修訂，就其目的均強調要培養學生因應社會多元發展應有的價值。正值「新」的道德教育課程甫實施之際，1998年9月教育部公布了「國民教育階段九年一貫課程綱要課程總綱」（暫行），並陸續公布正式總綱及各學習領域課程（暫行與正式）綱要，直至2004年8月，多年來在國中小學道德教育單獨設科的模式乃全面劃下句點。由於「科目中心」道德教育模式的消失，有人戲稱九年一貫課程是個缺「德」的教育改革，咸為道德教育相關科目會消融（或甚消失）於學習領域而感憂心，若干輿論與政策也相繼出籠，期能為新時代的道德教育找尋一出路。道德教育（或謂品德教育）儼然又重回教育舞台且備受注目，然而，新時代的道德教育應是如何展現呢？是期望重拾或再現以往的道德教育，抑或是再創新局及重塑形貌呢？

　　近年來，各國均相當重視學生核心能力的培養，涵蓋學生良好態度與品格，透過教育學習培養學生的基本能力，亦即培養學生應該具備重要的知識、技能和素養，俾能適應社會，其基礎在於「正心」。

一、品德的意義

　　何謂「品」？就《說文解字》對品字的解釋為：

　　品，眾庶也。從三口，凡品之屬皆從品。❶

---

❶〔漢〕許慎撰、〔清〕段玉裁注（1989）。《說文解字》（增訂四版），頁85。台北：黎明文化。

所以「品」有眾多之意，在五南圖書所出版的國語活用辭典中「品」指的是：

會意，三口即是三人，數目之多，多以三為代表，三人即指眾人，所以品的原義是指許多身分次第不等的人。❷

「德」的字形由「心」、「彳」、「直」三個部件組成。「心」表示與情態、心境有關；「彳」表示與行走、行為有關；「直」，「值」之本字，相遇相當之義（洪頤煊《讀書叢錄》：「值本作直。」段玉裁《說文解字注》：「凡彼此相遇相當曰值……古字例以直為值。」）。「直」同時也是「德」原來的讀音，這通常意味著「直」（值）才是「德」字的成義要件。字形本意為「心、行之所值」，是關於人們的心境、行為與什麼水準或什麼狀態相當的判斷。說某人具有某德就是說某人在某一評價空間中到達哪裡或站在哪裡，說某德（如清德、和德、上德、下德）什麼樣就是說到達相應位點的行動者的行為表現會是什麼樣。

至於「德」，在《說文解字》中解釋為：

德，升也。❸

在五南圖書所出版的國語活用辭典中，「德」指的是：

形聲；從彳，悳聲。悳為道德之本字，內得於己，外得於心，努力修養以致之也。德字從彳，以示行動，故為努力前行之義。❹

說明「德」就是德行，著重於實踐，行道有所得，就稱之為德。在

---

❷同註1，頁507。
❸同註1，頁76。
❹周何（1998）。《國語活用辭典》，頁666。台北：五南圖書。

張美櫻〈道德涵養與提升生命品質〉一文中，亦有對品德下一注釋：

> 何謂品？品的原義：眾庶也。就是眾多的意思。品的延伸義
> 有：性質曰品、等級曰品、官階曰品、人格身價曰品、評斷曰
> 品、區畫曰品、嘗滋味曰品。什麼是德，德的字義：行得正
> 也。李敬齋：行得正也，從彳（十上四下）聲古直字。一曰直
> 行為德。吳大澂以為（十上四下）為古相字，相心為德，得於
> 心而行於外也。所以德引申義有：人生應遵循的法理曰道德。❺

說明「品」有眾多的意義，又有區別、評斷的意思，亦藉由「品」
之字義將生活中許多事物做區別、判斷。而若人的一生沒有「品」，他的
一生將無品質可言，對人事物無從判斷好壞，而無從區別也將使其日子過
得混亂無秩序，讓人不知如何看待他？至於「德」是行事的方向，有了行
事的方針，就不會不知所措。而其引申義「道德」一詞，指人生應遵循的
法理。

於今教育部在2003年9月「全國教育發展會議」提出應成立「品格教
育工作小組」，2004年教育部再次邀請學者專家等討論品德教育內涵，同
年在名稱上做改變——「品德教育促進方案」，本方案執筆人李琪明則於
2005年5月13日在「現代教育論壇——學校如何落實道德教育」中指出：
「品德」一詞確實具有「品格」與「道德」之涵義，她強調更喜歡直接採
用「品德教育」來翻譯character education一詞，因為美國的道德教育部分
本身就是一種民主教育、一種批判與行動的意義，所以品德教育的歷程不
僅是引導，而是將焦點置於德育理念的轉化與實踐，因品德教育包含品格
與道德的涵義，它是兼重個人人格特質與眾人的生活規範，且透過教育的
過程培養個人的正確認知、習慣及態度之養成，並在生活中實踐，遵守社
會規範、關懷他人，營造友善的環境，促進社會發展，而其最終目的則是

❺ 張美櫻（2007），〈道德涵養與提升生命品質〉。《21世紀新品格教育觀——
人性是什麼》，頁198。台北：教育部中部辦公室。

要教育學生成為一位有品德的人。

對「品德」一詞，沈六解釋為：

> 品格跟道德合在一起稱為「品德」。它是個人思想行動表現出
> 來的現象，含有心理作用和道德層面，放在一起就是道德成
> 分；道德的道是真理，是一個人的規範，德是依原理原則去實
> 踐力行，所以道德是一種修養。[6]

而吳清山、林天祐兩位學者也指出：

> 品德教育係指人品與德行的教育，亦即學校和教師運用適切教
> 育內容與方法，建立學生良好道德行為、生活習慣與反省能
> 力，以培養學生成為有教養的公民。[7]

綜合以上論述，可知品德的重要性，但隨著時代的變遷，許多的傳
統價值值也面臨衝擊，在現今多元社會中品德教育的核心價值，並非能夠放
之四海皆準並永恆不變的價值，而是應該在實際生活之中回應所面對的
道德相關問題，培養所須知之價值觀、判斷力及行動力。使一個人生活在
社會環境中其行為有合情、合理、合法的社會規範，如此社會才能呈現和
諧之氛圍。尤其在二十一世紀知識經濟的時代，一個國家的競爭力來自人
才，其操守也反映出現代社會民主法治成熟的指標。

二、品德教育的內涵

我國自古以來道德觀大體上是以儒家思想為主；中國哲學思想以儒
家為主流，道德教育是孔子教育思想的主要核心，而「仁」為其依歸；

---

[6] 參見沈六（2006）。〈中小學品德教育的挑戰與經營對策〉。《中等教育》，
第57卷第3期，頁188。

[7] 吳清山、林天祐（2005）。〈品德教育〉。《教育資料與研究》，第64期，頁
150。

在論語中「仁」出現了110次，「仁」是人類行為的最高品德，合乎品德的行為是「禮」，「禮」為實踐「仁」的規範，依「禮」行事為達到「仁」的途徑。孟子主張性善，強調「仁、義、禮、智」四端是人類與生俱來的，教育的作用是要存養和擴充這些善，而品德就是修己心，盡善性。荀子曰：「人之性惡，其善者偽也」。《荀子·性惡篇》意指教育能建立人格，善是人為所形塑。所以孔子的仁、孟子的性善論或荀子的性惡論中，意涵著教育使人為善。

黃德祥（2004）指品德教育是經由教育來增進學生良好的個人特質，使其能知善、愛善、樂善，表現出良好的行為，且能內化成習性的歷程。黃政傑（2008）教導學生了解道德的核心價值和行為準則，期望學生能知善、納善、行善及樂善，且能夠分辨是非，力行善念，成為習性，且樂在其中。Emile Lickona（1993）：「良好的品格教育需包含三個課題：知道何為善（knowing the good）、渴望為善（desiring the good）和行善（doing the good）。」所以我國透過家庭教育、學校教育、環境教育及社會教育等諸般教育來實施品德教育，使學生可以知善、愛善、行善，乃能內化成習慣，找回與生俱來善的本性。

綜合上述，古今中外學者對品德教育的意涵得知，藉由教育讓學生知善、愛善，進而行善，在教育歷程中，能協助學生認知到良好行為，使其內化成習慣，也使學生能符合社會道德標準養成的過程。

三、品德教育實施的現況

二十一世紀全球教育諮議會點出許多未來教育的新特色，即是「讓學生變好，比讓學生變聰明來的重要得多」。內爾·諾丁斯（Nel Noddings）在其〈二十一世紀學校捍衛道德的任務〉一文中提及大多數的人不會在工作中運用學校所交代數，也不是每個人出了社會就能得到一份具有合理報酬的工作。但無論一個人教育成就如何，只要腳踏實地努力工

作，就沒有人該活在貧窮中。其實我們的社會無須使孩子們在數理領域遙遙領先，而是應多多關懷我們的孩子，教導他們如何減少暴力、尊重光明正大的各行各業、獎勵不同程度的傑出者、保障每個孩子和成人在經濟和社會中的地位，並培養有能力關懷家人和對社會有貢獻的人❽。他甚至直說：

> 站在直接反對現今強調學科標準、國家課程與國家評鑑的立場上，我強調教育主要的目標應該鼓勵學生在能力、關懷、慈愛、受人歡迎等方面的成長。❾

很顯然的，現今教育目標依然追求學科能力，而不是從道德面向去思考如何培養具備關懷能力的人。其實Nel Noddings之所以反對上述課程，指的是意識形態上的操控，強迫學生學習一套特定、狹隘的課程。他希望的是孩子們已準備好去完成充滿關懷與愛的工作。從2003年《天下雜誌》刊載〈品格，大不如前〉一文，為台灣社會丟下一顆震撼彈，此文讓家庭、學校、社會驚覺及省思教改十年並未使整個社會的品德向上提升。而根據其調查，八成以上的家長與教師認為國中小整體品格教育比十年前更差，且當中亦提及七成以上的國中生曾作弊，更讓人心驚的是有高達五成的學生認為作弊沒關係，而其間影響品格教育最嚴重的亂源是媒體

---

❽ 國立編譯館主譯、朱美珍等合譯（2008）。Nel Noddings著。《教育道德人——品格教育的關懷取向》，頁93-94。台北：巨流圖書與國立編譯館合作翻譯出版。諾丁斯目前是美國史丹福大學教育系教授，也是女性主義學者，她在八○年代發展了關懷倫理學，不僅繼襲前人思想，也提出其獨特觀點加以批判。她對關懷倫理學的論述方式是先以現象學方式的描述入手，將主體（關懷者）與外在（被關懷者）交互作用後的感受一一敘述，藉由「關係」作為描繪手法，而後提出見解。Nel Noddings也將其關懷倫理學應用於品格教育上，她主張以一種基於關懷倫理的支持取向的模式。同時涵蓋了課堂中所發生的故事以及在教育領域中引發爭議的問題，諾丁斯闡述了品格教育與關懷倫理兩者的相似及相異處也研究如何將道德教育導入整個課程，並呼籲更多跨領域的合作，以及更加關注於日常教學的實務問題。

❾ 同註8，頁94。

與政治人物[10]。對於目前這樣的社會現象要如何改變？相信所有的人都會認為應從「教育」做起。

學校教育除培養專業知識外更重要的是涵養良好的品德，也藉由學校的功能才能將家庭與社會做連結，讓品德教育可更落實於生活中。自從2004年實施「品德教育促進方案」至今，期望以學校教育為起點，發展各校特色及永續經營之品德教育的校園文化，藉此強化校園中對當代核心價值的建立與認同，同時確立行為準則與實踐，並涵泳人文及道德素養的提升，為優質社會立下根基。為此，教育部邀請各學者專家、教學團隊、民間基金會等團體針對該內容共同討論以建立共識，並配合時宜擬定品德教育的核心價值，也唯有結合學校、家庭與社區三位一體，才能共同教導學生成為具有品德良好的人。

從2003年迄今，品德教育由冷門變成熱門的議題，固然因應社會需求，但是否就能成為萬靈丹藥？朝著解決問題及實踐理想社會前進仍值得深思。衡諸社會變遷、課程改革、政治因素（教育部長更換頻繁），加上教育團隊在推動與研究上，混雜著傳統與創新、保守與自由、本土與國際、經驗與專業、實務與理論的拉鋸，呈現「品德教育，各自表述」的現象，讓品德教育陷入困境[11]。另一方面，解嚴後民主意識高漲、價值多元、少子化後家長更加崇尚智育且家庭功能不彰、學校品德教育失去核心價值、公眾人物不當的示範及傳播媒體不當渲染甚至造成反教育的影響，這些都讓教師在推動品德教育工作上充滿無力感，甚至教師影響力已不如被扭曲的社會價值及社會各方勢力。雖然現況如此，但任何事情的成功與失敗決定權仍操之在「人」，也唯有學校發揮核心角色，讓實行者（如教師、家長等）與接受者（如學生）能夠理解並合作進行才能成功。

---

[10] 何琦瑜、鄭一青等著（2004）。《品格決勝負：未來人才的祕密》，頁22。台北：親子天下。

[11] 李琪明（2009）。〈台灣品德教育之反思與前瞻〉。《學生輔導教育季刊》，第107期，頁7。

四、當代品德教育所面臨的挑戰

當代品德教育所面臨的挑戰，究其原因如下❶：

(一)在學校

現在的師生關係較過去薄弱，加上九年一貫課程改革強調基本能力的培養而忽略德育，因而被稱為「缺德教育」。以學生成績考核為例，過去「德、智、體、群、美」五育皆要評分，而今將德育、美育、群育納入「綜合表現」成績，沒有具體指標的德育，其重要性自然被忽略。前教育部部長黃榮村也承認，學校的品德教育在這十幾年來「的確沒特別強調」，這可從學生活動中只強調活潑、創新，就是缺乏品德教化。

(二)在家庭

隨著時代社會的轉型，家庭觀念也隨之改變，而目前台灣社會正面臨晚婚、離婚、單親、低出生率等問題，以及為謀家中經濟而減少親子互動時間，造成家庭的功能愈來愈薄弱，再者，當今學歷掛帥，父母重視成績更甚品德，因而在家庭教育往往忽略教孩子品德，加上一般人之常情，對自己所愛的人，道德標準愈寬，容忍的範圍也越大，甚而養成孩子恃寵而驕的心態。

(三)在社會

現代人重私利不重公義，過度強調物質價值，並以金錢作為衡量成功的標準，因而忽視人際關懷造成社會疏離與冷漠。輔以調查顯示，今日教導孩子品德的最大困境是來自「電視媒體的不良示範」，以及「社會亂象」。據《天下雜誌》的調查顯示，國中生課外的休閒活動以看電視、上

---

❶同註11。

網排在前一、二名，其影響力甚過家長與老師。**⓭**然而電視媒體所傳遞的多元價值觀，孩子是否具備成熟的判斷力來選擇廣而雜的資訊？

(四)典範消失

品德教育不可能獨善其身，因整個社會給孩子的榜樣和示範是最鮮明的教材。建中校長吳武雄曾說：

> 社會教育是非常重要的典範學習，如果這些社會上重要人物互揭瘡疤，會造成典範的混淆。整個大社會的族群、政黨都在撕裂，中央與地方也在撕裂。教育變成不是對就是錯，缺乏融合性的、共通性的思考，……，這對青少年和整個國家都是不好的引導。**⓮**

如上所述，許多社會上知名的公眾人物往往說一套做一套，使得孩子缺乏學習的典範，甚而有樣學樣，這不是大人們應深自惕勵嗎？所以品德學習從典範開始，公眾人物們則有義務給孩子們正面學習典範的環境。

品德教育之所以殘缺不全乃是家庭、學校、社會無法建構適應現代開放社會與現今學生多樣的特性，再者品德教育雖須落實在生活中，但也須建立正確的判斷思維、培養正確的價值觀，結合知行合一的行動完成做對的事，藉此將個體與家庭、學校、社會三者做連結，團體中若能每個個體都好，這個社會也才會變得美好。

⓭ 同註10，頁26。

⓮ 同註10，頁28-29。

貳、孔子的仁學思想

孔子的思想以「仁」為核心，但「仁」並非始於孔子。所以，要深入探究孔子的「仁」學的思想，就必須從它的淵源入手，從而把握「仁」的思想演變，掌握孔子的仁學思想內涵，作為本文研究基礎。

一、「仁」的演進

仁字的起源，據清代學者阮元指出：「『仁』字不見於《尚書》虞夏商書、《詩》雅頌、《易》卦爻辭之內，似周初有此言而尚無此字。」（林慶彰，2002）[15]。郭沫若先生認為：「『仁』字是春秋時代的新名詞，我們在春秋以前的真正古書裡面找不出這個，在金文和甲骨文裡也找不出這個字。」（徐珮茹，2004）[16]。陳淑筠研究認為「『仁』最早出現於春秋初期；其初意是同孝親、敬祖、友善之德相聯繫的。」。這種觀念得到了學術界的廣泛認同，也不斷為學者所引用（陳淑筠，2005）[17]。

在孔子之前，「仁」作為一個概念已經出現，它的道德意義及價值內涵應該有其歷史的發展過程。從了解先秦經典典籍中「仁」的思想的演變開始，對「仁」在歷史上使用情況進行考察，將有助於我們進一步解讀孔子仁學思想形成的歷史淵源。

據大多數學者研究，「仁」出現最早的是在今文《尚書》，注：「若爾三王，是有丕子之責於天，以旦代某之身。予仁若考，能多才多

---

[15] 林慶彰（2002）。《清代經學研究論集》，頁86-89。台北：中央研究院中國文哲研究所。

[16] 徐珮茹（2004）。《荀子禮論思想之研究》，頁16-22。國立中央大學哲學研究所碩士論文。

[17] 陳淑筠（2005）。《慎子的君臣民思想研究》，頁143-146。國立清華大學中文系碩士論文。

藝，能事鬼神。乃元孫不若旦多才多藝，不能事鬼神。」（《尚書‧金
縢》）。這裡記述的是周武王姬發在滅掉商朝後的第二年生了重病，大
臣們都十分焦急，都想替天子分擔痛苦。周公旦命令史官，向天界的太
王、文王、王季祈禱，意為武王有配天之責，要求讓自己作為武王替身
去死，好讓武王繼續來治理周朝。關於其中的「予仁若考」一句，應與
「能多才多藝，能事鬼神」結合起來理解，應限定於容貌、舉止、能力
等內容。因此，這裡應該說的是，我周公的容貌氣質很像祖考，這裡的
「仁」應是精神氣質方面的意思（屈萬里，1983）[18]。

在《詩經》中「仁」字出現了兩次：「叔于田，巷無居人。豈無
居人？不如叔也，洵美且仁。」（《詩經‧鄭風‧叔于田》）。此處的
「仁」字尚不具有道德的含義，主要強調獵人的男子氣魄；還有一處是
「盧令令，其人美且仁。」（《詩經‧齊風‧盧令》）。此處的仁字也
是描寫了一位獵人的風采，突出了這位獵人的容貌氣質和能力（高亨，
1980）[19]。

從《詩經》中兩處分析得出，「仁」主要限定於人的氣質，還未有
道德的意涵，也沒有表現出價值領域中一以貫之的觀念和理想。但是，隨
著西周末年生產力的不斷發展，井田制瓦解，經濟基礎和上層建築等領
域都發生了與之不相融的局面，殷周建立起來的神學思想體系和西周確立
的宗法等級政治制度開始遭到嚴重的衝擊和破壞，到了春秋時期，周天子
「家天下」的統治秩序被徹底打亂，社會矛盾交織，錯綜複雜，社會無
序，各階層的人們惶惶不可終日，一些棄禮用刑、僭越事件等等不斷出
現，整個社會處於禮崩樂壞的境地。

處在社會動盪時期的孔子，對這種社會政治局面憂心忡忡，孔子開
始根據自己的理解和思考，以一種悲天憫人的情懷，用理性的眼光不斷的
去審視社會現實問題，並直指人性問題，提出了各種各樣的學說。在這

[18] 屈萬里（1983）。《尚書集釋》，頁53-54。台北：聯經出版事業公司。
[19] 高亨（1980）。《詩經今注》，頁28-63。上海：上海古籍出版社。

樣的大背景下，人文主義思潮逐漸開始興起，孔子開始從對以往思想的繼承，發展出對人的研究，並重視以倫理道德的角度來探討人的本性以及如何實現人的自我超越等一系列問題，從而開啟了人們對人的全新的思考。

在春秋時期，這種對「人」的人文思考，主要還是透過「仁」來展開的，其中在《國語》和《左傳》中「仁」字出現的頻率較多。據統計，在《國語》中「仁」字出現了24次，在《左傳》中「仁」字則出現了33次。並且這些「仁」字的論述超過了《詩》、《書》中的論述，大都側重於從道德原則立論，突出了仁字內在的意涵。如《左傳·昭公十二年》曾論述到：「古也有志：『克己復禮，仁也。』信善哉！」。《國語·周語》中有「愛人能仁」的論斷。《國語·晉語》中有「為仁與為國不同，為仁者愛親之謂仁，為國者利國之謂仁。」。可以說，到了春秋時期仁字的意涵已經逐漸的豐滿起來，被賦予了豐富的道德意涵，很多人開始將「仁」看作是眾德的代稱，正直、恭敬、禮讓、愛人等開始被視為「仁」的表現；反之，對道德敗壞、行為不端、不忠不孝之人則直接被冠之以「不仁者」[20]。不過，在《論語》之前的先秦經典典籍中，「仁」的觀念或者思想的出現，還是比較零散的狀態，尚未有形成系統的仁學體系。但是這種透過單純對人的讚美逐漸上升到道德層面「對人的發現」，真是一個巨大的歷史進步，並為孔子仁學思想的誕生奠定了道德教育的基礎。

二、孔子仁學思想的主要內容

孔子作為一個出色的教育家，其道德教育思想，枝繁葉茂，然而究其根本，都是從一個「仁」字繁衍出來的。可以說，「仁」是其思想中最

---

[20] 〔春秋〕左丘明著。《國語》。上海：上海古籍出版社。台北九思出版社1978年翻印本。〈古籍中與「函」字有關的訓解問題〉，頁1-125。

為核心、最為基礎的東西。如果離開「仁」字而談孔子的思想是毫無意義的空談。僅從《論語》中就可以體會出「仁」的重要性,「仁」成為孔子藉以表達人之道德性根據的載體,「仁」的內涵極為豐富,主要包括以下幾個方面內容:

(一)愛親

孔子仁愛思想則認為,血緣這種的親子之愛是愛人最根本和最核心的部分。任何人從出生開始,首先遇到的是家庭中父母兄弟,得到親人的愛撫,並逐漸萌生對親人深深的依戀、敬愛。因此,家庭中的愛親,是人最初形成的愛心。孔子學生有若把孝敬父母、尊敬兄長作為仁的根本和基礎:「孝悌也者,其為仁之本歟!」。仁者愛人最深厚、最純真的根源即係家庭血緣的親情之愛,離開了親情之愛,仁者愛人就成為無根之萍,無木之本。一個人只有愛自己的親人,才會去愛他人。如何愛親呢?這就是孝悌。

◆「孝」──親愛父母為孝

「孝」是家庭內部的愛,是雙向互動的。一方面表現為父母對子女的養、教和慈。另一方面體現為子女對父母要養、要尊、要敬。子女贍養父母是義不容辭負責任的態度。孔子認為,僅僅做到「養」還不算「孝」,還要尊重敬愛父母。《論語·為政》:孟懿子問孝,孔子答:「無違。」,意思即「生,事之以禮;死,葬之以禮,祭之以禮。」,孔子認為,孝的落實必須合乎禮,其最終是要使自己「心安」。

◆「悌」──敬愛兄弟姐妹為悌

「悌」就是手足之情,姐妹弟兄之愛,平輩之間的相互崇敬、相互珍愛。《論語》中孔子及其學生認為至親者莫若骨肉、手足,兄弟間當像朋友一樣友愛扶持、勉勵互助。孔子有道:「書云:『孝乎惟孝,友于兄弟。』」,主張父母不在時,作為兄長應要保護、疼惜弟妹,但對於弟

妹，也要做到珍愛崇敬兄長。仁愛由愛親開始，以「孝悌」規範家庭各成員，構建了父子骨肉情深、夫妻相敬如賓、兄弟情同手足、姑嫂十指相連、婆媳勝過母女的家庭和諧圖景。

(二)愛眾

「孝悌」是符合人類天性的愛，是人之常情的愛，是人性最原始的表現。這一原則打破血緣關係推及社會就是「泛愛眾」，即對廣大民眾的愛。因而，孔子向弟子指示：「泛愛眾，而親仁。」，由此一來，仁愛的對象超出了「愛親」的範圍而獲得了推及「泛愛」的性質，不僅表現了「愛」由近及遠、由親及疏的量的變化，而且展現了質的飛躍。這種變化首先表現為「泛愛眾」、「四海之內，皆兄弟也。」，由家庭、社會到國家，人與人之間關係，從「父子之間的親，君臣之間的義，夫婦之間的禮，長幼之間的敬，朋友之間的信」，就呈現在人們的面前一幅社會安定和諧的畫面。如何愛眾？其基本方法即係「忠恕」，力行「五德」。

◆ 忠恕

所謂「忠」，是從整體方面講，主要是真心誠意待人，積極為人，即「己欲立而立人，己欲達而達人」，從自己的「欲立」、「欲達」出發想到別人，進而去「立人」、「達人」。孔子本人就是一位充滿成人之美，己立又能立人，己達又能達人的仁者。他一生「誨人不倦」，就像一支明亮的蠟燭，驅散了黑暗，照亮了別人；他將自己的知識毫無保留地傳授給學生，獎善而矜不能，殷殷教誨，不遺餘力。《論語・述而》：「子曰：『二三子以我為隱乎？吾無隱乎爾。吾無行而不與二三子者，是丘也。』」，他對門人學生、對親生兒子（孔鯉）都一視同仁，從不厚此薄彼，從不以內外分親疏。這充分表現了仁者「立人」、「達人」坦蕩無私的崇高品德。

所謂「恕」是從消極方面講，就是寬恕待人容人，將心比心，即「己所不欲，勿施於人」，從自己的「不欲」想到別人的「不欲」，因此

不能將自己不想承受的強加給別人。這有兩含義，第一是嚴於律己，以身作則，寬以待人。孔子即常常以這一原則反省自己，他認為凡要求對方要具備的品質，自己首先應該做到，自己做到了，做好了，然後再去責求對方，而不是對他人高標準，對自己低要求。

「忠」，心無二心，是對自己的強要求，表現為一種認真、誠心的態度。「恕」，了己了人，是對他人的要求，表現為對他人的尊重、寬容。忠恕之道是把仁愛思想具體化，二者有著相互補充、相互規定、相互包含的意思，是行仁之方，是人們所說的將心比心，也可以說是表現著換位思考的道理。正是透過這種「忠恕之道」，才得以把「仁愛」思想從愛親推廣到「泛愛眾」。

◆ 五德，即力行恭、寬、信、敏、惠

恭、寬、信、敏、惠是仁者的品格特徵。孔子在回答子張問仁時，說：「能行五者於天下，為仁矣。」這五條若行於天下，則仁愛就遍於天下。為什麼呢？「恭則不侮，寬則得眾，信則人任焉，敏則有功，惠則足以使人」（吳延環，2001）[21]。

恭，即恭敬，敬心「生於內為恭，發於外曰敬」。有子說：「恭近於禮，遠恥辱也。」，待人以敬，人亦以敬待之，故曰：「不侮」，因而恭敬是仁者的一大美德。「仲弓問仁，子曰：『出門如見賓，使人如承大祭。』」，可以做到「在邦無怨，在家無怨」。「樊遲問仁，子曰：『居處恭，執事敬，與人忠，雖之夷狄，不可棄也。』」，可見，恭敬是仁人立身處世的先決條件。

寬，就是寬容、寬厚，要寬以待人，要尊重別人的習慣。人不可能無過，「眾生賢愚，才智不齊，君子處之，不求其備」，不要責難別人的輕微過錯，做人要有胸襟包容寬恕別人之心，從而培養自己的品德。水至清無魚，人至察無徒，故仁德之中，修之以寬。寬分兩類，一是平級

---

[21] 吳延環（2001）。《論語研究》，頁214-352。台北：五南圖書。

之間的寬厚，即「躬自厚而薄責於人，則遠怨矣」；「君子求諸己，小人求諸人」；「人不知而不慍」；「不患人之不己知，患不知人也」；甚至「不念舊惡，寬恕他人」。二是上對下的寬大，即「先有司，赦小過」，意思是說執事者身先士卒，做出表率，而對下屬的小小過失，要赦而勿究。

信，就是誠實講信用，誠實講信用就會得人們的信任。有子說：「信近於義，言可複也。」信亦包括兩方面，一方面是朋友之間，一諾千金，言必有信。信還是一個人推銷自己、在社會立足，幹出一番事業的保證之一。如果一個人弄虛作假、欺瞞糊弄、言而無信、反復無常，就寸步難行了。因而子張問「行」時，孔子說：「言忠信，行篤敬，雖蠻貊之邦，行矣。言不忠信，行不篤敬，行乎哉？」。言而有信、行為篤敬，是使自己暢通無阻的雙輪。另一方面是上級對下級、官府對民眾的信譽。孔子將「信」視為立國之本，是一個新的境界，認為信譽和民心是國家長治久安的根本，作為一項崇高的美德加以頌揚。所以他說「足食，足兵，民信之矣」、「民無信不立」，可見信重於食與兵。

敏，就是敏捷、靈敏而迅速。子曰：「敏而好學，不恥下問，是以謂之文也。」（《論語·公冶長》）這裡的「敏」，有「好學、勤勉」之意。而古人認為：「度功而行，仁也。」，敏又有審的意義，審時度勢，迅速地作出相應的決策，敏捷地採取行動，有所建樹，是即「有功」之謂。故孔子將「好學、有功」列為仁者的修養之一。

惠，就是恩惠。《尚書·皋陶謨》說：「安民則惠，黎民懷之。」，人民懷之故樂為所使，所以「惠則足以使人」。惠即利民，孔子認為善於惠民的人自己並不破費——「君子惠而不費」，其方法是「因民之所利而利之」，古以「利國之謂仁」、「與民利者仁也」。因此，孔子亦以「惠」為仁德之一。

在孔子看來，恭、寬、信、敏、惠這五點做到了，就是仁愛，以此為基礎，就可以做到「博施於民而濟眾」。

(三)愛萬物

在孔子看來，仁愛始於人，更涉及蒼生萬物。對世間蒼生萬物自身來講，人的德性之尊貴，不在於淩駕於其他生命之上，而在於關愛一切生命，它們也是值得關愛的，所以「仁厚及於鳥獸昆蟲」。孔子這一思想極富生態意義，閃耀著人對世間萬事萬物的終極關懷，使人與自然和諧共生共容共處，使仁愛突破有界向無疆轉化。

◆ 對於人

即對人的生命的珍惜和關愛。仁者愛人，莫過於珍惜人的生命，孔子本人就是表率。《論語》記載：「子之所慎：齊，戰，疾。」，即齋戒、戰爭、疾病三件事孔子是非常慎重恭謹對待的，因為齋戒關係禮之成敗，戰爭關係眾之生死、國之存亡，疾病關係自身死生，三者均不可不慎。這兩件事則是關乎人的生命、健康。

孔子心地善良，處處為人師表。他遇到鄰居家有喪事，他外表顯敬肅，內心存同情，他這一天連飯都不願吃飽；他對於已逝去的先人，說要恭謹對待他們的死亡，追念而不忘他們的功績，這樣民風就會歸於淳樸忠厚，即「慎終追遠，民德歸厚矣」。實質是尊重歷史，尊重傳統；他對以活人為殉葬這種滅絕人性的行為深惡痛絕，「始作俑者，其無後乎！」，孔子對以俑人殉葬尚且反對，能贊同以人殉葬嗎？這都證明孔子愛人，重視人的生命。

這些例證，說明孔子十分珍惜人的生命，關愛人的生老病死，彰顯人的主體價值。可見，他的仁愛思想是建立在最廣泛的人道主義之上的，是最善良的人性的表述，是仁學思想的起點，也是仁學思想的核心價值觀。

◆ 對萬物

人離不開自然界而存在，世間萬物是人的朋友。在孔子看來，仁厚應當及於鳥獸昆蟲。對於動植物。動物，「驥，不稱其力，稱其德

也」，表明馬絕不僅僅是供人使用的工具，而是人類的朋友，說明動物也是有其自身價值的，因而是應當受到尊重的。「山梁雌雉，時哉時哉！」，充滿著對大自然動物的愛意與敬意，將它們視為人類生命的伴侶；「子釣而不綱，弋不射宿」、「草木以時伐焉，禽獸以時殺焉」、「伐一木，殺一獸，不以其時，非孝也」，顯露著不輕易傷害發育、生長中的生命，是充滿同情心的，有保護生命的自覺意識。植物，「歲寒，然後知松柏之後凋也」、「多識草木鳥獸之名」，類比人與自然界之間的親近感，由此在人與自然之間建立了一種生命的交融和諧。

對於自然，「知者樂水，仁者樂山。知者動，仁者靜。知者樂，仁者壽」，在這天地幽幽，物序流轉中，每一個人都是一個渺小的個體，人與萬物本為一體，健身要先健心，做個心懷仁術的人，隨運任化就是道心。「逝者如斯夫，不舍畫夜」，將人的生命與自然界的永無停息的天道流行聯繫在一起，從中體驗生命意義似乎更加深沉，更能體會到人與自然界是一個生命整體（林文彬，2009）[22]。

在此，孔子不僅看到了人與萬物之間的生命聯繫，而且看到了自然界一切生命的內在價值；善待萬物即係善待自己，人與自然若不和諧，則影響生態的平衡。「澤及萬物」這本身就是人的生存方式、生活態度。

孔子仁學思想這幾個方面內容包含著人的發現，也實現著普遍的人間的發現和實踐，其處處表現為我們所講的人文關係、人性關懷、人性化服務，人們也把孔子的思想稱作人學思想、人本哲學。也就是說孔子的思想是關於人的學問，道出了人之為人應具備的道德品格和素養，點明為人處世應當遵循的基本倫理準則，是對於人之為人的反思，說出了人類的共同心願，因而得到全世界人類的廣泛遵循和回應。

---

[22] 林文彬（2009）。〈莊子「天地一體」觀〉。《興大中文學報》，第25期。台中：國立中興大學中文系。

三、孔子仁學思想對當代品德教育改革的啟發

　　孔子的道德教育思想，對照現今二十一世紀教育職場上的品德教育情境來看，有許多觀點宜古宜今、以古鑑今的，讓我們不得不感配這位偉大的教育家、思想家、哲學家。在東方，孔子的仁學思想始終居於主流的地位，影響整個大中華地區，可說是現今教育的基石。

　　孔子在「三十而立」這年，開始從事創辦私學，雖然做過幾年的官，當過魯國的大司寇兼攝相事，但他這一生在政治上是位失意者，所以他便把所有的精力都投注在教育工作上，其中道德教育更是其精髓所在，不時出現於其和諸位弟子的對談之中；四十餘年的教育生涯，孔子的教育是為後世樹立良好的典範。

(一)建立中心思想

　　孔子以「仁」為其道德教育的中心思想。這也是長久以來中國道德教育的指標，影響至今仍未止息。當代品德教育則是因社會趨於功利，凡事是以個人主義及自我私利的掛帥，因此缺乏中心思想的價值觀，也讓許多人不禁感嘆，現代學生的書包那麼重，內容卻是缺乏品德教育，使許多人不禁要嘆息「道德淪喪」，甚至前一陣子教育部深感此問題之嚴重性，而提出有品教育，期待能為下一代樹立良好的道德觀，但是加強品德教育的方法不能僅靠口號宣傳，也不是只靠教材背誦。品德教育基本上就是體驗教育，需要真實的經驗，才能讓正面的價值觀牢牢紮根在生命中。教育部日前推行的提升品德、品質、品味三品的「有品教育」，試圖從「尊重生命」、「歡喜承受」、「有羞恥心」、「愛國愛鄉」、「孝親尊長」、「吃苦耐勞」、「圓融中庸」等三十項核心價值，選出十項為推動重點，這應是當代品德教育的一項指標。

(二)安仁樂道

孔子勉勵其弟子要安仁樂道，如此才能使行為合乎「仁」。因為孔子認為欲望一多將很難為善，因此便需要靠安仁及克欲來改善。在現代社會中，科技的發展帶來了許多的便利，使許多不可能化為可能，相對的也帶來了物慾的生活，曾幾何時課後的小孩不再是玩「跳房子」和「打彈珠」，取而代之的是線上遊戲、KTV歡唱、逛街、購物等，現代人的習慣已經改變，不再那麼容易滿足，許多盲目追求流行，只重外表缺乏內在的，長久在這種風氣之下，使得許多人只能看到「外表」，而忘了「內在」，甚至覺得不重要，當然媒體也是此歪風的幫凶，選秀節目的盛行，對女性的物化等等，都使年輕人只見他人光鮮的一面，卻全然忽略了背後的努力和辛酸，一句「只要我喜歡，有什麼不可以」，更是此亂像之極的表現。

(三)反求諸己，時時內省

孔子厚於責己，希望學生能夠做好檢視自我缺失並能適時改正。使自己更接近「善」的目標。現代學生較以往受功利主義的影響更深，在自我中心有日益嚴重的情形，尤其是青少年階段，自我中心有「想像觀眾」和「個人神話」兩方面，「想像觀眾」指的是青少年一直想像自己是演員，而有一群「觀眾」在注意著他們的儀表和行為，他們是觀眾注意的焦點，這是憑空想像的情況；青少年的另一個特徵是「個人神話」，係指青少年過度強調自己的情感與獨特性，或是過度區分自己的情感與相信自己是與眾不同的。由於「個人神話」的作用，使青少年認為他們是不朽的、特殊的、獨特的存在個體。個人持續不斷的想像與誇大自己，相信自己有著獨一無二的思想與情感，認為只有他們才能擁有特殊的喜悅或憤怒的感受。

(四)日常生活身體力行

孔子特別重視教師本身的以身作則，即所謂的「身教」。孔子

認為立志和力行是分不開的，是互相促進的，孔子並把「行」看做是「學」；此外，孔子所重視的尚有「言行一致」。在品德教育中最重要的應是力行，不可使其淪為口號，我們應將其落實於生活教育之中的任何一個小細節，一些故事的啟發，深入的對談，皆能對學生產生一股因人而異，可大可小的力量，正如西諺所云：actions speak loud than words（坐而言不如起而行），我們要重視力行的實做，如此也才是真知。教育部在2009年預訂一年半內花費十二億元教全國學生做人要有品德，但是鄭瑞城部長卻坦承「不太有把握」會成功，就因太過空泛缺乏具體實行計畫，而遭到大眾批評有浪費公帑之虞。現今我們需要的不是一堆的宣傳文件，或只是進行一些影片的觀賞，應有一套良好的系統及制度，包括教材、施教者的訓練等等，皆是不可或缺的要件。

參、當代品德教育改革方針

雖然孔子的仁學思想形成於森嚴的封建社會中，就內容來說，它的歷史背景具有相當的局限，照理而言，將其思想帶進當代品德教育，難免會產生摩擦和矛盾。但就精神而言，它卻超越了歷史的局限以永存於世，並且相容於各個時代。孔子的仁學思想不僅是單純的歷史知識，其思想中所蘊含的基本精神，是值得發揚和創新的。孔子的仁學思想確實為當代品德教育發展提供豐富的資源。我們應以孔子為師，繼承和弘揚這一優秀的中國傳統文化，持續精進當代品德教育。

一、以身作則──為學生良好的品德紮根

當代品德教育確實有待改進提升，但無需苛責年輕人的品德「淪喪」。與其責備倒不如找出真正有效的改進方法。一方面，我們需要檢視目前的教育政策當中，是否存在著讓教育者做出「表裡不一」錯誤示範的

因子。另一方面，亟待在教育中，重視「品德紮根」的教育方式。唯有如此，才能避免當我們在數十年後再來回顧品德教育的時候，仍是只能感嘆淪為口號與表面功夫而已。

身教示範是孔子道德教育過程中一項重要的教學方法，是教育者在對受教者施教前對自身的要求，正所謂「學高為師，品正為範」。孔子認為教育者應該以身作則，為受教者樹立良好的榜樣，用自己的道德品質、道德行為以及人格魅力去感染受教者。此一教學方法值得當代品德教育工作人員學習和借鏡。首先，作為當代品德教育的老師，應該樹立終身學習的理念，不斷學習道德理論，完善自己的知識，在自身具備豐富的知識才能進行「傳道授業解惑」。其次，樹立教育者道德人格。在受教者心中教育者就是高尚人格的代表，作為品德教育的教師，其道德修養水準的高低絕對不能僅視為個人問題，而是對其學生的品德有著至關要緊的影響。著名的教育學家馬卡連柯認為，教師對學生的影響，首先表現在教師的品格對學生具有薰陶作用，以及教師的行為對學生具有教育意義（黃昌誠，2008）[23]。因此，教育者應該樹立高尚的道德人格，以高尚的人格感化學子，讓他們在耳濡目染中提高自己的品德修養。

最後，教育者應該多參加社會實踐，達到知行合一。教育者的道德實踐是最美的言語，是對道德知識最好的詮釋。經驗告訴我們，教育者的一言一行都倍受學習者的關注，並對學者產生重要影響。對於受教者而言，教育者就是最直接的榜樣。所以，教育者應該以身作則，自動自發實踐道德，如此方能讓受教者心悅誠服。

二、因材施教──尊重個體適性發展

孔子因材施教的主張可分為兩類：一為對於某類人的因材施教，二為對於某人的因材施教。宋代朱熹把孔子的這一教學經驗概括為「孔子

---

[23] 黃昌誠（2008）。《馬卡連柯的教育思想》，頁194-198。高雄：復文出版社。

施教，各因其材」❷。這就是「因材施教」的來源。因材施教是孔子的基本教學方法之一，對當代的品德教育有著重要的借鏡作用。隨著經濟的快速發展，網路傳播資訊的湧現，為個人的全面發展提供了千載難逢的機會，同時它的弊端也日益暴露出來，社會道德下降，個人主義盛行，一些現代人精神極度空虛等等。為了更有效地對現代人進行有效的品德教育，因材施教法是教育者有效施教必不可或缺的教育方法。對於因材施教法的使用，首先教育者應該深入了解現代人的實際情況，並承認人與人之間存在個體差異。內在與外在的交互作用下，同一社會中的人在智力、能力以及性格等各方面都存在不同程度的差異，例如在智力上有性別、年齡，甚至種族的差異，而在性格上，有的人較為內向，有的人較為外向。這些差異都表現了不同的人有不同的個性。因此，教育者在教育教學中要多觀察現代人的思想和行為多加溝通，以深入了解受教育者的性格特點、興趣愛好、思想、志向、能力甚至資質天賦等，並要承認現代人在這些方面都存在著或大或小的個體差異。其次，教育者根據人的不同特點，進行差別的教育。教育者一方面要在平時施教過程中仔細觀察，善於發現受教者身上的優勢和不足，為其提供發展優勢的機會，同時彌補受教者的不足；另一方面還要主動發掘現代人的各種潛能，開發人的智力，從而使每個人都能夠揚長避短，獲得全面、最佳發展。此外，由於有男女性別之差，加之年齡也不盡相同，所以教育者還要做到「因性而教」、「因齡而教」，對學生進行有的放矢的教育。

三、反求諸己──加強學生內省功夫

在輔導受教者時，我們應該要讓他們多將手指頭指向自己，凡事多問問自己是否有缺失，能否及時補救並加以改正，在當代教育而言，內省

---

❷〔宋〕朱熹著（1907）。《論語集注》，頁23-56。北京：中國學部編譯圖書局。

智慧也是很重要，且亟待建立培養，做好自我要求，使自己不只是以自我為中心，也能考量到他人。能事事反求諸己的人，相信會是一個發現缺失就立即改正的人。

在道德教育過程中，孔子非常強調學生要學會克己內省，透過「內省」來加強自身的道德修養。這對教育者順利開展現代人道德教育，以及加強自身的道德修養都具有重要的啟示作用。經濟的發展、生活水準的提高，使得現在的一些人如同溫室裡的花朵一樣，沒有經歷風吹雨打，正是這樣一種「溫室」的環境，使現代人養成了「唯我獨尊」的性格，在遇到問題或與人發生矛盾衝突時，很少懂得向內尋求，透過反省，從自己的身上去找根本原因，而是更多地從外界去尋找答案，不斷地苛責旁人，抱怨社會，並且不懂得謙虛，在內心總認為自己比別人出色、優秀，容易把自己的優點放大，而放大別人的缺點、忽視其優點，所以也不善於向身邊的人學習，不屑向別人請教。

這種「自我」的心理非常需要透過「內省」來調節，一個人要想提高自身的品德修養，必須具有「內省」的能力，要懂得自我責備，正確地評價自我，勇於謙遜地向他人請教，善於積極地發現別人的優點，正視自己的不足，透過截長補短，來提升自己。

四、啟發誘導——強化學習主動性

啟發誘導法是孔子道德教育的另一基本方法。在對學生進行品德教育的過程中，孔子一向都很重視對他們的啟發和誘導，透過誘導、比喻等方式啟發學生，促使學生積極思考問題，從而使學生能夠舉一反三、觸類旁通。當代的品德教育應該積極繼承和發揚這一富有成效的教育方法。教育者的教是為了不教，啟發誘導法正符合這一教學目的，透過啟發誘導培養學者的自我教育能力，正所謂「授之以魚不如授之以漁」。在運用啟發誘導法的教育過程中，可以按照以下幾點要求進行：首先，要開啟現代人學習的主動性，激發現代人學習的動機，因為只有人自身感到有學習的需

要時，才會自主自覺地去思考、去學習；其次，啟發現代人學會獨立分析問題，並養成獨立思考問題的習慣；再次，讓現代人動手，培養獨立解決問題的能力；最後，發揚教學民主，在教育中充分尊重現代人的主體地位。如此，讓學生在課堂上生動活潑地學習，在工作中積極向上地成長，在生活裡逐漸走向成熟，自然地掌握品德知識，在受教育的過程中不斷地提高自己的品德實踐能力。

五、環境陶冶——潛移默化促成品德發展

　　除了有形的教育外，還需要營造良好的氛圍來培育品德。當代社會經濟的飛速發展、競爭能力的加劇上升，讓現代人還沒有走向社會就體驗感受到了社會的壓力。同時，外來文化、生活方式大量的轉變、道德行為準則降低，也給現代人帶來了難以抗拒的衝擊。一些人略顯浮躁，甚至急功近利，他們需要自救和他救。在當代品德教育過程中，還需要社會各界特別是社會輿論的參與。以正面宣傳為主，深入挖掘和宣傳身邊的良好品德典型，為現代人樹立良好的榜樣，讓其充滿信心，堅定信念，刻苦鑽研，立志成才。社會和諧是建設品德教育的本質屬性，我們應以人為本，伸張公平正義，在追求人生終極價值的同時，從點滴做起，從自己身邊做起，隨時營造良好的社會氛圍。

六、融入生活——品德教育是生活中的一部分

　　品德教育不應只是課本上所提到的部分，它應是我們生活中的一部分，從大處著眼小處著手一起落實、力行於我們的生活之中。更重要的是能將口號式的教育方法，轉化為實際的行動，要達成此目標需要各方面相互的配合；例如：妥適的課程規劃設計，父母、師長的支持和身教，能善用生活中的事件作為品德教育的教材，對受教者能做到省思的指引等等。使受教者能夠自我要求行為是否合乎良善的品德規範。希冀我們能在

生活中也能達到品德教育的功效。

肆、結論

　　中國一直以來以禮儀之邦自許，若缺少了道德觀自然便無禮儀了，如不注重品德教育，將來只會看見「世風日下，道德淪亡」。良好的品德教育可以影響很多人，社會上自然就會減少很多災難（殺人放火、姦淫擄掠等），學校推動品德教育的目的在培養學生尊重與負責任的態度與行為，在實施過程中，必須結合個人、家庭與社會，兼顧認知、情意與行為實踐，因此，品德教育的推動與實施方案，需要透過認知的過程，讓學生清楚了解體現尊重、負責的正確行為，甚至包含錯誤的行為，並在教室與校園的學習與生活情境中，由教職員扮演學習楷模，建立一致的價值觀，並即時給予正確的行為增強以及錯誤行為的消弱，加上家庭與社區的配合，讓學生把尊重與負責逐漸內化成為人格特質的一部分，在校內外生活中都能夠去實踐。孔子的仁學思想至今仍有許多足堪我們取法之處，也確實能作為當代推動品德教育的方針，期盼身處教育職場的我們能善加運用，使孔子的仁學思想和當今品德教育能有一場完美的邂逅。

　　當然，如何把孔子的仁學思想，完善的運用到當代品德教育中，以提升現代人的社會道德，是必須長期付出的工作。由於筆者的理論、時間有限，所掌握的資料還不夠完整，因此本研究，在各方面還存有疏漏和不足。日後仍需全面深入以及蒐整更多元的視角，來探討孔子的仁學思想。然當代品德教育所存在的問題，也需要更深刻及普遍的認識和體會。在探討如何充分借鑒孔子仁學思想的精神價值，為當代品德教育提供新的思路，筆者仍然需持續鑽研和努力嘗試。

華人殯葬禮儀中具有的
文化療癒作用

鄧明宇
仁德醫護管理專科學校生命關懷事業科講師
輔仁大學心理所博士候選人

賴誠斌
輔仁大學心理系助理教授

摘　要

　　悲傷輔導或諮商（grief therapy）是西方二十世紀心理治療發展出的一個領域，隨著生死學和殯葬教育的發展，慢慢將這心理學的知識系統應用於殯葬教育中，在殯葬教育中後續關懷也是一個重要的議題。對於殯葬從業人員，悲傷輔導相關概念可以協助禮儀人員，除了禮儀的執行，對於人性關懷的重視，也避免造後續的造成複雜性悲傷的可能。來自西方的悲傷輔導理論是從基督教傳統下發展起來的，有其文化精神的意義但也有其限制，華人受到儒釋道的影響很深，重視個人主義的治療傳統是否完全可以適合華人世界，或者有可能進行若干的修正，這是本文希望加以探討的部分。

關鍵字：華人殯葬、悲傷輔導、後續關懷、文化療癒

壹、後續關懷在喪禮服務的內涵

　　喪禮服務是實用領域的學科，其工作的內容可能包括殯葬儀式的辦理、家屬治喪協調、會場規劃、遺體處理、喪葬文書、後續關懷等。台灣過去殯葬業帶給社會不良的印象，主要是從業人員的水準良莠不齋、缺乏完整的殯葬教育制度。隨著台灣1980年代經濟的發展，人們對於消費者的權益愈來愈重視，企業開始致力提升商品和服務的品質，殯葬業也受到這種消費者導向（consumer orientation）的影響。1990年代，開始有企業引進國外喪葬經營管理的方式，對台灣殯葬業的發展帶來影響。為了使社會大眾改變對殯葬業的刻板印象，政府也開始扮演推動的角色，特別是主管殯葬業務的內政部民政司與負責技術士檢定考試的勞委會（現改稱為勞動力發展署）。

2006年台灣內政部開會通過「喪禮服務」職類職業訓練，分成學科和術科，學科包括三大類，第一類是「殯葬文化禮俗」：包括生死學、殯葬生死觀、殯葬禮俗等；第二類是「殯葬基礎知識」：包括殯葬公共衛生、殯葬產業趨勢、服務倫理、臨終關懷、悲傷輔導等；第三類「政策及法規」：包括殯葬政策與法規、多元化葬法、消費者保護法與民法等基本法律概念等（曾煥棠、胡文郁、陳芳玲，2008）。過去殯葬業者過於偏重禮俗，依靠的是師徒制傳遞下來的習慣做法，隨著消費者不同需求的出現，以及對於習俗做法的挑戰，這樣的方式慢慢無法被消費者所接受。由於消費者對於殯葬革新的要求與日俱增，許多學科的知識系統開始進入殯葬教育的內涵，殯葬從業人員除了殯葬禮俗與宗教，也應了解生死學、管理學、行銷學、法律學、心理學、公共衛生學等，雖然當初部分傳統業者反對，覺得這些知識對於本業並無直接幫助，但日後證明這些先備知識有效地協助從業人員更深化服務的品質，也改變大眾對禮儀人員的看法。

　　喪禮的服務並非僅處理身體或物質的層面，心理層面的需求也是需要被注意的，因此臨終關懷與悲傷輔導在殯葬的學科訓練，也被認為是一個重要的領域，並被當作是殯葬基礎知識。心理層面主要就是悲傷的調適，面對「現代化」需求的殯葬變革，應該提供人性化的服務內容，讓生者走向死亡時的不安與恐懼有所安頓，也讓家屬面對親人過去的悲傷有撫慰。特別是身處在喪葬過程的從業人員，要面對的是生離死別的悲痛，如果僅是提醒合爐、百日或對年的服務，這樣的角色可以被其他人所取代，並無法滿足消費者多元需求的滿足。Wender曾提出喪葬從業人員在悲傷與後續關懷可扮演的角色有：後續關懷服務的提供者、悲傷導師或悲傷關懷員、臨終規劃的詢詢者（Wedner, 2002）。如果殯葬人員了解悲傷輔導的基本概論，運用簡單的輔導技巧，適當地提供支持和陪伴，對這些陷入徬徨無助的家屬給予適時的同理，就能發揮很好的作用，也提高了殯葬業的附加價值。因此，台灣勞委會在2007年規劃了「喪禮服務職類職業技術士考試」，希望透過技術士的檢定考式，來提升喪禮服務從業人員的

素質，其中乙級喪禮服務技術士定位為「能統籌規劃並指導喪禮服務執行之人員」，丙級喪禮服務技術士定位為「能正確操作及執行喪禮服務基礎工作之人員」。丙級的技術士因為是基礎的技術人員，並未強調後續關懷的重要性，但在乙級的考試特別加上後續關懷的學科考試（包含臨終關懷和悲傷輔導兩個部分），希望禮儀師擁在統籌和規劃的位置，可以更深刻去思考喪禮服務能發探的後續關懷作用，以提供其更多元化的功能。

貳、西方悲傷輔導理論的限制

　　為了讓殯葬人員可以充實後續關懷的知能，殯葬教育開始大量使用心理學有關悲傷輔導的理論，而這些在教科書和課程所教授的理論大多來自西方，特別是以美國的心理學為主。例如：Kubler-Ross（1969）所提出的臨終五階段論，包括否認與隔離、憤怒、討價還價、憂鬱、接受；Park（1972）所提哀悼的四個階段，分別為麻木期、渴念與尋找期、解組和絕望期、重組期；Worden（2009）則從任務的觀點提出悲傷輔導應完成：接受失落的事實、疏通悲傷的痛苦、適應逝者不存在的世界、情感上重新定位死者。這些理論多著重於個人的情緒和反應，希望透過諮商輔導的理論可以處理死亡失落造成的不正常。

　　從這些理論我們可以看到，西方是從個人主義的出發點，因此比較重視個體的悲傷反應，而較少考量到非西方國家重視社會關係、超自然關係及往生者的關係連結（李秉倫、黃光國、夏允中，2015）。對於重視群體、倫理的東方社會，這些理論就有了其限制，雖然死者已逝，但我們仍然希望和其有所聯繫，基督教的生死觀認為死後，不管是上天堂或下地獄，是交由上帝來決定，當亡者已安息主懷，家屬可以做的事很少，最多就是懷念亡者。死亡是個終極的斷裂，這個斷裂後所造成的失落，不管是害怕、恐懼或悲傷、憤怒，必須透過專業的諮商或心理治療，才能治療這

個病理上缺陷。在這樣的分工上，亡者身體的處理交給了殯葬人員，靈性的提升處理交給牧師，心理的問題則交給了心理治療師。西方文化採取一種病理化的個人主義與分裂化的實用主義，這兩者的結合造就人們對於醫療的需求，十九世紀中葉就出現了心理治療這個領域。

　　悲傷治療的理論基本最早可源於Freud，他認為悲傷是門功課（grief work），哀傷者需要治療者的協助，透過適當的技巧，協助哀慟者從不正常的哀傷轉型成正常的哀傷反應（王純娟，2006）。西方心理學者就把這些非正常悲傷的反應，加以標定為「病態的哀傷」（morbid grief, Lindemann, 1944）、「病態的哀傷」（pathological grief, Middleton, Raphael, Martinek&Misso, 1993）、「異常或複雜哀傷」（abnormal or complicated grief, Worden, 2002）等，到了2013年美國精神醫學會更把這些非正常的悲傷反應加以病理化，在《精神疾病診斷與統計手冊》（DSM）第五版新增加了新的精神疾病診斷——複雜性悲傷（complicated grief），以量化的方式對非正常悲傷建立了診斷的標準，並可以被視為一種精神疾病。這種病理化的趨勢，也進一步引導不同的學者企圖將複雜性悲傷進行分類，如缺乏悲傷（absent grief）、抑制悲傷（inhibited grief）、延宕悲傷（delayed grief）、慢性化悲傷（chronic grief）、扭曲的悲傷（distorted grief）、偽裝的悲傷（facsimile greif）、凍結的悲傷（frozen grief）等（曾煥棠，2008），這些分類替以病理化人的情緒和反應找到醫療的架構，讓心理治療可以放在「問題－解決」的實用主義架構下進行處理，帶來了心理諮商需求的增加，促進心理治療專業的發展，但是以西方中產階層對象而發展出來的心理治療模式是否適合東方社會，華人文化是否需要完全複製這套邏輯呢？

　　過去台灣的學界，在美援的社會背景下，大量學習美國的科學理論，也以美國的科學典範為圭臬，近來若干學者開始推動本土化的研究，心理學家楊國樞（1993）、黃光國（2013）提倡不同文化的哲學世界觀，應該應該建構合乎自己文化的理論，並建立自己的治療觀點；台灣生

死學之父傅偉勳（1991）也提出「中國思想所賦與終極價值的哲理，實可以用來深化弗蘭克意義治療的精神價值。其希望有心人能將西方意義療法與中國心性論及涵養工夫熔為一爐，開創出中國式精神醫學與精神療法」；林安梧（1996）嘗試建立中國的意義治療，在其《中國宗教與意義治療》一書中，為儒道釋三家建構了意義治療、存有治療、般若治療三大理論。有些學者開始嘗試提出一些本土的悲傷理論，如李秉倫等人（2015）提倡以儒家關係主義來建構悲傷理論、余德慧（2006）探討傳統巫教所具有的心靈療遇等，這些學者希望從本土文化的根據建立可供華人文化悲傷輔導的理論，雖然這些研究還在起步階段，但是對於提供華人本土化的悲傷輔導理論作出了初步的貢獻。

參、殯葬儀式具有悲傷療癒的作用

　　當心理治療還沒有出現以前，人們是怎麼處理死亡的失落經驗呢？文化和宗教的儀式扮演了很重要的角色。人生活在文化中，不管任何文化都有許多的儀式，這些儀式與我們的生活密不可分，儀式可促進生活轉化，並形成新的自我認同。廣義的儀式是被行為者及其所在社會群體看作具有一定意義的交流或表演形式，包括人際互動的規範與行為；狹義的儀式，則專指宗教的祭祀與禮拜儀式（王敬群等，2012）。喪禮是人類文化中很重要的一個儀式，在周禮也被認為是人生中最重要的禮，喪禮提供他者表達對死者感受和想法的機會，有促進悲傷釋放的功能，Worden（1995）曾提到喪禮可以發揮的作用包括：(1)增強失落的真實性：目睹死者遺體有助於體認到死亡的真實性和最終性；(2)提供表達死者想法和感受的機會：透過喪禮儀式表達死者的想法和感受促進悲傷歷程的推展；(3)回憶逝者過去的生活：將逝者有關事物呈現於喪禮而加以緬懷；(4)提供家屬支持網絡，對於悲傷宣洩可能有幫助（曾煥棠，2008）。可

見喪禮本身即具有悲傷治療的作用，透過喪葬儀式的進展，生者逐漸接受逝者已矣，有機會對亡者進行告別和緬懷，並進行悲傷的宣洩，並具有社會性公開支持的效果。

心理學家Tuner（1969）從文化的角度，提出喪禮的儀式作用是讓人透過死亡的「刺激閾底限」（liminal thresh）來度過：第一階段「分離」，個人或團體脫離現實生活；第二階段「介入刺激閾」，儀式的主體性是模糊的，進入一種非過去、非未來的階段；第三階段「再聚集或再團結」，透過儀式主體的固定化，主體與他人的權利和義務都被清楚的界定，具有結構的形態。Tuner從社會心理學的觀點切入，企圖用找到跨文化下的心理結構，但是不同文化下的喪禮儀式，也反映了社會或族群對於死亡和哀傷的不同文化假設和信念。李亦園（1981）提出宗教信仰和儀式行為屬於文化的「投射系統」（projective system），可以探知國民性的重要線索。林耀盛（2005）在研究薩滿儀式時，發現當中有許多儀式與心理治療的觀點有相似之處，並進一步批評了科學主義：「助人行業卻逐漸將原本多元的隱喻模式遮蔽起來，視靈性、信仰、甚至文本解釋／解構的心理助人取向為『不正當的危機』，將損害心理治療專業的發展」（頁271）。西方的心理治療模式過於忽略這些文化和宗教儀式所具有療癒的作用，在十九世紀Freud所代表的「談話治療」（talking therapy）出現以前，儀式所具有的心理治療功能就在文化的不同層面發揮著作用，隨著現化醫學和心理學的發展才逐漸將其剝離成為單一學門的發展，但這種過度分化的專業發展有時會產生一種危機，過度依賴專業權威的知識，而與庶民生活的實際需求產生了脫節。

儀式不僅具有心理療癒的作用，有時在心理諮商時儀式化的技巧，也可以協助心理專業的多元化。治療師Gilligan（1991）強調公開見證儀式的重要性，即在見證者提供當事人情緒的支持，以及讓當事人定錨在現在並代表他們相關當事人會步上未來。她曾提到創造儀式協助一名女當事人，她因為流產一直沉溺在過去難以自拔。Gilligan用儀式協助她，埋葬

和告別孩子，不必在牽掛這個孩子。在另外一個例子裡，Gilligan認為自虐是重演過去受虐的一種儀式，不斷內化後，再形成受害者的自我認同過程。她利用不同的儀式過程，協助當事人埋葬過去，再次重生。其他治療者也善於利用儀式所具有的心理暗示作用，Krippner在人格疾患的多元文化研究發現，患者透過儀式的過程中，人類增加了對外在世界的控制感，相信自己獲得超自然的力量來保護自己。患者獲得正向的心理暗示，想信外部世界的矛盾透過儀式得到調解，患者獲得心理上的支持，減輕了內在的壓力。最後他認為在治療多重人格疾患時採用心理引導的儀式是有效，同時也可以應用到成癮、焦慮症、憂鬱症等心理疾病（Krippner, 1987）。王敬群等人（2012）透過文獻研究，提出儀式運用於心理治療有五種可能性：作為與超自然溝通的工具、獲得一種新身分的渠道、提供了一個特殊的閾限期、作為敘事的一種方式、建構意義的一種手段。儀式可以借用於心理治療或諮商，但是心理治療儀式和民俗或宗教的儀式還是有所不同，心理治療者對於靈性並不感到興趣，解釋的系統也不會偏離心理學的領域。

肆、傳統喪葬儀式產生的文化療癒作用

　　華人傳統的喪禮時間較長，且儀式繁複，面對殯葬現代化的過程，常被認為需被進行改革。過去的殯葬禮俗是從周禮演變下來，隨著社會從農業社會進入到工商業社會，有些禮俗已經無法適應現代社會的需求，需要進行變革，但是隨著商業化、重環保、去繁化簡等現代人的各種要求，吾人還需要把握殯葬禮俗的要義，以免失去華人文化的特色與精神，尉遲淦（2011）也提醒「如果我們希望解決禮俗的問題，那麼除了要注意時代變化的因素外，也要注意古人解決生死問題的智慧。所以，真的能夠兼顧這兩種因素的解決方法才是合適的方法」（頁13）。研究者認為

華人的傳統殯葬儀式具有其特定的悲傷療癒作用，值得我們加以認識和了解。

一、具有淨化作用的角色轉化

從人類早期的社會就對於鬼存有著害怕和敬畏之心，孔子說：「務民之義，敬鬼神而遠之，可謂智矣。」即便是親人過世，對於未來世界的無知，人們也普遍存有著害怕之感，傳統中有許多習俗因之而生，如恐驚屍、恐屍變，甚或有貓跳過屍體會有屍變之說。在華人文化裡的做法，將亡者轉化為家族的「祖先」，當人死變成鬼，鬼透過合爐而形成家族保護神的一部分，人對於親人過世的害怕可以消除，透過「神主牌」的重新安置，人變成一個文化「象徵化」的產物，亡者透過儀式角色的轉化，大大降低「後人」對於「先人」的害怕，家屬與亡者之間的關係不再是「人」、「鬼」疏途，而變成「我們還是一家人」，只是先、後的不同，透過不斷祭祀的過程，更增進先人保護後人的作用，這個透過儀式進行的角色淨化，是個很高明的文化設計，減少了害怕的心理反應，增進了家族間的團結。

二、未竟之事的圓滿孝道

因為死亡是種終極的失落，不可能再有回復的可能，造成家屬的內心會有愧疚，這種不圓滿可能造成家屬很深的遺憾，完形心理學（Gestalt Psychology）稱此為「未竟之事」（unfinished bussiness）。人類的心靈似乎有種追求完整的傾向，這些不完整的經驗如果沒有加以轉化，可能帶來內在的創傷經驗，對後續的人生造成不同的影響。佛教的助念、道教的做七或做功德，在於協助亡者往生路上順利，同時也減少家屬的內疚感。透過助念，家屬專心為往生者念佛號、誦經，能讓家屬不會胡思亂想，並盡

最後的孝道，使亡者往淨土之地。道教的做七與做功德儀式也有類似的功能，但目的是煉度薦亡，對於不同亡故的原因和關係可能有著不同的科儀，如破枉死城、打血盆等，透過道教儀式使亡魂不至淪於地獄，能回歸自然，而其精神得以晉升為祖先，使其精神永遠長存。亡者生前的生活或許不圓滿、與家屬的關係或許不圓滿，但是透過家屬在守孝期間的願力，可以使亡者達到另一個圓滿的世界，也使家屬完成未盡之事，使其內心達到圓滿。

三、悲傷情緒的抒發功能

在傳統的印象裡，一般人常覺得傳統殯葬習俗裡，不希望我們表露太多悲傷的情緒，如親人過世時，我們不可在亡者面前哭泣；如果眼淚掉到屍體上，對亡者是大不敬，甚至有屍變的說法；不可以接觸亡者的身體；不可以想念亡者，以免亡者無法往西天淨土。王純娟（2006）曾經訪問台灣921地震失去孩子的母親，發現這些母親遭遇到普遍因襲的習俗，不能表達出自己的哀傷，並且造成過度壓抑的態度。事實上儒家並不反對表達自己的悲傷，孔子曾說：「喪禮與其哀不足而禮有餘，不若禮不足而哀有餘也。」我們可以看到孔老夫子對於悲傷的自然流露，看得其實比禮俗還來得重要，所有的禮俗都應該回歸到人情感自然表達，不然這個禮就沒有意義，後來儒家發展出中庸的觀點，主張「節哀順變」的看法，雖然不鼓勵過度悲傷，主要也是希望情緒不要過度影響身心，以免無法面對亡者過逝所帶來的生活變化。徐福全（1999）說：「親人未卒，家屬禁哭，悲不可抑，則掩泣於屋隅，不可使病人見之……」（頁48），傳統習俗並不是禁止家屬哭泣，而是為免臨終者見家屬哭泣，而產生不忍離去之痛苦。在刻板印象裡，我們常覺得華人殯葬是過度壓抑悲傷情緒，其實傳統文化並不反對情緒的洩發，而是在合乎情止乎禮，考量哭的時機、目的和影響。

四、倫理實踐的傳承作用

　　殯葬活動就是儒家實踐倫理的重要展現，儒家對華人社會的影響並不是形成宗教性質的信仰，而是重視喪葬禮儀所呈現的社會功能和教化意義。喪禮不僅使亡者入土為安，更透過社會化的展演呈現華人文化對於「孝道」的重視。葬禮的安排依尋著五服制度，體現舊社會人倫關係的「差序格局」，子女對於父母辦葬禮的態度和方式，影響著後代對於孝道的認識，也就是孔子所說：「生，事之以禮；死，葬之以禮，祭之以禮」。儒家要以禮來調節的不只是個人面對死亡的態度，更是群體性的生死問題，並不是個人的悲傷輔導，更是社會性的文化療癒。

伍、結論

　　對於殯葬從業人員，悲傷輔導的知識可以提升我們處理個人情感問題的啟發，但是源自西方心理學的知識體系仍有其盲點，對於華人世界的殯葬文化難免有使不上力的部分。如何發展出華人世界的悲傷輔導理論是吾人可努力的方向，但是對於禮儀人員目前除了借用悲傷輔導的理論外，還需注意理解文化脈絡的生死觀對其悲傷反應的影響，當事人可能考量關係的和諧，並沒有完全宣洩個人的情緒，也有其文化信念的考量。禮儀人員如何陪伴當事人，從其經驗脈絡出發，找到具有意義性的治療效果，並提供適當的資源連結，以達到個人和家庭的和諧，是目前禮儀人員可以努力的目標。

參考文獻

王純娟（2006）。〈哀傷或不哀傷？——當西方的哀傷治療遇上臺灣的宗教信仰與民俗〉。《生死學研究》，第3期，頁93-131。

王敬群、張志濤、井凱、馬驥（2012）。〈儀式與心理治療〉。《江西師範大學學報》，第45卷第1期，頁117-122。

吳秀碧（2016）。〈傳統喪禮儀式在哀傷諮商的省思和啟發〉。《輔導季刊》，第52卷第1期，頁1-13。

李秉倫、黃光國、夏允中（2015）。〈建構本土哀傷療癒理論：儒家關係主義和諧哀傷療癒理論〉。《諮商心理與復健諮商學報》，第28期，頁7-33。

林素玟（2004）。〈儀式、審美與治療——論《禮記 樂記》之審美治療〉。《華梵人文學報》，第3期，頁1-33。

林耀盛（2005）。〈說是一物即不中：從倫理性轉向療癒觀點反思震災存活者的悲悼歷程〉。《本土心理學研究》，第23期，頁259-317。

尉遲淦（2011）。〈從悲傷輔導的角度省思傳統禮俗改革的方向〉。《中華禮儀》，第24期，頁13-18。

傅偉勳（1991）。〈弗蘭克爾與意義治療法——兼談健全的生死觀〉。載於傅偉勳，《批判的繼承與創造的發展》（頁171-179）。台北：東大。

曾煥棠、胡文郁、陳芳玲（2008）。《臨終與後續關懷》。台北：空中大學。

黃光國（2013）。〈儒家文化中的倫理療癒〉。《諮商與輔導學報》，第37期，頁1-54。

楊國樞（1993）。〈我們為什麼要建立中國人的本土心理學？〉。《本土心理學研究》，第1期，頁6-88。

楊儒賓譯（1993）。《東洋冥想的心理學》。台北：商鼎文化。

鐘美芳（2009）。〈台灣道教喪葬文化儀式船悲傷治療之探討〉。《台灣心理諮商季刊》，第1卷第2期，頁10-21。

Gilligan, S. (1991). *Rites of Passage*. Chicago: University of Chicago Press.

Krippner, S. (1987). Cross-cultural approaches to multiple personality disorder practices. *Brazilian Spiritism Journal, 15*(3), 273-295.

Wender, L. G. (2002). *Grief Aftercare Education for Funeral Directors*. Unpublished doctoral dissertation, University of South Dakota.

如歌如詩的生命行板
——台馬客家送行者生命
訪談紀實之意義探究

王慧芬
仁德醫護管理專科學校生命關懷事業科主任、東海大學中文所博士候選人

鄧明宇
仁德醫護管理專科學校生命關懷事業科講師、輔仁大學心理所博士候選人

摘　要

　　本論文以筆者們客委會計畫案「台馬兩地客家禮儀師的生命樂章」為本，運用計畫中台灣與馬來西亞兩地客家籍送行者（禮儀師、殯葬工作者）的訪談內容，深入探究台馬兩地客家送行者在工作職場與生命經驗中的同與異，從中檢視殯葬工作者在兩地社會和文化中的位階，並省思客家送行者的價值與個人生命的意義。本論文首段章節簡述理念發想與執行過程，以及訪談提問大綱。接下來則深入探究訪談內容，分別針對殯葬工作的意義與價值、個人生命成長與轉化兩大方向進行論述，得出結論：(1)殯葬工作意義價值有：尊重生命撫慰心靈、生死兩相安的圓滿、助人志業終生學習、死亡禁忌與偏見、溫柔女性優勢、傳承的危機；(2)生命成長與轉化有：善為本孝為先、凡事敬虔盡心不求回報、人生試煉場、看淡生死、善終觀。最後則希望針對台馬客家殯葬工作者生命訪談紀實運用於教學上，對學子達成典範與學習的意義。

關鍵字：台灣、馬來西亞、客家禮儀師、客家殯葬工作者、生命關懷、喪葬禮俗文化

壹、前言——計畫概述與論文探究核心

　　本文為筆者群執行客家委員會「台馬兩地客家禮儀師的生命樂章」計畫之成果，該計畫以客家禮儀師與殯葬工作者進行深度的生命紀實訪談。挑選禮儀師為訪談對象的原因乃是意識到每一個人都必然要經歷家人與自身的死亡，所有人也都必然要透過喪禮儀式來向世界告別，以協助「人生最後的謝幕」的角色至關重要。生死之事大矣！以往的傳統社會，喪家完全是依靠左鄰右舍的共同協助（打幫）來完成喪禮。然現代家庭、社會的變遷及職業分工細緻，一個喪禮的完成，從殮、殯、葬到祭的

過程，需要借助諸如：殯儀服務禮儀師、誦經法師、道士、紙紮師、火化師、墓碑雕刻師、風水地理師、撿骨師等一起來協助才得以圓滿❶。

　　為了達成亡者尊、生者安的目標，客家禮儀師與殯葬工作者們擔當著協助亡者的「生死引渡者」，安定家屬的「生命關懷者」雙重角色。正因他們陪伴亡者家屬人生最沉痛與悲傷的過程，接觸亡者與其家屬的真實生命，也乘載家屬許多的生命正負面的能量。在喪禮過程中讓家屬們得以諮詢、信任，指引家屬們走過生命低潮，這種「生命關懷者」的角色正是殯葬產業服務的最大特色與價值。

　　客家禮儀師與殯葬工作者作為生命關懷者的角色如此重要，但相對應等質的重視與提升卻闕如。其中原因不難了解，原因有二：第一，生命禮儀從業者的培育管道不是出自學校教育體系，都是民間而非學校教育，或從傳統書院體系的儒生，抑或是宗教體系的法師，他們以師徒制、家族制方式傳承著「殯葬禮文化」，但是此方式傳承不易，且容易聚焦於儀式的操作與進行，卻忽略了儀式背後所蘊含的深厚客家文化意義，與其儀式設計本身對生命關照的特性。且因為非出自學校教育體制，投入殯葬專業研究者也就相對闕如。第二，社會大眾對於此行業的偏見與誤解存在已久，更甚者大眾對於「死亡」的恐懼，甚至是交雜鬼魅聯想的誤解。殯葬從業者或生命禮儀師背負了許多世俗的壓力或異樣眼光，無法開誠布公地與大眾談論「死亡」議題與生命的體悟，更甚難有機會將其生命經驗傳承下去。

　　為了能讓這些熟習客家喪葬禮俗文化的耆老、優秀的禮儀師、生命關懷者的經驗得以傳承，以及矯正社會大眾對於殯葬產業的誤解與偏

---

❶ 關於傳統殯葬流程，殯葬禮儀人員的角色分工，在黃芝勤在〈送行者——台灣殯葬禮儀服務業的從業人員及其養成教育〉一文中依據民國89年最新職業分類典的殯葬相關分類大致歸為：殯葬設施設計人員、殮葬遺體防腐化妝人員、喪禮司儀、禮儀師、焚化人員、撿骨師、堪輿師、墓地泥水工、墓園管理員等幾大項。文中研究又再依據台灣中部傳統殯葬六期程來做分工詳述，從養疾慎終、沐浴殮殯、殯後逄葬前一日、葬日、葬後逄變紅、拾骨與吉葬，一個圓滿的殯葬流程完成，所需仰賴之人力分工多達六十二項次，詳細說明參見原文。

見。更甚者站在教育的角度，這些禮儀師、殯葬相關業者、客家禮俗耆老們，以自身數十年的生命經驗，若能將其生命歷程化為文字，絕對會是生命教育的最佳教材典範。所以筆者群複製日本知名電影《送行者》的故事，催生「台灣」及「馬來西亞」的「客家禮儀師的生命樂章」訪談的計畫。

該計畫完全是以訪談紀錄的方式來進行。對象設定客家籍的送行者——包含禮儀服務以及相關殯葬產業之從業人士。訪談地域台灣主要以苗栗為主，另外有台中、高雄客家地區，馬來西亞部分則為吉隆坡、檳城兩地。地域的選擇乃奠基於現有的條件，因為本校仁德地處苗栗有地緣性，苗栗又是客家人的大本營，乃是客家殯葬禮俗執行與保留最完整的縣市。馬來西亞部分。以本校生命關懷事業科海外的實習基地的孝恩集團為合作對象，尤其引介吉隆坡或檳城嫻熟客家禮俗的義山組織耆老、殯葬工作者。

受訪對象的設定：(1)以具有二十年至七十年年資以上之專業人士為主；(2)受訪者職別依據殮、殯、葬、祭的流程作挑選與區分；(3)受訪者職別同中求異，異中求同。為達到台灣與馬來西亞比較的效益，盡量挑選雷同職別；同區域內為避免訪談者的同質性過高，且為達到對於該區域整個殯葬產業從較全面性的認識與觀察，區域內受訪者的類別職門刻意安排凸顯異質性。

以計畫中進行的十三名殯葬工作受訪者來說，台灣地區六名受訪者。殯葬職業別分為殯葬禮儀服務禮儀師、火化師、撿骨師、地理風水師、誦經法師等五大類。馬來西亞部分則共計7名受訪者，有殯葬集團禮儀服務人員、客家道士、紙紮業者、墓碑刻石與地理風水師傅五大類。詳細台馬兩地客家送行者（殯葬禮儀服務及相關殯葬產業工作者）名單如**表15-1**。

本篇論文乃是依據計畫訪談內容作進一步的意義分析，主要的意義探究的主軸有：(1)殯葬工作的意義與價值；(2)生命的成長與轉化。限於

表15-1　台馬兩地客家送行者名單

台灣	單位	姓名	身分別、資歷	地區／原鄉	年資
1	禮儀公司	徐※※	客家殯葬禮俗、禮儀服務	苗栗卓蘭	40
2	禮儀公司	張※※	殯葬禮儀業務與服務	高雄美濃	20
3	禮儀服務集團	蔡※※	禮儀師、客家禮俗、殯葬禮儀服務	屏東內埔、台中東勢	20
4		曾※※	誦經團、法師	台中東勢	20
5	苗栗縣火化場	彭※※	殯葬禮俗、火化專家	苗栗南庄	40
6	台中市、東勢	詹※※	撿骨師、地理師、塔位經營販售	台中東勢	35
7	苗栗縣	徐※※	地理師、風水師	苗栗西湖	70
馬來西亞	單位	姓名	身分別、資歷	地區／原鄉	年資
1	馬來西亞孝恩集團禮儀服務部	談※※	禮儀服務	梅州	20
2	殯葬服務	黃※※	殯葬禮儀服務、紙紮師	梅州	25
3		曾※※	客家道士	海豐	30
4		謝※※	客家墓碑刻石師傅	惠州	30
5		楊※※ 方※※	客家地理師	梅州	65/28
6	馬來西亞孝恩集團	王※※	中西方生死研究所所長、馬來西亞殯葬教父、喪葬禮俗與文化、民間信仰		40

論文篇幅，台馬兩地客家禮儀師與殯葬工作者的訪談資料無法一一具體呈現，探究對象將主要聚焦於台灣苗栗的三名具有四十年以上經驗的客籍禮儀師與殯葬工作者；馬來西亞部分則聚焦於最能凸顯客家喪葬特性的兩名具有二十年以上經驗的客家道士與紙紮師。另外為了行文之簡潔，本論文將以送行者來一詞來概括禮儀師與相關殯葬工作者。

貳、美麗與哀愁──從客家送行者職場經驗訪談紀實看 殯葬工作的意義與價值

> 你引導我從我的白天熱鬧的旅程去到黃昏的孤寂，我在沉寂之 夜等候這事的意義。

> ──泰戈爾

　　在黃芝勤〈台灣殯葬禮儀人員工作價值觀與職業腳色自我定位關係 之研究〉一文中針對一百四十九位中部地區的禮儀服務人員所進行的問卷 調查，分別就六大工作價值觀──能力與環境、待遇與福利、學習與創 新、心理安全、休閒健康、交通條件等，與執業角色自我定位四層面── 生命教育、殯葬服務、附加價值、行銷管理來進行關聯性研究。得出台灣 殯葬禮儀人員以「能力與環境」的認同感最高，並推測其原因乃是多數 殯葬禮儀人員在工作環境中具有主導性，能盡其所能的服務喪家與往生 者，而喪家的感謝與肯定也同樣能增強禮儀服務人員的成就感。至於角色 自我定位上來說，則普遍對於自己擔任「殯葬服務者」的認同感最高，因 為大多與禮儀人員在喪禮台上表現技巧與高水準的表演有關。但多數人也 認為從事殯葬服務工作時因需分飾多種角色，所以無論是生命教育者、行 銷管理者、附加價值上都須兼備❷。以上的結論可以發現殯葬工作者對於 自我定位認同，源於殯葬禮儀工作上具有某種程度上的主導性，且殯葬工 作服務導向強烈，既服務亡者也安慰生者，在工作上具有多重的角色，因 此強化了殯葬工作者自我的成就感。在其量化的問卷分析之外，質性部分 諸如具體的殯葬工作價值與定位則闕如，這也是筆者群想要透過本次計畫 客家送行者深度訪談中想要推敲的部分。

---

❷ 詳細結論說明參見黃芝勤、徐福全（2007），〈台灣殯葬禮儀人員工作價值觀 與執業角色自我定位關係之研究──以中部地區為例〉。《生死學研究》，第5 期，頁163-208。

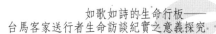

一、尊重生命、撫慰心靈——客家送行者生命訪談紀實所體現的殯葬工作價值

殯葬產業是一個與死亡交手的行業，每個送行者每天都在看著體驗著許多人生命的意外與哀戚，無論是年輕生命的消逝、年老殘疾生命的離開，各種不同死亡的面貌與過程，他們都是第一線接觸與處理者，對生命自然有不同的體悟，對殯葬工作的內涵也有真切的感受與體會。中生代的女性禮儀師張女士經歷過自己兄長年輕生命消逝的創痛，對於生命思索與對家屬的悲傷更能感同身受，他強調陪伴的力量，那是降低遺憾的最好方式。

陪伴關懷的撫慰力量——禮儀服務的真諦

做殯葬服務，我體驗到其實家家有本難念的經，但還是要處理，遺憾才會降到最低。所以不管只要家屬想盡最後一份力，都要尊重，然後最後要關懷。……我覺得做殯葬業務對我最大的影響是服務家屬，服務家屬的過程中，我接觸到很多不同的家庭，也需要處理每個家庭不同的需求，更要去找到幫助每個家庭的方法。我要求自己不管我能不能將所有喪禮流程處理到最好，就算禮儀服務後端往往不是我所能控制的，我都要想辦法做到讓家屬滿意。當然因為禮儀服務的人員因為他們缺少和和家屬接觸的前端作業，所以往往所做出來的服務會與家屬的需求和要求有落差，這個時候我的工作就是要不斷地協調和溝通，更多的時候就是陪伴家屬，真心地陪伴家屬走過這個痛苦的階段。我每個服務的主家我都一定會全程陪伴直到後續關懷都會繼續聯絡關心。不管多晚多累只要家屬電話來我一定處理一定出面協助。

徐女士也分享他的實際經驗，親人離開時家屬一時之間在情緒上難

接受，死亡帶來情感上的斷離，面對亡者無法在言語行動與回應，會出現更大的情緒反應。這時身為禮儀師如果只是堅持做好自己專業的遺體處理工作洗穿化殮，沒有顧及家屬心情或協助撫慰家屬情緒，家屬的悲傷情緒可能只是被暫時壓抑，往後產生的自責與遺憾感會更強烈。這時如果在洗穿化殮過程中適度地讓家屬參與，讓他最後還能握握已往生家人的手，幫亡者穿穿衣服，讓他還可以透過這過程與亡者做最後告別，他的情感能得到舒緩，感覺自己還能為亡者做最後一件事，減低憾恨感，這也就達到了悲傷撫慰的目的。悲傷撫慰並不需要太多語言，有時只要讓家屬實地親手做些事情就能達成，減少家屬的遺憾。他以自己服務的一個案例說明：

讓家屬參與洗身穿衣──重要的悲傷輔導歷程

有一個經驗是我曾經處理過一個80歲的老菩薩，他從小照顧的一個孫女跟他感情很好，因為回來晚了看不到阿公最後一面。女孩回到家巴在阿公身上大哭不肯放手，因為要幫阿公換衣服，家屬幫忙拉開時，她還是趴在地上大哭大叫像個三歲孩子一樣，你可以想像她跟阿公感情有多好。看到這樣我都鼻酸了，我就跟孩子說我們一起幫阿公換衣服好不好，孩子很願意就和我一起幫阿公換衣服，其實她沒辦法真的幫阿公全程換好衣服，但是讓她參與可以消除她的不安與遺憾。過了一年多我有一次在市場碰到這個孫女，她一眼就認出我，還跟我說謝謝我。如果當初沒有讓她幫阿公換衣服她一定一輩子帶著遺憾，但是因為當時她可以幫阿公換了衣服，讓她之後想起阿公沒有憾恨也覺得自己有幫到阿公，算是對阿公從小照顧她的恩情作了一丁點的回報。

悲傷撫慰的意涵即便是從事喪葬後段的火化工作也一樣需要，有著四十年火化遺體經驗，三百六十五天幾乎沒有休假，時時懸念在殯葬工作的彭先生，對於殯葬工作最重要的價值也是直指「關懷」與「撫慰」。火

化過程中對於家屬心情的安撫，對於火化流程的專業解說，甚至面對火化
結果未如家屬預期時的糾紛爭執等等，彭先生都說殯葬工作者當下都必須
概括承受，因為家屬的悲傷心情與不安的情緒是必然，要讓他抒發，容忍
他一時的情緒，事後再來好好對家屬解說與寬慰。他舉例火化場最容易有
糾紛爭執的就是火化後骨頭狀況與棺木放置陪葬品的問題，家屬有些會執
意於骨頭燒完後的狀態，但骨頭火化的結果關係著亡者身前身體或疾病因
素，不全然都相同，這些家屬不能理解，所以需要火化師細心的解說。至
於陪葬品的部分就更容易引起誤會了。他說道：

尊重與包容──面對家屬的憤怒與質疑用體貼與專業解說來化解

> 我燒過沒骨頭的。開幕第三年時，有一位老婆婆過世，她生前
> 中風八年，骨頭變得很薄，庫錢又多，結果燒起來沒看見骨
> 頭。她丈夫破口大罵，後來她女兒去勸爸爸，又來跟我道歉，
> 八個子女要向我下跪，但我沒生氣，我了解他們的心情。後來
> 我把她母親的病從頭講到尾，人中風沒運動後，骨頭會變得很
> 薄。一般人大概0.7公分，中風病人只剩大約一張紙厚度。做火
> 化的工作要有同理心，要有跟家屬溝通的能力。

殯葬工作首重關懷，除了在服務期間的關懷，更要著重前段的
「緣」與「續」，對於客戶的服務從前端臨終開始，給予精神的支持與臨
終諮詢的服務，到喪禮結束後的定期關心，還有華人風俗的對年、合爐提
醒等後續主動關懷都是服務重點。且能夠與客戶建立起信任關係，也有利
於殯葬服務的永續經營。就如同徐女士所說：

持續關懷──殯葬服務的永續經營

> 以顧客來說，像我自己，定型化契約簽了後，我都會前去關
> 心，而且盡量盡到告知的責任啦！像有些是生病的，家屬可能
> 不是很清楚接下來會發生的情況，我們都會跟他說這患者可能

會怎樣會怎樣，也是讓家屬吃了定心丸。我們也會跟他說如果我們有來找你你只要有問題還是可以打電話來問，電話詢問也不會跟家屬收費。就是這樣從臨終關懷開始做，臨終時就先去關心，當然這樣建立起關係與信任，接下來的殮殯葬續大多都還是會找我們做啦！以我們來說續更重要，就是對年合爐，但我不只做到這樣，我跟喪家在喪禮過後幾乎都變成好朋友，後續關懷更重要，甚至還會幫我介紹客戶。

二、生死兩相安的圓滿──客家送行者從事殯葬工作的終極目標

　　禮儀服務最主要的對象雖然是亡者，但是人已死，不能言，不能動，更不可能對殯葬工作者的服務品質給予評價和反應，而此時殯葬工作者對於服務對象的態度與心態很重要。如果認為亡者是個沒有生命的軀殼，對於遺體的處理就只是唯物觀點的處理方式──物品掩埋，根本不會考量情感面、心靈面或宗教面的滿足，處理過程大可簡簡單單、馬馬虎虎。但若是將亡者當成是仍有精神感知的靈體，態度上必然當成是活著時一樣給予尊重，也必然著重亡者遺體軀殼處裡的細節照顧，甚至是宗教靈體溝通的層面，當然這一切服務的品質亡者無法回應，但家屬們卻是同時能深刻感知的。有別於亡者為被服務對象，消費者的家屬更是殯葬禮儀服務的對象，能夠得到身為消費者──亡者家屬的肯定，讓家屬的心靈得到安慰與滿足更是至關重要。就如同尉遲淦教授所言：「殯葬業者要想辦法把專業服務融入消費者的需求當中，讓消費者覺得這樣的專業服務就是真正能夠滿足他們需求的客觀服務。[3]」因此亡者尊、生者安即是殯葬禮儀服務追求的終極目標。這種追求生者亡者兩安的圓滿，我們也可以從這次的客家送行者的服務態度上體現。如張女士對於洗穿化細節的著重：

---

[3] 節錄自鄭志明、尉遲淦（2010）。《殯葬倫理與宗教》，頁110。台北：國立空中大學。

事死如事生，堅持做到最完美——利益亡者

我的性格其實是很追求完美的，對於亡者，即使是洗身穿衣化
妝，我都要求一定要達到完美，我都跟我的員工和家屬說，亡
者雖然死了但我還是當他是活著一樣。幫亡者清洗身體、按
摩、穿衣服、化妝、入殮。我都一定左看右看我從不隨隨便
便，直到最漂亮最完美，有時亡者的身體僵硬不好調整，或是
因為老人家生病很久了臉型有些不對稱，我都還是會要求一定
要給亡者最美麗的容顏。常常會有家屬說你怎麼這樣細心要
求，我說亡者也希望美美的離開，我能做的就是讓她美美的
走。

馬來西亞的客家道士曾先生，針對亡者所進行的法事，從架壇、起
壇、請神、開路、上孝、發棺奏表與做一系列法事，還有頭七、百日，主
要服務對象都是亡者，對於法事的進行雖然考量喪家經濟情況，但也同樣
務求以利益亡者的角度出發，因為雖然法事做得正確好壞與否，非同道之
人無法了解，但他認為這是道德也是專業，做人憑良心，不可欺騙活著的
人，更不可以欺騙亡者。

利益亡者、道德、專業——所做一切騙不了亡者

做道士是我的興趣，因為是興趣，所以我學習動力很強，我除
了弄清楚所有道士法事的流程，我對殯葬禮俗文化更希望能夠
有透徹的了解，所以我不管台灣、中國只要有道教或道士的學
習機會都會去交流，不管是自學還是交流我都是非常認真的。
我要對得起我自己的專業，也許有人會說反正做對做錯沒有人
知道，但這所有都是要利益亡者，對亡者好的就要做，不管別
人知不知道，我覺得人做事起碼要對得起良心，我堅持做對的
事，盡力將每場法事做到最好，真正幫助亡者。

從事火化工作的彭先生，認為火化也是幫亡者服務，而火化遺體是專門的技藝，不是只是放入火化爐燒就好，而是要觀察棺木、人體，來控制火和時間，針對一般禮儀公司多半會要求火化師能不能在幾個小時內燒完，因為他們要進行後續的禮儀工作，對於這種要求彭先生都會堅持依據他的專業，需要多少時間就是多少，不可多也不可少，並且他也堅持一定要能夠對家屬針對火化後的骨頭進行專業解說，足見服務所有的考量點都是亡者。

以專業來服務眾生——遺體火化師這份工作的價值

我處理過生前打很多抗生素的亡者，體質完全變化，所以燒很久。藥吃越多越不好火化。火化的時間完全要依據判斷，絕對不可以燒出來骨頭還完整，所以我們都是人性化服務，若要燒的好，我多半會勸家人把庫錢、檀香那些通通拿掉，燒起來才漂亮。火化這個工作我不知道我還能做多久，從一開始做火化的工作，我就沒有休息過，我幾乎每天都在工作中，我是一個沒有假期觀念的人，人活著就是做事。火化這個工作我會持續做下去，說實話這個工作跟上班族其實一模一樣，沒有什麼差異就是一個工作。我覺得人活在世上，就是要為眾生，能為菩薩服務是我最大的福分。只要有需要我的地方我就努力去做。

三、助人志業、終身學習——客家送行者對殯葬工作的期許與定義

所有人在職場工作，自我角色的確定與對這份工作的認同感，是決定他能否在這一行業長久下去，甚至是能否達成自我實現的關鍵。對從事殯葬業的客家送行者們來說，因為殯葬業的特殊性，他們往往比起其他職業職場工作者，要面對社會大眾對其工作過多的死亡想像、偏見歧視。他們如何在這樣的社會價值觀下看待自己從事專業殯葬工作，又是如何透過

多年的工作成就感來達到自我強化與自我實現，甚至是得到消費者與大眾的認同和肯定，這些都值得為後輩來學習。以具有七十年地理師經驗的徐老先生，說起自己的工作一直強調自我學習成長是重點，他曾經為了查節書中一個不懂的字翻遍群書，追根究柢，他對自己年輕時求知的過往如此說道：

自學之功猶汲水也，教授之功猶買水也

我學地理就是追根究柢，學東西很徹底。以前我讀節書一個字不懂我就不放棄，翻四庫全書翻到天亮，我老婆說天亮了你還沒睡呀！不會讀但是總算研究出來了。節書上寫「筆左行也」，我一直研究最後猜應該是「撇」，就一個字研究一整晚根本不想睡精神很振奮，天一亮我馬上去找我老師，老師也幫我翻字典，問我有研究出來嗎？我說我猜應該是「撇」字，老師很高興地說了一句話：「自學之功猶汲水也，教授之功猶買水也」。所以自我學習熱誠就可以讓人學得通學得徹底。

徐先生說他當初學地理風水學，就是衝著這是一個助人的工作，可以將自己所學的幫到人的家庭，救到人的性命。但是如果從事地理風水者只是懂得皮毛，自己都沒有認真學習甚至全盤參悟，只用學來的半桶水的知識來工作，那非但無法助人，恐怕還會害到人。他舉例說：

助人？害人？——要參透全盤學習切勿半桶水

我一天擇日館碰到一個姓彭的地理師，吹牛吹得很大，說得很厲害，就請教他問題。結果他說我就沒讀書怎麼會知道什麼卦？我就罵他，你不知道怎麼可以在擇日館裡吹牛吹得這樣，這會害人的。有一次人家來請看地理風水，請了三個地理師，我和另一個老地理師羅盤看了一樣都是千山近水。另一個卻看到千山近背，還拿翹擺架子，我說大家羅盤三個都排出來看一

看，結果都一樣，怎麼會說法不同。最後我就請問他問題，結果他答不出來，還說：「我就沒讀書怎麼會知道」。真的是人詐巧，但是地理學不能這樣不懂裝懂。

徐女士認為殯葬工作其實並不只是辦辦喪禮這麼簡單，處理遺體部分，禮儀服務公司不管碰到什麼樣的亡者都要協助處理，不可以拒絕。但是因為各種遺體狀況都有，所以基本病理學、殯葬衛生學與解剖學的專業知識一定要有，就如同醫護人員一般，沒有辦法挑選病人，無論何種重症和傳染疾病的病人都要處理，如何在幫助別人當中也同時保護自己，別讓原本是助人的工作，變成了害己的結果，殯葬專業之事就非常重要不可輕忽。他以自己處理愛滋病亡者的經驗來說：

專業病理學的知識學習──愛滋病亡者的處理

我很熱愛殯葬，我覺得做殯葬，首先不能心生害怕，殯葬人什麼屍體都要處理耶，屍臭的、腐壞的都要處理，我也很清楚做殯葬一定要懂得保護自己，不能因為一個客戶就傷害到我自己，所以我是會做好措施保護好自己的，我連愛滋病的都碰過，那時候我發現屍斑怪怪的，因為以前曾經上過楊敏昇老師的課，所以看到遺體的時候就想怪怪的，我請工人、員工先不要動遺體，我直接去跟家屬談，跟家屬確認，最後他們才說實話，那個case我做好保護措施自己做我一個人處理。所以作殯葬不能沒有知識，辨別遺體的狀況基本的病理知識和能力一定要有，總是要保護自己為第一優先。還有作殯葬一定要不斷學習，很多知識和情勢要了解。

客家道士曾先生認為自主學習是相當重要的，用眼睛看、用心去學。如背誦經文也可以靠自己的努力來完成，包括法事儀節流程內涵的思考，儀節道具如沙龍、破城門等等的製作，也都是要跟著師父邊做邊看邊

學，自己慢慢摸索，溝通技巧也重要。

師父領進門、修行看個人──成功沒有捷徑

有人說做道士最困難就是你一定要會誦經背經，你不會的話鐵定是要給人家罵的。我當初進門當道士時，可能比別人多一點天分，誦經背經文對我並沒有太大的困難度。但是其他方面的學習就真的得自己摸索學習，師父領進門修行在個人，所有的學習沒有捷徑，你要去看，用自己的腦筋去思考。什麼是沒有困難，但困難都是自己找來的，我是這樣覺得啦，再困難也都要靠自己去處理，雖然有師父教，但是背經文誦經文根本他人是幫不上忙的，只能努力記努力地背。要成功完全得靠自己。

四、死亡禁忌與偏見依然存在──殯葬工作者的挑戰與難處

殯葬工作長期以來因為死亡禁忌，認為如果對於殯葬工作的內容知道越多就可能會帶來更多的不幸，因恐懼與害怕，社會大眾長期以來對喪禮流程與服務抱著不想知其所以然的心態，只希望儘快辦理完喪禮就好，而這樣的心態下也產生對於殯葬工作者排斥與懼怕，不想與之有太多的牽連。此次計畫中接受訪談的客家送行者們在其從事殯葬工作的人生路上，或家人或親友大眾因素而離開，即便是繼續從事殯葬工作也會發現自己的人際關係活動圈變小了，甚至笑稱自己在從事殯葬工作後朋友變少了，來往的大多也限於從事殯葬業的同行朋友，所有喜慶活動都會被委婉地謝絕參加，或被暗示要懂得分寸不要出席。馬來西亞的謝先生對此殯葬工作者的原罪如此說道：

禁忌與偏見——做死人工的原罪

我們這行有什麼呢？就是「做死人工」嘛！不偷不搶不騙，是正當行業嘛！社會上會有一點偏見，他們會講，你做這行，如果有些喜宴、過年啦，要避諱一下。我二十多年前做的時候，他們會有（偏見）。我們在過年過節時不會到別人家，人家有喜宴，也不要去。老一輩的會有忌諱，最近幾年覺得比較改善了！

除了平常的人際交往關係，如果談到要交友、嫁娶，殯葬工作絕對會被拿來做檢視。就如同馬來西亞紙紮業者同時是禮儀師的黃先生，當初和太太談戀愛，也難免會有雜音出現，朋友們都紛紛覺得不太好。不過幸好遇到一個明理的岳母，不反對反而支持，告訴女兒嫁人看人品不看職業。黃太太對於這段往是如此說道：

職業無貴賤——偏見難免，正當工作何需在意他人眼光

我還沒有嫁他之前我從事鋼琴教學，是鋼琴老師，剛開始交往時，其實我自己本身沒有太多的限制，只是我的朋友都會問我說，你不怕嗎？都會覺得害怕或有一些排斥。可是其實最開明的是我媽媽，做人看人品不看職業，做什麼職業不重要，人品好就好了，所以我媽媽從頭到尾都沒有反對，也很支持我嫁我先生。嫁進來之後很多事情都是第一次初體驗，像是賣棺木、禮儀服務，我剛開始嫁過來家人怕我會怕，就叫我做比較細微的像放放乾冰工作。後來可能我也比較接觸多了，我也開始負責化妝的工作……其實我覺得我自己本身是不太在意工作職業是什麼，只要夫妻相處好，人好對我好就可以了啦，而且我們也是正正當當在做事工作，也沒有做什麼不好的壞事嘛！

許多送行者像黃先生一樣是家傳事業，但也有更多人是在選擇職業

別時即受到諸多阻力，但最後或許是天命，轉了一圈還是走回殯葬業，像馬來西亞客家道士曾先生就是如此。他提起自己踏入殯葬客家道士一途，啟蒙於母親在其年幼時常帶著他去協助辦理喪禮，看著媽媽幫亡者穿衣服，客家道士師父來開壇時，就跟著在旁邊看，小時候是遊戲性質多。到了真的要以道士為業，家裡父親反對，談戀愛時我老丈人也反對，所以殯葬業對一般人來說還是不會是就業的第一首選：

命？——父親與岳父的反對

以前我母親去幫亡者家屬的時候我父親並沒有反對，但聽到我要去做道士就反對。我爸爸就吵了：「什麼工作不去做，跑去做這行？」我不理他，搬去我師父家住，因為我師父講過，你要學，就要住我那邊，你才學得到東西。後來道士做了許多年，交了女朋友論及婚嫁時，我老婆的父親反對。就是因為這樣，所以那個時候我有轉行，去做別的工作，但是就是沒有辦法做得更好，做什麼都沒辦法成功，所以到最終我還是回來道士這個行業。這種是很奇怪的事情，沒有為什麼的。我們自己在這行業看了很多。有很多都是出去做別的行業，最後又回來的。他轉了行業可能會不順，轉來這行他就平安無事，有飯吃家中經濟無虞。

除了職業選擇，而送行者們碰到更多的是在職場工作上家屬或大眾對於死亡的恐懼所產生的偏見與不安。這個部分則關乎於社會大眾生死教育的不足，常常都是自我過多的猜測與害怕所造成，這種不正確的生死觀念與態度，往往會讓生命難以達到真正的圓滿。就如徐女士所說，有些家屬對於死亡的恐懼，甚至連自己家人的身體都不敢接觸，所以此時送行者們擔任的角色就很重要，如何給予大眾正確的觀念，解除大眾的疑慮與恐懼也是送行者們的職場功課：

傳遞正確生死觀——協助大眾克服對死亡的恐懼

我常常會碰到連自己家屬都不願意接觸亡者的，我也會開導他，家屬說怕死人，我都會說他是你的家人，他死了就像沉沉睡去一樣，他保佑你都來不及又怎麼會傷害你。所以我在洗穿化時我都盡量讓家人一起參與，讓他人心裡不要留有遺憾，另一方面也是破除大家對於死亡的誤解與恐懼。

五、溫柔與勇氣——女性從事殯葬工作的強項與優勢

禮儀師（早期稱為「土公仔」）一直以來都是男性從業者的天下，女性從事此業者算少數。直至現今社會開放，男女平權的觀念下，從事禮儀服務工作的女性比例明顯提高。女性從事殯葬業如何運用智慧與女性的特質來圓融地處理問題，解決困難，要有勇氣更要有策略。具有二十年禮儀服務經驗的張女士認為女性因為比男性具有美感，且通常比較自我要求，所以在某種程度上服務細緻度比男性夠，她說：

溫柔與美感——女性從事殯葬工作的利器

我個人認為女性從事禮儀服務工作，並沒有太大的障礙，當然首先要能做到不害怕，不排斥。女性在禮儀服務工作上其實都和男性做的差不多，沒有什麼因性別而不同的工作項目。但是女性因為心思細膩，對於細節比較要求，溫柔的性格，加上比較有美感，都是優勢。像我自己，我對很多事情都比較完美主義。我也是因為作殯葬，才知道殯葬工作的複雜與繁多，更體驗到殯葬服務學問的博大，為了做到給家屬一個完美的喪禮，讓家屬可以沒有遺憾，也可能因為某種程度上想要彌補自己以前失去和親人告別的遺憾。

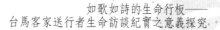

使命必達的完美主義性格——服務家屬的優勢

我所接觸的喪家我一定全心全意全力以赴，不管他們提出來的要求，有多難達成，我都一定盡力去做，所以和我合作的廠商和業者，都知道我的性格。我常常一個告別式場一改再改，改到我自己都滿意了，如果最後還是不滿意我就自己親自動手來操刀來布置，所以我也因此去學習花藝布置的技藝，直到做到完美我自己都覺得一百分，我才會讓喪家來驗收看看有沒有要改善的。所以接到一個喪家開始，我的工作時常是沒有辦法好好休息的，每天睡不到幾小時，要忙到全部結束才能好好睡覺的。但是這也給我成就感，因為我對自己的要求，所以讓喪家基本上都滿意，也因此才能得到今日這樣小小的成就。

另一位在殯葬業打滾了四十年的徐女士，走過早期殯葬土公仔的時期，那時殯葬場域都清一色都是男性工作者，也不少是有些黑道色彩的，加上在鄉下同業競爭大，發生衝突與競爭在所難免。徐女士說在職場上難免碰到同業糾紛，但是很多時候女性在其中反而占有優勢，有時候運用女性特質撒嬌或求饒，反而可以緩合當下的衝突氣氛，而且女性往往都比較有說話的天分，透過不斷的溝通也可以讓事情得到好的解決。另一個最大優勢是女性禮儀師做關懷舉動會比較能被接受。她說：

溫柔關懷——女性禮儀師的形象特質

女性禮儀師比起男性禮儀師，我個人認為是在進行臨終關懷和悲傷輔導時最能夠顯現，在進行禮儀服務時一定會面臨到家屬悲傷的情緒，這時候如果是男性禮儀師，要他去擁抱或拍拍家屬的肩膀，可能會給人家有騷擾的感覺，但是這舉動在女性禮儀師做來可能就自然多了，也比較不會引起什麼肢體接觸的紛爭，甚至引起反感。另外女性禮儀師在面對可能的糾紛或家屬

要求的時候，也可用女性的撒嬌方式來處理，往往比較自然也比較容易成功。你想想今天如果是男性禮儀師跟家屬撒嬌那感覺就有些不倫不類了對吧。當然男性也有很多優勢，譬如面對大衝突或突發事件可能比較鎮得住，但在我來看女性其實更適合從事殯葬業。

另外徐女士也舉了一個自己服務過的喪家的例了，她認為雖然女性在禮儀服務很多時候可以以弱者姿態來求得一個和諧關係，但有時候女性禮儀師也可能更有勇氣去面對或運用智慧來代替家屬做一個情緒上的抒發。她舉了一個好友母親喪禮上遇到里民集體不配合的情況，很感概地說：

代替喪家發言——勇敢面對地區殯葬業競爭的惡勢力

其實每個庄頭大致都有固定的配合的禮儀社，也通常會有一群人特別來幫忙，這是鄰居互相幫忙原本很好，可是最後卻往往會變成牽制喪家，讓喪家家屬很難處理的情況。我有一個好朋友媽媽過世，請我去辦，結果所有的里民就通通不來幫忙，里民們用這樣的方式實在是給喪家很大的傷害，也是群體的壓迫。……我的個性很直，當天告別式我當司儀，我也不客氣的當著里長的面說，今天大家來參加喪禮不是為了我禮儀社，是為了喪家來的，你們里民的度量和氣度原來是這樣的，你們真的有為喪家著想和費心嗎？因為我和喪家家屬是非常好的朋友才會來的。也許我很直接，但是這也是我的性格，我覺得對於殯葬我們的重點應該是喪家，而不是利益。

六、傳承的危機──客家喪葬禮俗的困境

　　台灣客家族群走過政權、歷史的更替，從早年的客家還我母語運動，到爭取客家委員會的成立，當前客家最大的任務就在於找回客家青年，以及客語的往下傳承。對此受訪的台灣客家送行者非常認同，紛紛對於客語的流失感到憂心，七十年地理師經驗的徐老先生訪談全程以客語受訪，且能夠以客語吟誦出古文，對於客語的失傳以及現在殯葬業對於殯葬文書的誤用也相當憂慮，他說：

客語的失傳

許多客家話的部分很多人都說錯，語詞的使用都錯誤，例如客家電視台的新聞講ㄏㄡ大雨。ㄏㄡ雨，就是大雨了，又加上ㄏㄡ大雨，就錯了。乾坤的乾，餅乾的乾原本就不同一樣的字，現在都搞混了。

古文出身，殯葬文書學問多

我是讀古文、四書出來的，許多喪葬語詞，許多的禮儀人員都用錯，顯妣、顯祖妣兩字，人都搞不清楚，祖用在做阿公阿婆可以用，妣是做媽媽，考是做爸爸。顯字其實是因為生老病死苦合不到，才會加一個「顯」字來補充的。苗栗有一個葬儀社幫一個還沒做阿公的人，禮儀社想說他年紀很大就直接寫顯祖考，剛好被看到，就說煮（祖）得煮（祖）不得，祖得才可以祖喔。那個老闆才說還好有老師指點要不然以前都將錯就錯使用。還沒結婚的就用故青年、故姑娘。

　　目前客家喪葬禮俗保存最完整的地方恐怕在高雄美濃，美濃現今仍然遵循古禮進行客家喪葬禮俗，保存有縮小版祭孔的三獻禮儀式──孝子、宗族、女婿三個，客家八音，以及堅持用孝杖，還有極致尊榮的諡法

334

等❹。對美濃當地三獻禮熟稔的張女士說,美濃得以保留最完整的客家喪葬禮俗原因在於宗族力量大,但是目前也同樣面臨新世代對於客家喪葬禮俗的不了解,未來也可能發生世代脫節與失傳的危機。他說:

宗族的力量——美濃客家古禮俗保留與傳承的最大後盾

客家喪葬禮俗美濃保留得比較完整。宗族力量又大,長輩的話,晚輩不敢違抗,所以禮俗保存較好。辦喪事時宗族的意見會很多,份量亦重。另一個原因是美濃客家人跟閩南人通婚較少,因此禮俗較純粹。閩南跟客家喪禮有80%不同,像三獻禮只有客家才有。……閩南人現在做國民禮儀較多,傳統禮俗簡化較多,已經式微。客家喪葬禮俗也有些簡化,老一輩的人都知道儀式要怎麼做,但年輕人已不懂,所以傳承上會有脫節的情形。我認為儀式都要解釋,讓家屬了解,知道它的意義,這樣會有助傳承。家屬若不知道意義,就不會堅持要做。

面對客家禮俗與傳統產業的失傳情況,其實馬來西亞也一樣,更甚者馬來西亞有著多語系種族,且在馬來西亞回教文化為主的背景,青年一代多半華語已經不太會,更不用提客家話,英語為其主要溝通語言的環境下,客家語言與文化消失的快速更難想像。就像相當具有華人特色的喪葬紙紮業,因為全然必須以手工人力來完成,多數的華人或客家青年已不願意學習或繼承,恐怕將來華人喪葬紙紮業會由其他族群來傳承的怪異現象。繼承紙紮禮儀服務家業的黃先生說:

---

❹台灣傳統的喪葬禮俗多半沿襲自閩、粵兩地習俗,喪禮的重要階段依據《台灣傳統生命禮儀》一書所說,大致分為臨終、發喪、治喪、殯禮、葬禮、居喪、除喪、撿骨等。然細部的進行方式或儀節則因閩南、客家族群而有不同之處。有關客家喪葬禮俗相較於閩南族群不同的部分,目前文獻上最詳細的描述可見於陳運棟的《台灣的客家禮俗》。本次訪談過程中客家送行者們也另外分享在殯葬工作實務面客家喪葬禮俗,因地域不同也會產生些微的處理方式差異。但因客家喪葬禮俗差異與變遷的議題非本論文重點,因此略而不談。

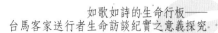
馬來西亞華人喪葬紙紮業未來將由印度人傳承

我們這裡的紙紮業很多傳人還是印度人喔！因為華人普遍覺得從事殯葬業比較不喜歡，所以紙紮的學徒很難找得到人，我們馬來西亞有請外勞印度人來幫做紙紮，印度人學著學著學久了很熟練，也就開始也做起紙紮業，另外因為印度教裡也會有法師，他們也覺得華人紙紮不錯，也開始學華人做紙紮在儀式裡用。念印度教的經文，在下葬後另外選一天把紙紮拿去燒，印度人因為大多是火葬90％，他們印度人出殯習慣要用鑼鼓鞭炮，再找一天到骨灰罐的地方做紙紮去燒！

另外台馬兩地客家喪葬禮俗共同面對的一個困境——禮俗的簡化，加上許多年輕人都覺得這些儀式很麻煩，以及繼承者的缺乏，如在台灣或改以國民禮儀，馬來西亞則以英語、西化儀式進行，使得傳統的客家喪葬禮俗面臨失傳危機。以馬來西亞來說，所有喪葬儀節都已經同質性，唯一可見最具客家特色的喪葬禮俗就是客家道士的法事儀節、砂龍等製作。

習俗的簡化——客家傳統喪葬禮俗的式微

在我們馬來西亞這裡很多習俗都被簡化了，在城市裡比較看不到了，只有比較小的城市可以看。像我們現在華人也沒有了披麻，全部都只剩下帶孝，只剩下鄉下還可能看得到。喪禮上做的紙紮基本上有金山、銀山、金橋、銀橋和房子，還有道士在法事上要用的東西，金橋銀橋就象徵奈何橋，法師做法事的時候帶領著神主牌位唸經過橋，客家人、潮州人、廣東人都是如此。福建人也過奈何橋，不過他們用的是木板，一個板子架上去，也要過奈何橋。潮州人還會有人扮成閻羅王，來對話，很不一樣的，一般都是要做兩個晚上的。在馬來西亞每個族群的喪禮基本上都不太相同，以客家人來說，我們一定會做砂龍，

喪禮中出殯的前一天法師在作儀式的時候，會用細砂在地上做出兩條立體砂龍，龍頭會朝向亡者的，然後在砂龍上噴上顏色，就成為彩龍。法師會帶著亡者的神主牌位跳火盆，一邊念經一邊跳，這是我門馬來西亞當地客家人特有的儀式。

客家各系傳統喪葬禮俗後繼無人

在馬來西亞我們客家族群分很多種，惠州、梅州、廣東、海陸豐，但是現在道士來說大多都是海陸豐人在做，惠州和梅州人很少做道士的，只剩下不到一兩組人。他們唱也是唱海陸豐話。如果是吉隆坡的殯儀館根本是沒有辦法看到這些儀式的，只有在鄉下才有。

參、幽微與光亮——從台馬客家送行者特殊生命經驗看生命的成長與轉化

讓生時麗似夏花，死時美如秋葉，若希望死得安詳，必須學習如何活得好。

———泰戈爾

人的生命猶如四季，春夏秋冬各有不同的人生美景，但生命不全然美麗與順遂，難免遭逢風雨，甚或面臨逐漸枯槁、凋零。人生不滿百，常懷千歲憂，這段人生的單程車班旅行，遇到的人、事、物，或許長達數十年，或許短暫數秒，生命經驗與個別遭遇的意義何在？快樂、痛苦、囂鬧、孤寂，心靈的感受如何？出生到死亡，什麼是重要的？又該留下什麼？這是一連串的問題，也是一連串的學習與考驗，生命的樂章只能自己譜。對從事殯葬工作的客家送行者來說，他們比起一般人有更多深入接

觸眾人的機會，所面對的是最痛也最深刻的死亡，體驗著眾人生與死的
歷程，當自己的人生與他人的生命與人生在不同的生命交叉點相逢交纏
時，這些人事物到底帶給他生命或人生什麼樣的體悟與個人感懷？又有何
意義？這些體悟或感懷可以帶給我們什麼樣的思考與成長，是本段我們想
要探究的。

一、人生試煉場──客家送行者的個人生命經歷與體驗的特殊性

客家送行者的訪談過程中我們發現大家都有自己一段痛苦的生命經
驗，或原生家庭的殘缺，或生活的挫敗，或面對死亡的特殊遭遇，人生痛
苦經歷就像是磨練考驗個人心志的關卡，但沒有走過、跨過就無法看見往
後生命中的美好。如因婚變的打擊才正式走入殯葬業的徐女士，即使是數
十年後回憶那段被背叛的日子，無法面對自己與親友，經濟困頓至無以維
生，甚至一度想尋求解脫：

勇 敢 面 對──生命逆境的跨越

我整整幾乎有兩年無法面對我的親朋，以前我都只是跟著我前
夫學，學念經。直到他辜負我有了第三者，我才真正地踏入殯
葬業，那時我是真的活不下去，當時想自殺，到我們家三樓想
要跳樓，我們家三樓有佛祖，要跳下去的時候剛好樓下停了小
客車，我往下一看如果我這一跳不小心害到人家壓到人家怎麼
辦。我就轉頭問佛祖說我該怎麼辦？我這接下來的路該怎麼走
我不清楚？不知怎的，突然心裡有股聲音響起，在當下我就跟
佛祖立誓我一定要過得比他好，我一定要活得好好的給他看！

徐女士說也許是佛祖救了她，給了她重生的信心與力量，她開始認
真思考與學習，把殯葬業當成志業，徐女士提及踏入殯葬業並沒有太大的
阻力，雖然這不是一般人所能輕易接受的行業，但她似乎沒有質疑或後

悔，只有感激，一路走來得到許多人幫忙協助，教導她如何做ISO的黃先
生，引導她提升殯葬專業的老師們，如尉遲淦老師、葉國英老師、阮慶中
主任等，還有公司員工和卓蘭的鄉親們，體貼她一個女人家辛苦，要養孩
子還要工作更要讀書，每每給她力量，用話語鼓舞著她，正因為生命走過
低谷，才能看見生命的美好與良善。

珍惜與感恩──貴人、鄉親的幫助與支持

那時候要念書要照顧孩子還要做生意，其實真的很辛苦，也是
因為這樣把身體搞壞了。曾經有一段期間我身上真的只剩下兩
萬元，沒有辦法請佣人幫忙，我的員工工人都很挺我，那段期
間為了照顧孩子養家我真的是拚命地工作，也很認真去念書，
去念書我從來不缺課，作筆記做作業，我永遠坐到教室第一
排，真的很認真。這樣熬過那個階段，說實話也很感謝卓蘭
人，他們體貼我一個女人被老公拋棄還要自己照顧孩子，真的
很照顧我，讓我可以養活家人孩子，直到現在我已經放手給孩
子經營事業了。他們還是會跟我說妳不要退休啦，沒看到妳我
們不心安啦！

另一位張女士提及自己踏入殯葬業，並沒有淵源，全是偶然機緣。
起初是擔任龍巖業務工作，意外地接到兩起年輕生命消逝的案件，不由自
主地難過淚水奔流，竟挑起她多年前兄長離開的記憶。因為自己年輕時的
痛苦印記，她對於家屬的悲傷感同身受，給了她重新省思生命的機會，也
透過禮儀服務的過程讓她得到了生命的答案、心靈療癒和思索出殯葬工作
的意義。她如此地說道：

自我療傷的啟動──年輕生命的消逝

剛走入殯葬業那時碰到兩個案例，一個是年輕的工人在清洗大
樓外牆的時候因為沒有做好安全措施，結果從大樓掉了下來，

我負責去接體和家屬接觸，看到這樣的年輕生命死亡，我不由
自主地難過到不行。之後又一個年輕女生在台北自殺，她媽媽
一直要問原因，應該是跟男朋友吵架最後想不開自殺的，我在
接觸家屬時，一直感受到家屬的難過，整個過程我都陪在家屬
身邊，爸爸媽媽過程中也一直表現得很理智和寬容，可是最後
告別式前媽媽還是忍不住想去去探求原因，結果女孩的爸爸講
了一句：「妳問清楚了又怎麼樣？問清楚了女兒也不會回來，
只是大家更難看而已。」這個案子讓我衝擊很大，那時又是過
年，我的過年是在殯儀館過的。辦完後大概半個月都不愛講
話。接連這兩個年輕人的死亡，尤其是女孩的自殺讓我想起我
哥哥死亡的經歷，那是我高中時的事，當時我不明白，根本不
敢面對只想躲起來。第一次感到生命的無常，這可能也是哥哥
給我的人生習題。

人生無常，生命的每個經歷都有其不可思議的意義，兩位禮儀師走
過生命的低谷，在殯葬服務中與他人生命有了連結，也在其中為自己療傷
與成長，這也是一種生命的轉化，在生命的束縛與困境中也蘊含著深刻的
生命價值與真諦。

二、善為本、孝為先──客家送行者對生命的反思與體認

華人喪葬與祭祀之源起皆出於「孝」，就如《禮記・祭統第
二十五》（卷八）所說：「孝子之事親也，有三道焉，生則養，歿則
喪，喪畢則祭，養則觀其順也，喪則觀其哀也，祭則觀其敬而時也。[5]」
說孝子在父母生前盡心奉養，順從父母的心意。父母過世了舉行喪禮，
喪禮表現內心的哀傷。喪禮完畢則以虔敬之心來祭祀父母、思念父母。

---

[5] 參見《禮記集解（下）》，祭統卷，頁1236。台北：文史哲出版社。

「事死如事生」的觀念下，仍將過世的父母如同活著時一樣侍奉，每日的三頓拜飯，第四日「成服」因不忍亡者離開，直至經過三天確定父母無法活過來，才穿上孝服；還有父母生前每日的晨昏定省，死後子女則朝夕哭之；還有孝子服「三年喪」**❻**等，皆是在傳遞孝道觀。因此客家送行者們在談及從事喪葬工作後對生命最大的體悟，也難脫於「孝道」。客家道士曾先生提及自己學習客家道士，喪葬法事中破地獄、目蓮救母、誦血盆經，都是在講述孝道，也在這學習過程中深刻體認與反思自己，甚至思考如何在法事儀節體現孝道，也以「孝」來省思現今簡化的儀節而謀求改變。他說：

以孝為本——從客家喪葬法事儀節來傳遞孝道觀

> 我15歲就開始學這行了，到現在，我今年41歲有了。二十六年了。……其實以前早期我很叛逆的，脾氣很臭，到學這一行以後，我才體會到孝道。因為在道士的學習中我們要學習辦血盆，血盆的那個經文學習，就是孝道的傳遞，也讓我會反省。若要問我客家喪葬禮俗，我認為最重要的就是傳達孝道，就像前面我說的打血盆的經文就是孝道，還有關於一百歲穿不穿紅的問題，對我來講我覺得百歲還是喪、還是孝，所以我是不鼓勵穿紅的。因為我們客家人做法事有個上孝的儀式。上孝你穿個紅的，脫孝時你要穿什麼衣服呢？我們客家儀式脫孝是轉紅，要換紅的，你穿紅的要怎樣脫孝呢？難道你不上孝嗎？你不是孝嗎？所以在做法師或殯葬業的人就要去跟人家講解這個

---

❻ 《禮記‧三年問》中提到所謂三年喪之意涵：「三年之喪，稱情而立文，所以為至痛極也，斬衰，苴杖居倚廬，寢苫枕塊，所以為至痛飾也……子曰：『子生三年，然後免於父母之懷，夫三年喪，天下之達喪也』。」則是孝子遭逢父母離世之至痛，內心之痛以穿麻衣、持苴杖、睡草蓆石塊方式來表達。而三年喪期的訂定也是感懷父母自小養育之恩，以孩提三年才免於父母懷抱作為追思與回報。

問題。一百歲不穿紅我們可以綁紅腰帶，我的做法是這樣子。

像我們做法事，除了誦經，我們還有要破地獄，也要搬演目蓮
救母，其設計的出發點都是孝道。

為人子女首重孝道，為人處事則首重「善」。殯葬工作接觸的人事
物形形色色，不善不孝者亦有之，從事殯葬工作也當以「善念」出發，才
不致傷害他人。以資深地理師徐老先生來說，學習地理風水，出發點就
是為了「行善」、「助人」。他說起這六十年前舅公勸導他學地理的往事
道：

善念出發──學地理風水也是行善

起初我不肯學，舅公就問我為何？我就跟他說我不是不肯學，
是自古以來我看到學地理的人沒幾個是好人，我不敢學，他卻
哈哈大笑。他說你原來是顧慮這些，你去堂裡宮廟學誦經是行
善，我們學地理也是行善，當然首重善念出發更要學得深透。
像有人家兩三地的墳墓，如果你沒做好可能出錯，更慘的折人
壽命。如果做得好，可以助人，救人命，還可以改變他們的家
運，所以我們學地理也是行善呀！

又如從事禮儀服務工作四十年的徐女士對於殯葬工作非常熱愛，但是
禮儀服務工作看得多了，這世道不孝不善之人亦有之，當碰到特別不孝的子
孫，她笑說自己多半正義感使然，也會在喪禮流程中稍稍教訓一下不孝子
孫，要他多爬多跪一下。甚至碰無人認領的遺體，子孫不賢孝對長輩死亡不
聞不問的，最後基於專業和道德，她還是堅持要好好對待亡者，讓亡者能安
息為第一要務，當作是做善事。她說起多年前自己的一個特殊經歷：

殯葬業也是行善的事業──為無人認領的亡者服務

亡者遺體在冰櫃裡擺在我禮儀社倉庫那裡將近一個月都沒人來
認領，我每天都要派人照三餐來拜飯上香，最後登報請警察機

關來幫忙找家屬。她的媳婦和女兒來了，穿得漂漂亮亮穿金戴銀的。我跟他們說你們的母親在我那裡放了一個月，後事總是要處理，結果他們竟然全部不願意認領，也不願意簽同意書，說他們不要處理，還罵我怎麼這麼雞婆活該，當場警察和我聽得都傻眼了。後來我就幫忙處理完，跟一些合作的廠商和單位一起做善事把她處理好。我的想法是不管這個母親做了多少壞事，多麼不能讓孩子容忍，但人都死了，死者為大，加上我看她的孩子們也不是沒有經濟能力來處理後事，要做到這樣不聞不問完全不認領的狀況，我還是第一次碰到。不過我的觀念就是殯葬服務首要盡心而已，協助處理好後事最重要，怎麼說都是死者為大，雖然現在我是吃點虧，可是我這一路走來我都相信冥冥之中我都得到了回報。

三、凡事敬虔、感恩──客家送行者的人生觀

從事殯葬禮儀工作必然得談及人之生與死，談到生與死，其核心課題為精神性的人性關懷與生命終極體驗文化關懷。除了關注生與死的文化內涵，還包括領悟與強化生命存有的價值觀，也同時進行自我生命的反思與覺知。鄭志明教授對於從事殯葬禮儀服務工作者界定為「生命關懷者」、「公眾服務者」的角色。[7] 殯葬工作者透過關懷者、服務者的角色，對所有生命形態都予以尊重和服務，同時也在過程中對自我生命進行反思與覺知。透過這次訪談可以發現多數客家送行者工作多碰觸到宗

---

[7] 鄭志明（2010）。〈當代殯葬禮儀的困境與再造〉。《中華禮儀》，第22期，頁5-9。他說道：「殯葬禮儀具有神聖面與世俗面。在與宗教精神層面的信仰溝通與生命體驗的同時，也要重視與社會人際層面的禮儀事業與其服務效益……這些事業與人員可以與宗教無任何關聯，卻必須協助人們處理死亡事件，其服務的對象是亡者及其周遭的生者，必然要能尊重有形與無形的生命形態，是要具有人道或仁道的生命關懷，更要強化公眾服務的使命與公益服務的功能。」

教、禮俗差異,甚或靈異事情。多數受訪者認為自己從事的工作宗教性很強,對於個人來說他們都有自己的宗教,但是因為工作難免都會碰到其他不同宗教對象,站在禮儀服務關懷者、服務者的角度,不管宗教屬性是否相同,殯葬服務者只要抱著恭敬的心,站在利益亡者的角度去做事,便無所懼。如擔任誦經法師工作的曾女士說,她的誦經工作需要專注力,不容許有任何雜念,即便難免碰到困難,只要誠意、正心,亡者一定也能感知到:

正心誠意則無所懼

對於亡者,我們只要心正,真誠,往往都可以化解。有一次,我被無形的東西干擾卻不知道,一直以為是感冒,結果一大早起來要去拜經,發現發不出聲音。那一天又是大日子,根本調不到人來幫忙,我只好跟家屬說我這場真的發不出聲音,雖然如此我會用意念好好地給媽媽誦經,這場我就不收錢,我真的全心全意地以心念來誦經。結束後我就請家屬去靈前問問媽媽有沒有收到,媽媽說有,其實誦經也是要負責任的,我也怕擔業障,所有一切的東西都是要心正才行。對亡者的尊敬很重要,只要真心真意他們一定收得到,有時還會給你回報。

除了對待生者與亡者抱持敬虔的心,客家送行者們都表示數十年殯葬工作,最大的收穫除了金錢上,更大的成就感是來自服務對象的肯定與支持,殯葬工作帶來生命成長與事業成就,讓他們很感恩。如徐女士回首自己從事殯葬工作後的生命,讓她有機會體驗更多人的人生,不再抱怨,學會感恩知足。她說:

凡事感恩——體悟所謂幸福的定義

我這一路雖然歷經婚變給我帶來非常大的痛苦,我前夫的背叛讓我的天都塌了,但是回首前塵,我感恩他,如果不是他的背

叛，我可能就是一個千金大小姐，沒有歷練的女人，甚至不懂得學習和感恩。這婚變雖然帶給我痛苦甚至讓我想要死。但是卻帶給我生命的成長和成就自我事業，讓我不斷可以在殯葬業裡體悟到人生的無常，也在殯葬業裡看到人生百態，更感到其實我所擁有的比起很多人都還要多，知道我自己其實是幸運與幸福的。除了我沒有終身的伴侶，但我交到了許多的知心好友，我認識了許多的貴人和好人，我得到了許多的友情和尊重。我現在孩子大了也成家了，每個都有自己的事業和發展，我人生的義務和心願已經達成，這過程我體驗了生命的痛苦和甘甜，我很滿足也感到很幸福。

四、看淡生死、不留遺憾──客家送行者的生死觀

多數客家送行者也許是從事殯葬業看多了，面對死亡議題的討論相對一般人來說，沒有太多忌諱禁忌，甚至能對自己生命可能來臨的終點侃侃而談。客家送行者多半認為死亡乃人生之必經過程，每人都一樣會死亡，而認為最大的幸福莫過於善終好死。能夠沒有痛苦離開是最大的福份與幸運。如得過鼻咽癌的火化師彭先生，經手火化的菩薩以數千數萬來計算，認為人生到頭就是一坏土一把灰，死亡不可怕，是必然過程而已，何時離開也不須太過擔心在意，篤信佛教的他說：隨順因緣。

對死亡的看法──隨順因緣

我得過鼻咽癌，感覺人生就是生老病死的歷程，時候到了不可能留下來就會走，就跟機械一樣時候到了會壞掉一樣，如果人能突然離世沒有苦痛，其實是一種福報，我從事火化工作三十幾年，每個進來的人不管生前尊貴卑賤、富貴貧窮，最後都是火中化為灰，人生長短根本是無法自己掌控，我的態度就是隨順因緣而已。

面對無法掌握的死亡，認為善終好死❽是福報，但沒有人可以知道自己何時走或以何種方式離開人世，為了能夠讓自己的離開是沒有遺憾，客家送行者們認為生前的妥善的規劃安排是必要的，因為看太多處理的家屬，因為不預期的死亡或突然意外，衍生出許多後續無論是喪葬或遺產問題，所以要讓自己的離開是美麗的不留遺憾的，生前的規劃是必要的。徐女士說自己從事殯葬業，看太多因死亡帶給家屬遺憾與衝突的場面，所以他面對自己將來可能的離開，她立好的遺囑，甚至也安排好交代好自己將來後事的處理方式，在生前為自己交代好自己想要的喪禮，她說：

不留遺憾──安排好自己的後事與告別式細節

我是真的非常熱愛殯葬業，作殯葬這一路走來，感恩許多貴人老師的幫忙指引，因為養家和個性，我投入工作讓我失去了健康的身體，但也給我很多的生命體悟，人生到最後就是要走向死亡，我的身體心臟的問題，什麼時候隨時都可能會離開，為了不要讓孩子煩惱，也希望做個殯葬人，對自己的後事能安排好。我遺囑和財產都已經寫好放在律師那裡，每年我都會去

---

❽ 對於何謂善終？一般來說有三個標準：(1)壽終，以傳統說法來說至少要活到60歲以上（但對現代人來說因為醫學發達，壽命延長恐怕要能達到70歲以上才算！）；(2)正寢，也就是要在家中的正廳臨終；(3)自然死亡，臨終沒有病痛糾纏。但是這三個條件其實來說條件滿嚴苛的，因為社會環境的改變，現在醫療環境的發達，現代人不同於古代沒有太多醫療行為的介入，自然死亡乃屬正常。現在死亡需要醫院開立死亡證明，很多都是在醫院病逝的，因此對於現在的社會情況來說，要達到正寢很難，因此面對現代化社會生活，善終的標準恐怕有重新定義的必要。所以尉遲淦教授則為符合現代社會與生活的善終提出一個更好的現代演繹。以往亡者在正廳臨終是為了傳承道德的實質內涵，若能夠讓亡者了解回家臨終的道德傳承本意，或請求祖先神明的接納，見證自己生命道德使命的完成不也可以視之為善終。另一個自然死亡，若能讓亡者擺脫疾病是懲罰的心理困境，讓亡者能夠解脫於疾病所苦的困擾中，讓亡者了解善終的真諦意涵是人生傳承道德使命的完成，不在於死亡的形式與場所。尉遲淦教授對於善終的全新演繹與期許可參見〈對因病在醫院臨終的人我們可以提供哪一種臨終關懷？〉一文。

　　修正一下，告別式的安排我也都已經規劃好，我的告別式要不同於其他人的，告別式要用什麼花什麼樣的流程，我不要什麼政商的致詞，也不要鋪張的祭品和排場，我只要我的親朋好友來好好送我一程就好，但是唯一我的要求就是法事的部分，我要求要做到最好，我們振德本來就是做法事起家的，我會找好法師幫我做最好的法事安排。我現在的生命回憶錄和光碟我也都自己開始進行錄製，雖然還沒有做完，我陸陸續續會把它做好。我想要一個自己要的喪禮，不留遺憾。

肆、結論——台馬客家送行者生命紀實在教學運用上的展望

　　長久以來，社會大眾對死亡的恐懼，對殯葬產業的偏見與歧視，讓從事殯葬工作的禮儀師或從業人員，長久來背負著原罪，雖不至於到限制個人自由的情況，但那種行之已久對死亡的魅化妖魔化，卻讓殯葬工作者受到無形的壓迫與限制。諸如不得進出喜慶場所，或是會帶來鬼魂等說法的壓迫性卻至今仍然存在著。多數的從業者都會說從事殯葬業後朋友聯絡的少，交友圈也大多是同行之人。這樣的話語中不難感受到殯葬業者所受到社會群體意識壓抑的情況。然而當我們深入去了解殯葬工作者的工作時，其工作之繁瑣與意義價值之深重，又讓我們確確實實地為這群殯葬工作者感到萬分委屈，他們所要面對的是大眾最害怕最具禁忌的死亡議題，要處理的也是讓人們無法思慮或抵擋的哀傷哀慟，更多是可能急遽的危險與傷害性遺體，卻還要面對被妖魔化、醜化的言談與潛勢力威脅。試想當死亡到來，尤其是突然的天災或人禍降臨時，在第一現場協助的除了醫療救難人員，就是殯葬從業人員的身影，其工作的重要性與價值並不遜於任何一種行業。這次訪談工作的完成或許不是終點，而是起點，期待

著社會大眾對殯葬從業者的緊箍咒慢慢地放下，還給殯葬從業者更多的尊嚴。

　　再者，筆者群身為技職校院的教師，執行計畫的最終願景，莫過於希望能將這些客家送行者之生命訪談文獻，作為生命教育教材之用，達成「典範的追求與學習」之意義與應用，並同時涵養學生的人文精神，透過情境的開展及生命課題的思考，讓學生體驗人生的價值，培養對生命與環境具備尊重、悲憫、關懷之心。然終極目的還是希望讓未來將成為台灣禮儀師中流砥柱的學生們，從中了解殯葬工作的真正意義與價值，傳承禮儀服務工作的五大功能❾，如實成為一位送行者。

---

❾ 殯葬產業五個功能：(1)生物功能——亡者遺體處理的部分，從接運遺體、洗身、穿衣、化妝，甚至是修補；(2)心理功能——家屬悲傷輔導與諮詢；(3)社會功能——社會工作者角色的調整，以達安頓亡者（慰歿）安慰生者（撫生）的目的；(4)靈性功能——無論是宗教、哲學、心理層面的終極關懷；(5)倫理功能——孝道倫理、慎終追遠、宗法差序等文化傳承意義，對擁有千年歷史文化傳統的華人世界來說，殯葬工作面對、處理死亡，更攸關文化精神層次。

參考文獻

〔清〕孫希旦。《禮記集解》（上、下）。台北：文史哲出版社。

李秀娥（2003）。《台灣傳統生命禮儀》。台北：晨星出版社。

尉遲淦（2009）。〈對因病在醫院臨終的人我們可以提供哪一種臨終關懷？〉。《中華禮儀》，第21期，頁17-21。

陳運棟（1991）。《台灣的客家禮俗》。台北：臺原出版社。

黃芝勤（2007）。〈台灣殯葬禮儀人員工作價值觀與職業腳色自我定位關係之研究〉。《生死學研究》，第5期，頁163-208。

黃芝勤（2010）。〈送行者──台灣殯葬禮儀服務業的從業人員及其養成教育〉。第三屆「生死學與生命教育學術研討會」論文集，頁141-167。

鄭志明（2010）。〈當代殯葬禮儀的困境與再造〉。《中華禮儀》，第22期，頁5-9。

鄭志明、尉遲淦（2010）。《殯葬倫理與宗教》。台北：國立空中大學。

生命關懷事業叢書

2017年殯葬改革與創新論壇暨學術研討會論文集

主　　編／王慧芬
作　　者／尉遲淦、陳伯瑋、曾煥棠、蘇何誠、陳繼成、李慧仁、
　　　　　邱達能、王清華、王智宏、郭璋成、黃勇融、馮月忠、
　　　　　梁慧美、廖瑞榮、熊品華、鍾建興、鄧明宇、賴誠斌、
　　　　　王慧芬
出 版 者／揚智文化事業股份有限公司
發 行 人／葉忠賢
總 編 輯／閻富萍
特約執編／鄭美珠
地　　址／新北市深坑區北深路三段 260 號 8 樓
電　　話／02-662-6826
傳　　真／02-664-7633
網　　址／http://www.ycrc.com.tw
 E-mail ／service@ycrc.com.tw
 I S B N ／978-986-298-291-4
初版一刷／2018 年 5 月
定　　價／新台幣 500 元

國家圖書館出版品預行編目（CIP）資料

殯葬改革與創新論壇暨學術研討會論文集.
2017 年 / 尉遲淦等著 ; 王慧芬主編. --
初版. -- 新北市 ： 揚智文化, 2018.05
面 ； 公分.--（生命關懷事業叢書）

ISBN 978-986-298-291-4（平裝）

1.殯葬業 2.喪禮 3.文集

489.6607   107005734